Indholdsfortegnelse

<u>Tak til min hustru</u>

Jeg (Jan Ivan Hansen) har siden 2007 brugt en væsentlig del af min fritid på at læse faglitteratur om indlæring og hukommelse, udvikle og afprøve studie- og mnemoteknikker samt ikke mindst på at skrive bøgerne i husketeknik-serien (dette er den 4. titel). Dette havde ikke kunnet lade sig gøre uden opbakning og støtte fra min elskede hustru, Malene Jakobsen.

Tusind tak, skat!

Forord

I denne bog *"NOTER TIL KEMI C / Hjælp til at forstå og HUSKE det meste (rettet udgave)"* er der rettet de fejl, vi kunne finde i den forrige ("gule") udgave fra 2020, og enkelte figurer er ændret. Indholdsmæssigt er der kun lavet få ændringer. Så det nye i noterne er primært rettelserne!

Noterne har til **formål**, at hjælpe eleverne til at klare sig så godt som muligt ved **stx-eksamenen i kemi C** efter, at gymnasiereformen fra 2017 er trådt i kraft. Stx-eleverne skal til en eksperimentel eksamen. Dette stiller andre krav end før reformen, hvor eksamenen havde et større fokus på den teoretisk kemi end det eksperimentelle. Andre som skal lære kemi C – fx **VUC- & Hf-kursister** - der skal til en mere traditionel eksamen med hovedfokus på den teoretiske kemi - kan dog også have glæde af bogen/noterne pga. dens indhold af **indlæringsforstærkende metoder.**

Noterne er ikke en traditionel grundbog i kemi C. Elever/kursister bør først arbejde med stoffet i deres kemi C grundbog - og så bruger noterne som er et redskab til at *få banket tingene ind i knolden.* Noterne lægger sig indholdsmæssigt tæt op ad den mest brugte kemi C lærebog i Danmark – nemlig *Basisk kemi C* [1] - og dækker ikke kun kernestoffet – som i de tidligste udgaver af noterne - men omfatter alle emner. Da mange emner overlapper i de forskellige kemi C lærebøger, kan noterne bruges af elever/kursister, som læser efter en anden grundbog end *Basiskemi C*. Derfor er titlen den ret ambitiøse

"NOTER TIL KEMI C / Hjælp til at forstå og HUSKE det meste (rettet udgave)"

Noterne bygger på a) egne erfaringer med brug af **studie- og mnemoteknikker** og b) den empiri, som man kan finde beskrevet i forskellige kilder. Fx de erfaringer som **"hukommelsessportfolk"** har nedskrevet. Blandt andet den norske hukommelsesekspert, **Oddbjørn By.** Erfaringerne finder videnskabelig opbakning. Fx i **professor Higbees** fine bog: *"Your Memory. How It Works & How To Improve It"* [2]. - Og ikke mindst i denne fremragende bog af Brown, Peter C. (skribent), **Roediger** III, Henry L. **(professor)** & McDaniel, Mark A. **(professor)**: *"Make It Stick: The Science of Successful Learning".* THE BELKNAP PRESS of HARVARD UNIVERSITY PRESS Cambridge, Massachusetts London, England 2014.

*Mange elever/kursister og studerende har svært ved at **huske** det materiale, de arbejder med!*

---

[1] Helge Mygind, Ole Vesterlund Nielsen, Vibeke Axelsen: *BASISKEMI C,* HAASE & SØNS FORLAG. Noternes kapitelinddeling af de kemiske emner svarer til *Basiskemi C* bogens.

[2] Higbee, Kenneth, professor i psykologi: *Your memory, How It Works & How to Improve It,* DA CAPO PRESS LIFELONG BOOKS, 2001. På side 211 til 217 henvises til en række undersøgelser, som viser de positive effekter af mnemoteknik i skolefag – også på universitetsniveau.

De bruger nemlig ofte studiemetoder[3], som rent intuitivt burde give bedre indlæring. Men som i praksis er ret så ineffektive, hvis læring er et spørgsmål om at lagre viden og forståelse i **langtidshukommelsen** – og ikke bare midlertidigt i **korttid-/arbejdshukommelsen**. De mangelfulde studiemetoder bygger på dårlige vaner og myter, som er ret så vanskelige at komme til livs. Årsagen er nok, at elever/kursister og studerende for sjældent bliver undervist i **effektive studieteknikker**. **Professor Roediger** og Co formulerer det på denne måde (er oversat. Den engelske orginaltekst kan ses i bilag 5):

*"Hvordan man skal studere og læse, er noget man skal lære, og de mest effektive strategier er ofte ulogiske. Vi er ikke gode til at bedømme, hvornår vi lærer godt, og hvornår vi lærer dårligt. Når læreprocessen er besværlig og langsom, og derfor ikke føles produktiv, så tiltrækkes vi af læringsstrategier, der føles mere frugtbare, uvidende om at gevinsterne ved disse strategier ofte er midlertidige. **Genlæsning** af tekst (engelsk: rereading) og **terpning** (engelsk: massed practice) af en færdighed eller ny viden er klart de foretrukne studiestrategier for elever og studerende, men disse metoder er også blandt de mindst produktive. Med terpning forstås bevidstløs gentagelse af noget, som man prøver på at brænde ind i hukommelsen – fx lige inden man skal til eksamen (engelsk: cramming). Det at læse teksten igen og igen samt terpe i giver en følelse af, at tingene flyder afsted, og er lette, hvilket opleves som et tegn på, at man kan stoffet. Men set i forhold til at opnå sand beherskelse og god hukommelse, er disse strategier stort set spild af tid. Det faktum at genlæsning af lærebøger ofte er spildt arbejde, burde sende kuldegysninger igennem lærere og elever, fordi det er den mest anvendte strategi – fx viser nogle undersøgelser, at 80 procent af de universitetsstuderende bruger genlæsning. Hvis genlæsning stort set spild af tid, hvorfor foretrækker studerende så metoden? En af grundene kan være, at de får dårlig studierådgivning. Desuden giver genlæsningen en stigende fortrolighed med teksten, som også føles lettere og mere flydende at læse, hvilket kan skabe en illusion af, at man kan stoffet."* [4]

Roediger og Co refererer til undersøgelser i USA omkring ineffektive studievaner, men tingenes tilstand er næppe bedre i Danmark. Især *"de flittige"* bruger **genlæsning** (engelsk: rereading). De sidder og læser teksten igen og igen - på samme måde, hvorved tingene lagres midlertidigt i **korttids-/arbejdshukommelsen**, men det læste glemmes hurtigt igen. **Terperi** (engelsk: massed practice) er lige så udbredt blandt de flittige, men klassisk terperi giver som regel kun en kortvarig erindring af stoffet. Det ses fx, når man prøver på at proppe et helt års pensum ind i knolden i løbet af kort tid, inden man skal til eksamenen (engelsk: cramming). Det er som regel dømt til at mislykkes, da hjernen er indrettet på den måde, at informationer som regel kun kan overføres fra **korttids-**

---

[3] Hvilke ineffektive studiemetoder elever og studerende typisk benytter sig af beskrives om lidt.
[4] Brown, Peter C., Roediger III, Henry L., McDaniel, Mark A.: *Make It Stick: The Science of Successful Learning*. THE BELKNAP PRESS of HARVARD UNIVERSITY PRESS Cambridge, Massachusetts London, England 2014, side 4, 5, 10, 15.

/arbejdshukommelsen til **langtidshukommelsen** i mindre portioner ad gangen - fordelt over længere tid (**fordelingseffekten**).

Indlæringseksperten og psykologen, **Sten Clod Poulsen**[5], har igennem mange år kæmpet en sej kamp for at gøre opmærksom på, at det ikke giver mening, at tale om læring uden systematisk at inddrage betydningen af hukommelse. **"Hukommelseskritikerne"** argumenterer for, at energien skal bruges på **højere læringsaktiviteter** - som fx udvikling af kritisk sans, projektarbejde, kreativitet og innovation. Problemet er, at disse super vigtige og nyttige højere læringsaktiviteter ikke kan nå et særligt højt fagligt niveau, uden at man har en masse solid faglig viden og forståelse lagret i **langtidshukommelsen**, som **arbejdshukommelsen** kan trække på. Som **professor Roediger** og Co så rammende beskriver det i **Make It Stick** bogen (er oversat. Den engelske orginaltekst kan ses i bilag 5):

"Glem memorering, argumenterede mange kommentatorer; uddannelse skal handle om højere læringsaktiviteter. Hmmm. Hvis memorering ikke er relevant for kompleks problemløsning, så skal du ikke fortælle det til din neurokirurg. Vi skal ikke vælge imellem indlæring af grundlæggende viden og udvikling af kreativ tænkning. Begge skal dyrkes. Jo stærkere ens viden er om det aktuelle emne, jo mere nuanceret kan kreativiteten være i forhold til at takle et nyt problem. Viden kan i sig selv ikke føre til meget uden at tilføje opfindsomhed og fantasi – ligesom kreativitet, som ikke hviler på et solidt grundlag af viden, vil skabe et ustabilt (lærings)hus." [6]

Prøver og eksamener er primært en test af din hukommelse. Hvis du IKKE bruger studiemetoder, som forbedrer din erindring af teoristoffet og eksperimenterne/forsøgene, så dumper du sandsynligvis til kemi C eksamenen eller klarer dig mindre godt. Brug bogen til at få banket teoristoffet ind i din langtidshukommelse. - Og brug bogens råd og anbefalinger i forhold til hvordan du skal arbejde med dine forsøg, så du forstår og husker forsøgene.

OVE Repeterer[7] er en god remse til at huske de vigtigste trin i indlæring. Princippet går kort fortalt ud på følgende (uddybes i Kapitel 0):

- **O for Opmærksom**. Menneskehjernen er ikke indrettet til at løse mere end én opmærksomhedskrævende opgave ad gangen.

---

[5] Se litteraturlisten.

[6] Brown, Peter C., Roediger III, Henry L., Mark A. McDaniel, Mark A.: *Make It Stick: The Science of Successful Learning.* THE BELKNAP PRESS of HARVARD UNIVERSITY PRESS Cambridge, Massachusetts London, England 2014, side 29-30.

[7] Princippet er inspireret af hukommelsesmanden Mads Brøbech. Se hans webside: http://www.apprehendo.dk/

- **V** for **V**ilje. Man skal have viljen til at yde det nødvendige arbejde. Fx lave lektier, arbejde med at forstå stoffet (fx via opgaveløsning) og opsøge hjælp til at forstå det, man ikke forstår, forbedre studiemetoder/-teknikker/-vaner hvis de halter — og frem for alt - tro på at egen indsats nytter noget - og ikke bare give op, når man møder udfordringer — men være vedholdende. Dvs. at udvikle det, som den amerikanske psykolog, **Angela Duckworth**, på engelsk kalder for "**GRIT**" ("GNIST" på dansk, se litteraturlisten).
- **E** for **E**rindringssystemer. Desværre er det ikke nok at forstå — pga. **glemsselskurven** - selv om al indlæring starter med at forstå så meget som muligt. Man skal bruge gode metoder til at huske fagets kerne, dvs. de ting som forståelsen og anvendelsen af faget bygger på (fakta, symboler, formler, begreber m.m.). **Opgaveløsning**, **aktiv genkaldelse**, **udtrykke sig med egne ord**, **husketeknikker** samt at arbejde med **håndtegninger** og **håndskrevne Cornellnoter** er eksempler på metoder, der til dels modvirker glemsel.
- **R** for **R**epetition. Uanset hvilke metoder vi benytter, så glemmer vi noget - med mindre stoffet hele tiden anvendes/bruges. - Og det er jo ikke tilfældet i uddannelsessystemet, idet når et emne er overstået, så haster vi videre til næste del af pensummet — stort set uden at se os tilbage. Derfor er det nødvendigt at repetere. **"USE IT OR LOSE IT!"**.

Bøgerne i husketeknik-serien indeholder en række **vittigheder**. Vittighederne skal virke som en psykisk ventil, og har forhåbentlig fundet den rette balance - ellers undskyldes på forhånd. Spring vittighederne over, hvis du ikke gider dem!

Bogen har intet stikordsregister, men har i stedet en meget detaljeret indholdsfortegnelse. Bogen er i sort-grå-hvid-format for at gøre papirudgaven af bogen så billig som muligt. Illustrationerne i bogen er taget fra internettets store udvalg af Public Domain-figurer. Disse må man benytte sig af gratis og uden begrænsninger. Det har gjort det billigere at producere bogen, men gør selvfølgelig også at nogle illustrationer ikke har en super høj kvalitet.

Forfatterne

Jan Ivan Hansen: Mejerivej 5, 4700 Næstved. E-mail: janivanhansen2@gmail.com, tlf. (+45)29729342. Cand.scient. i biologi-kemi fra Odense Universitet og har, siden 1990, undervist i kemi, biologi og per 11.11.2021 også bioteknologi A på forskellige gymnasier, hf- og VUC-skoler. Afholder også foredrag/kurser/workshops i studieteknikker og mnemoteknikker.
SE WEBSIDEN: https://jan-ivans-studieteknikskole.webnode.dk/

Ole G. Terney: Falkonergårdsvej 4, 1959 Frederiksberg C, tlf.: (+45)21729908, Skype-name: "bionyt", E-mail: bionyt@gmail.com, www.bionyt.dk. Cand.scient. i biologi fra Københavns Universitet, samt bibliotekar fra Danmarks Biblioteksskole, Kbh. Ole er redaktør af tidsskriftet *BioNyt Videnskabens Verden* (**www.bionyt.dk**), der formidler spændende forskningsnyheder om biologi, medicin, teknologi og anden naturvidenskab. Er freelance videnskabsjournalist. Har taget pædagogikum i biologi på Gentofte Statsskole straks efter biologistudiet og har været lærer på skoler i England (i 14 måneder). Er arrangør af kunstudstillinger og faglige møder, er rejseguide i Grønland, leder på naturekskursioner, foredragsholder, svampeinstruktør, underviser i spiselige insekter, latterinstruktør, husketeknik-instruktør og afholder online-kurser i husketeknik og har undervist bl.a. gymnasielærere og læger. Ole har skrevet et temablad om husketeknik i *BioNyt Videnskabens Verden nr.140/141 (www.bionyt.dk/husk)*.

Kapitel 0: Hukommelse, studie- & husketeknikker samt eksamensrådgivning

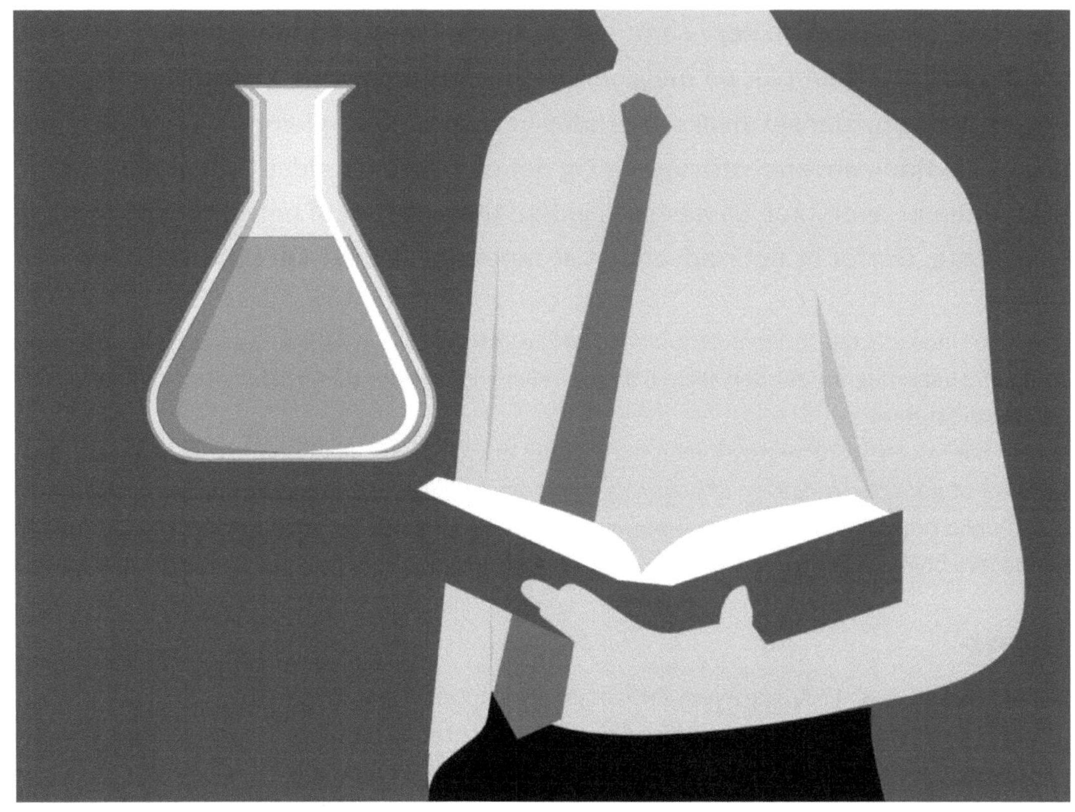

I kapitlet gennemgås det vigtigste du skal vide om hukommelse, studie- & husketeknikker. Desuden forklares hvordan den eksperimentelle stx-kemi C eksamenen foregår, - og der gives en række råd angående, hvad du skal gøre for, at du vil klare dig så godt som muligt. Meget af kapitlets indhold kan dog også bruges af elever/kursister, som skal til eksamen i kemi C (fx på HF/VUC) – hvor eksamenen ikke er eksperimentel - men mere teoretisk. Nogle emner uddybes i bilag 1.

Mange af teknikkerne vil kunne anvendes i alle boglige fag – ikke kun i kemi!

Hukommelse

Hukommelsen kan inddeles i mange forskellige systemer. Der gives kun en kort (og forsimplet) gennemgang af nogle systemer:

Korttidshukommelsen (øjeblikshukommelsen) fastholder typisk kun gange få informationer i få sekunder – <u>uden</u> at vi bearbejder det – altså <u>uden</u> at vi tænker nærmere over informationen. (**Husketips:** *Du husker kun et <u>kort øjeblik</u> med din <u>kort</u>tidshukommelse/(øjeblikshukommelse)*).

Hvis vi beslutter os for at noget information fra korttidshukommelsen er vigtigt – og bearbejder det <u>bevidst</u> - så er det **arbejdshukommelsen**, der er i spil. Arbejdshukommelsen kan hente informationer ind fra korttidshukommelsen og langtidshukommelsen - og arbejde med disse informationer i længere tid ad gangen. Du tænker dig om, imens arbejdshukommelsen holder informationerne fast i din bevidsthed. (**Husketips:** *Arbejdshukommelsen er på <u>arbejde</u> i skolen og laver <u>tænkearbejde</u>. Arbejdshukommelsen er din "tænkehat", der arbejder med informationer og viden*).

"Kør bil, når du kører bil" er et slogan fra Færdselsrådet, som skal få bilisterne til at holde op med at lave alt muligt, som kan forstyrre deres koncentration, når de kører bil. Tilsvarende kan man sige:

"Lav skolearbejde, når du er i skole. Lav lektier, når du laver lektier - og ikke alt mulig andet. O for Opmærksomhed!"

Du kører godt nok ikke galt, men du lærer "bare" alt for lidt, hvis du ikke følger dette simple råd. Undgå derfor at **multitaske**, da hjernen er rigtig dårlig til at lave mere end én opmærksomhedskrævende opgave ad gangen. Dit lektiearbejde tager meget længere tid, hvis du hele tiden afbryder det - og skal finde den røde tråd igen og igen. <u>Du trækker bare pinen ud!</u> Skriv til vennerne, at du nok skal svare dem, når du er færdig. - Og læg så den mobiltelefon væk.

Langtidshukommelsen indeholder viden og informationer, som vi kan hente frem igen og bruge – også selv om informationerne ikke har været holdt fast i vores bevidsthed i et stykke tid - du har ikke tænkt på det et stykke tid. Langtidshukommelsen kan huske utroligt mange ting, og informationerne bliver faktisk i nogle tilfælde opbevaret hele livet. (**Husketips:** *Langtidshukommelsen husker i lang tid*). Men viden & informationer overføres <u>ikke</u> automatisk fra korttidshukommelsen/øjeblikshukommelsen til langtidshukommelsen! Det kræver nemlig hårdt arbejde, masser af tid, fokus, koncentration og gentagelser – altså at du sætter **arbejdshukommelsen/tænkehatten** i spil - og arbejder grundigt med tingene.

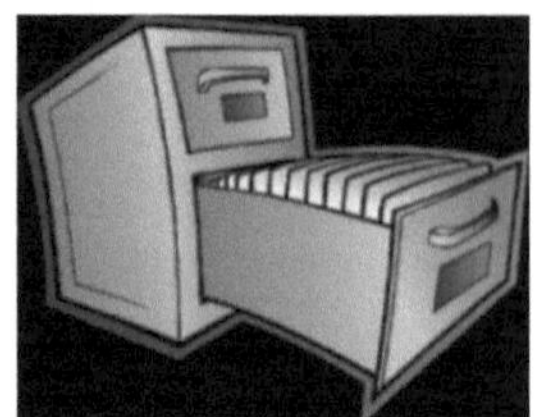

Det er viden/informationer i din langtidshukommelse, der bliver spurgt ind til ved eksamener og prøver i skolen. **E** *for* **E***rindringssystemer!*

Din langtidshukommelse er som et **arkivskab**. Om du kan huske tingene (finde det du skal bruge i arkivskabet) afhænger af, hvordan du arbejder med informationerne, når du forsøger at lagre dem i din hukommelse (lægge dokumenter i arkivskabet). Hvis du er uopmærksom, ukoncentreret og overfladisk eller/og bruger forkerte studieteknikker, så bliver (næsten) intet lagret i langtidshukommelsen/arkivskabet (dokumenterne er mistet). Hvor godt du husker afhænger i meget høj grad også af hvordan informationerne lagres (hvordan dokumenterne arkiveres i arkivskabet). De teknikker og metoder, der beskrives i denne bog, skal hjælpe dig til at blive bedre til at lagre informationer i din langtidshukommelse, så informationerne kan hentes frem igen. Fordi metoderne giver din hukommelse bedre **"cues"**- dvs. **stikord og ledetråde** - til at genfinde informationerne i langtidshukommelsen (du kan finde dokumenterne i arkivskabet igen). Det at

have sådanne effektive *"nøgler til hukommelsen"* er et aspekt af læring, der som regel er overset, skriver professor **Roediger** i **Make It Stick** bogen. Det er ikke nok, at lagre viden og informationer i **hukommelsen**. Vi skal også kunne få fat i det igen – dvs. **genkalde** os materialet. Professor **Roediger** *"slår hovedet på sømmet"* på side 5 i **Make It Stick** bogen (er oversat. Den engelske orginaltekst kan ses i bilag 5):

*"Hvis du øver dig i at bruge **elaborering**, så er der ingen grænser for, hvor meget du kan lære. Elaborering er en proces, hvor du giver det nye materiale mening ved at udtrykke det via dine egne ord og forbinde det til det, du allerede kender."*

Husketeknik er i virkeligheden udvidet elaborering (engelsk: elaboration). Læs mere senere.

Lad os tage et konkret eksempel på det ovenstående. Du får oplyst et telefonnummer af en person (fx Jan Ivan Hansen), som du lige har mødt: "29729342". Nummeret er lige nu opbevaret i din **korttidshukommelse** - i ganske få sekunder - og du når lige netop at skrive det ind i din mobiltelefon, inden du har glemt det igen. Du beslutter dig for at lære nummeret udenad (**V** for **V**ilje). Finder det frem fra din mobiltelefon og terper det igen og igen. Ind til du umiddelbart kan huske nummeret. Det er nu midlertidigt fastholdt i din hukommelse. Det er din **arbejdshukommelse,** som har arbejdet med at huske nummeret. Antag at du ikke har tænkt på telefonnummeret i et stykke tid, men prøver på at komme i tanke om det. Du går i gang med at grave i din **langtidshukommelse – dit arkivskab!** Normalt vil du have glemt nummeret, for du har kun arbejdet med at huske det én gang. – Og det er for lidt. Ligesom det vil være for lidt kun at arbejde med de forskellige emner i kemi én gang (**R** for **R**epetition)! Hvorfor?

 *Fordi mange ting i kemi er lige så svære at huske som et telefonnummer!*

Hvorfor er et telefonnummer så svært at huske, og hvorfor er så mange ting i kemi svære at huske? Fordi telefonnummeret 29729342 ikke har et klart **mønster**, og ikke skaber **mening** eller ikke kan **forbindes** til noget, du husker i forvejen. Hvis telefonnummeret var 12345678, så kunne alle huske det. Hvorfor? Fordi der er et klart, meningsfyldt mønster. Du kan forbinde det til en logisk talrække, der allerede ligger i din langtidshukommelse! På tilsvarende måde kan mange ting i kemi mangle et mønster, ikke give mening eller kan ikke forbindes til noget, du husker i forvejen. Blandt andet derfor er det svært at huske kemi. Hvad du stiller op med det forklares på de næste sider.

Vi har også en type **langtidshukommelse**, som vi kan kalde den **episodiske langtidshukommelse.** Den er knyttet til tid og sted og ikke mindst til de følelser, du havde, da du oplevede situationen. Farer du nogensinde vild på vej hjem fra skole? Nej, vel? Og hvorfor? Fordi du kender vejen. Ting vi har oplevet, der er knyttet til tid og sted, lagres nemt i den **episodiske langtidshukommelse**. Hvis du har været på en ferie, vil du sikkert i mange år efter kunne huske hotellets detaljerede indretning, vejen ned til stranden, vejen hjem fra diskoteket, osv., fordi personlige oplevelser, der er knyttet til tid og sted, husker hjernen utroligt godt. Især hvis du pludselig opdagede, at en lommetyv havde fingrene dybt nede i din lomme. Så vil du nok i flere år efter kunne huske, at der i nærheden sad nogen under en baldakin og drak kaffe eller andre i situationen ligegyldige detaljer. Årsagen er, at **hjernens følelsescenter (amygdala[8])** sørger for at forstærke hukommelsen (*"amygdala-effekten"*). Prøv at tænke tilbage på episoder i dit liv, som du husker. Du vil opdage, at de ting som du kan huske,

typisk er dem hvor du er blevet følelsesmæssigt påvirket eller overrasket (pga. amygdala-effekten). Den grå, ligegyldige hverdag husker vi som regel ikke. **Husketips:** *Den episodiske hukommelse husker episoder i dit liv.* – OG så en "jysk" husketeknik: *"a myg må lære a føle – klask!"* *(læs: a-myg-da-la er følelseshukommelsen).* Når vi visualiserer vha. **ruteplanmetoden** (se senere), så skaber vi falske erindringer i den episodiske langtidshukommelse, hvorved vi kan huske i lang tid.

---

[8] Et hjerneområde af stor betydning er de to mandelkerner (**amygdala**; vi har en mandelkerne i begge hjernehalvdele). Amygdala (omtales ofte i ental) har til opgave at tilføre vores hukommelse følelser (**emotionel indlæring**) – og advare os om noget, som kan blive farligt – eller huske positive ting i vores liv.

En håndfuld studieteknikker plus 2

Når du læser en tekst/lektie, så skal du bruge **test-dig-selv-ud-fra-stikord-metoden** - også kaldet for **aktiv genkaldelse** ("retrieval" på engelsk) - for at huske det læste bedre! (**Husketips**: *Du er aktiv med at kalde noget frem igen fra hukommelsen*). Dvs. du skriver stikord/små spørgsmål til begreber, formler, reaktioner, processer og forklaringer samt bogens illustrationer (figurer og tabeller). Hav styr på hvilke sider i teksten/bogen quizspørgsmålene

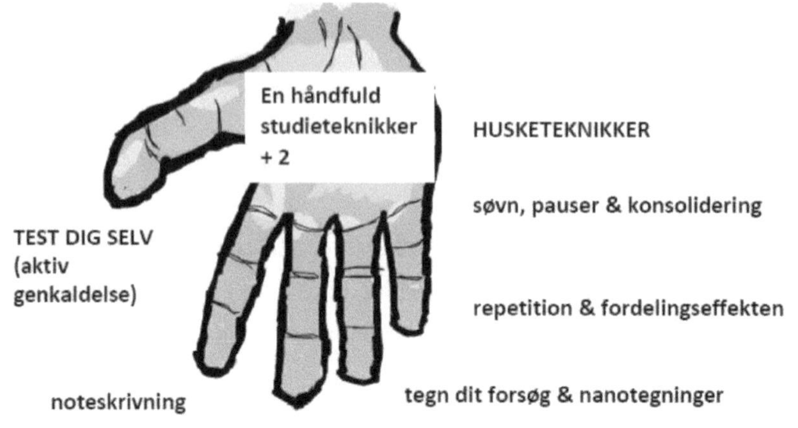

refererer til, så du hurtigt kan finde svarene til de spørgsmål, du er usikker på. Når lektien er læst, så tester du din hukommelse: Kan du svare på dine stikord/små spørgsmål og forklare kemien i illustrationerne – uden at snyde og se bogens svar? <u>De ting du har glemt, skal du arbejde med igen, ind til du umiddelbart kan huske dem</u>! Fordelen ved aktiv genkaldelse er, at du genaktiverer **hukommelsessporene** i hjernen, når du graver efter svarene i din hukommelse – og kommer i tanke om svaret! Herved kommer tingene til at sidde bedre fast i hukommelsen. - Og du bliver klar over, hvad du er nødt til at øve dig mere i. For du tester jo, hvad du kan huske/ikke huske. (**E** for **E**rindringssystemer!) Dine stikordslister gemmer du selvfølgelig til brug ved senere **repetition**! (**R** for **R**epetition!).

Lad os tage et konkret **eksempel**. Vi tager udgangspunkt i side 8 til 10 i *Basiskemi C* bogen om emnet afstemning af reaktionsskemaer:

"Når man blander dihydrogen og dioxygen i en beholder, fordeler molekylerne sig mellem hinanden. Hvis blandingen opvarmes (antændes), sker der en kemisk reaktion. Figur 2 viser modeller af systemet før og efter reaktionen. Reaktionsskemaet for reaktionen mellem dihydrogen og dioxygen skrives sådan: $2H_2 + O_2 \rightarrow 2H_2O$.

Af to dihydrogenmolekyler og et dioxygenmolekyle får man to vandmolekyler. Som man ser, er der 4 H-atomer og 2 O-atomer på begge sider af reaktionspilen. Atomerne er bundet sammen på en anden måde efter reaktionen end før reaktionen. Ved en kemisk reaktion ændres de kemiske bindinger mellem atomerne, men selve atomerne ændres ikke.

I et reaktionsskema angiver man ofte de kemiske forbindelsers tilstandsformer, det vil sige om stofferne er faste stoffer, væsker eller gasser. Man anvender følgende tilføjelser til de kemiske formler: (s) fast stof, (l) væske, (g) gas.

Man kan huske betydningen af (s) og (l) ved at tænke på de engelske ord solid og liquid. Desuden har man ofte brug for at angive, at et stof er opløst i vand, og i de tilfælde benyttes tilføjelsen: (aq) i vandig opløsning. Vand hedder aqua på latin, jævnfør ordet akvarium.

I reaktionsskemaet på side 8 har vi kun gasser, og reaktionsskemaet kommer til at se således ud med tilstandsformerne påført: $2H_2(g) + O_2(g) \rightarrow 2H_2O(g)$.

Når dihydrogen og dioxygen reagerer ved antændelsen, dannes der vand i gasform, $H_2O(g)$. Ved afkøling vil vanddampen fortætte til flydende vand, $H_2O(l)$. Man kan derfor undertiden se reaktionsskemaet ovenfor skrevet med $H_2O(l)$ som produkt. Her forudsættes det, at reaktionsproduktet er afkølet, således at det er fortættet, flydende vand."

Din stikordsliste til ovenstående tekst kunne se sådan ud:

Side	Stikord (nøgleord) til test-dig-selv-spørgsmål	Side	Stikord (nøgleord) til test-dig-selv-spørgsmål
8	Hydrogen Di Dihydrogen Dioxygen Vand	9 10	Dannelse af vand – opskriv og afstem reaktionsskemaet Figur 2 – forklar kemien! De 3 tilstandsformer (aq) Forbrændingsreaktion

__NB!__ Det er en RIGTIG god ide KORT at __reflektere__ over stikordet/nøgleordet, lige når du har nedskrevet det. Altså - du nedskriver ordet "hydrogen" - ser op fra bogens tekst - og tænker "H". Du nedskriver ordet "di" - ser op fra bogens tekst - og tænker "2". Du nedskriver ordet "dioxygen" - ser op fra bogens tekst - og tænker "O_2", og så fremdeles. Denne form for refleksion vil skærpe din opmærksomhed på det vigtigste. – Og når du henter information frem fra din hukommelse, så forstærkes erindringen (__E__ for __E__rindringssystemer!).

Nu har du læst side 8 til side 10, og lavet den ovenstående stikords-/nøgleordsliste. Så lukker du bogen og genfortæller – med udgangspunkt i stikordene/nøgleordene og din hukommelse – hvad du har læst. Ting du er usikker på, slår du op i bogen og genlærer, så du får styr på det (__R__ for __R__epetition).

Hvis du benytter dig af en __elektronisk lærebog (e-bog)__, så kan du med fordel nøjes med at __understrege/markere stikord__ (nøgleord) i teksten. Og så bruge dem til at teste din hukommelse. Du ser væk fra teksten (eller lukker øjnene) hver gang, du tester dig selv i et stikord (nøgleord), så du ikke kommer til at se de tilhørende svar. Du bør således IKKE understrege de svar i teksten, som hører til dine stikord (nøgleord), da du så for nemt kommer til at se svarene - inden du tester dig selv. Ellers vil du kun stimulere din **korttidshukommelse**.[9] Derimod skal du understrege stikord/nøgleord og korte sætninger, der kan fungere som **quizspørgsmål**, du kan bruge til at teste dig selv i, om du kan huske de tilhørende svar i bogen. Som det fremgår af stikordslisten til side 8-10 i *Basiskemi C* bogen, så kan disse stikord/nøgleord nemt fungere som spørgsmål, du kan bruge til at teste dig selv med. Det er disse du skal understrege/markere!

I naturvidenskabelige tekster er der ofte en masse **illustrationer** (figurer, oversigter, tabeller og lignende). Det er vigtig, at du altid tester dig selv i om du huske forklaringen på illustrationen, som  bogen/teksten gav - uden hjælp fra bogens tekst – men kun ud fra selve illustrationen. Udnyt testeffektens positive indvirkning på hukommelsen! Lad os igen tage udgangspunkt i *Basiskemi C* bogen, side 8 til 10 om emnet *afstemning af kemiske reaktioner*. Du har læst side 8 til side 10. - Og du har selvfølgelig også læst og prøvet på at forstå illustrationerne. Nu lægger du hånden over forklaringen til figur 2, side 8 i *Basiskemi C* bogen. Se QR koden til figur 2: https://www.haase.dk/materiale/Basiskemi_C_figurer/Basiskemi_C_Figur_002.jpg - Og så forklarer du kemien i det, du ser. Så godt du nu magter. Du skulle gerne kunne se, at det er en **"nanotegning"** af 4 H_2 molekyler og 3 O_2 molekyler (til venstre i figuren), som reagerer med hinanden og omdannes til 4 H_2O molekyler. Og så er der ét H_2 molekyle til overs ved reaktionen (til højre i figuren). På tilsvarende måde gennemgår du alle bogens vigtigste illustrationer - og tester din forståelse og hukommelse. Hvis du er i tvivl, skal du genlære forklaringen i bogen. Bogens illustrationer indgår som bilag ved kemi C eksamenen. Så det er meget vigtigt, at du har styr på forklaringerne til de vigtigste illustrationer i lærebogen.

 *Spørg din lærer om, hvilke illustrationer som er vigtigst at kunne forklare til eksamenen (**V** for **V**ilje)!*

Dårlig hukommelse
Den ene kvinde til den anden.
- Jeg vil skilles. Min mand har en elendig hukommelse.
- Det er da ikke grund nok til skilsmisse?!
- Jo, hver gang han får øje på en yngre kvinde, så glemmer han, at han er gift.

---

[9] Det er meget almindeligt, at elever understreger de vigtigste "svar" (begreber, forklaringer, formler, processer, reaktioner og lignende) i en elektronisk lærebog. Problemet er, at 1) eleverne på denne måde ikke får testet dem selv i, om de faktisk kan huske det, de har understreget. Understregningen kan derimod give en illusion af, at man kan stoffet. Og 2) understregning giver normalt ikke en dybere bearbejdning af stoffet. Det gør derimod en *selvtest*, hvor man er tvunget til at grave efter svar i hukommelsen.

Noter - lav *"Cornellnoter"*

 Det er super vigtigt at **tage noter** (Gør det! **V** for **V**ilje). Men lad være med at skrive hele bogen af. Det tager meget lang tid. Og er ikke effektivt i forhold til den tid, som du bruger på det[10]. Tag altid noter i timerne til de ting, læreren siger eller/og skriver på tavlen. Tag altid noter til de ting, du selv arbejder med – fx opgaveløsning. Indret noterne på denne måde: Et hoved hvor du kan skrive en dato og emneoverskrift. En smal venstre kolonne, hvor du kan lave korte **quizspørgsmål** eller **stikord**, som du kan bruge til at teste, om du kan huske svarene/noternes indhold. Svarene/indholdet skriver du i den bredere højre kolonne. Dæk højre kolonne til, så du ikke kan se svarene - og test dig selv ud fra quizspørgsmålene/stikordene i venstre kolonne. De ting du ikke kan huske, skal du genlære. På denne måde får du lært dine noter via **test-dig-selv-metoden/aktiv genkaldelse** (**E** for **E**rindringssystemer). Du vænner dig hurtigt til, at omdanne lærerens tavlenoter til denne model, idet du skriver svarene (lærerens skriblerier) i højre kolonne – og selv laver nogle passende små quizspørgsmål i den venstre kolonne. Du bør tilføje *"opsummering"* for at lave en dybere bearbejdning. Her laver du – ud fra din hukommelse – en sammenskrivning af det vigtigste indhold fra sidens eller flere siders noter (brug evt. bagsiden af dit notepapir). Får et overblik!

Hoved	
Quizspørgsmål	Svar/indhold
Hvem beskrev oprindeligt notemetoden?	Walter Pauk fra Cornell Universitetet opfandt metoden i 1950´erne. (Læs mere her om "Conell noter"): <u>The Cornell Note Taking System – Learning Strategies Center</u>.
Opsummering	

NB! *Mange elever og studerende skriver gode noter. Men de glemmer at lære, hvad der står i noterne! Spring IKKE "aktiv genkaldelse" over! - Og forskning tyder på, at noteskrivning på "Old School" manér med papir og blyant/kuglepen stimulerer hukommelsen bedre end tastaturarbejde. Så arbejd altid med papir og blyant, når du skriver noter – og ikke på PC (**V** for **V**ilje)!* [11]

---

[10] Nogle **universitetsstuderende** tager noter til bøgerne, men skriver nærmest bøgerne af. En håbløs studieteknik, når pensum er stort. Universitetsstuderende vil have større udbytte ud af at bruge **test-dig-selv-ud-fra-stikord-metoden**.

[11] Engstrøm, Laura. *At skrive noter i hånden er bedre for indlæringen.* Gymnasieskolen, 02-09-2016. https://gymnasieskolen.dk/skrive-noter-i-haanden-er-bedre-indlaeringen-0 Der findes mange andre kilder som bekræfter, at det at skrive med blyant eller kuglepen er bedre for hukommelsen end tastaturarbejde.

Generativ læring går ud på, at du selv arbejder med at svare på spørgsmål og selv løser opgaver. **(Husketips:** *Du genererer (skaber) selv din læring. Er generativ i din læring).* <u>Det er noget af det, som du lærer mest af!</u> Læreren kan forklare en masse ting for dig. Men det er som regel først, når du selv prøver på, at svare på spørgsmål og løse opgaver, at du forstår tingene i dybden. Det er meget bedre at have løst noget af opgaven end hurtigt give op, og forlange at få svarene serveret på et sølvfad (**V** for **Vilje**). Dit eget anstrengende arbejde med at knokle med opgaverne stimulerer din **arbejdshukommelse**. Og når arbejdshukommelsen stimuleres, så overføres flere af informationerne til din **langtidshukommelse**. Dette dokumenterer **professor Roediger** fx i kapitel 4 i bogen ***Make it stick***.

Sønnen: Far, får skolelærere løn?
Faderen: Ja, det gør de da!
Sønnen: Det er da uretfærdigt! Det er jo børnene, der laver alt arbejdet!

Når du har lavet **forsøg**, så skal alle forsøg afsluttes med en efterbehandling af resultaterne. Dvs. at klassen sammen med læreren snakker om resultaterne, forklarer dem, regner på det, der evt. skal regnes på m.m. - så alt i forsøgene bliver forstået. Alt dette skriver du selvfølgelig ned i en **journal/dine noter** (eller eventuelt i en **rapport**). Så du har senere mulighed for at teste dig selv og repetere: Kan jeg stadig huske mine forsøg og forklare dem? Hvad har jeg behov for at genlære? Det kan være fristende, at lade andre skrive journalerne for sig, og så bare få et kopi eller dele arbejdet med kammerater i forhold til at lave rapporterne. Men så går du glip af den positive effekt den **generative læring** har på din hukommelse!

De vigtigste kemitimer er dem, hvor I laver forsøg og efterfølgende efterbehandler forsøgsresultaterne. Hvorfor? **SVAR:** Fordi du ved stx-eksamen i kemi C primært testes i, om du kan dine forsøg, og kan forklare resultaterne! Når du selv er aktiv med at udføre forsøg, så husker du forsøgene bedre. Formentlig fordi de **kropslige erfaringer** (du håndterer fx materialerne under forsøget) delvist lagres i din **episodiske langtidshukommelse**. **Hjerneforskeren Kjeld Fredsens** fortæller i bladet *Gymnasieskolen* blandt andet følgende:

"Tidligere havde man den opfattelse, at man udelukkende tænkte med hjernen og kunne lære, hvis man bare sad stille og hørte efter. I dag er vi blevet klogere. Nu ved vi, at tænkning er et komplekst samspil mellem omverden, krop og hjerne. Kroppen skal sættes i spil. Man kan kun lære noget med mening, hvis man er aktiv. Man har lettere ved at lære, hvis man arbejder

konkret med det, man skal lære. Og man husker bedre, når det lærte er knyttet til oplevelser og konkrete aktiviteter".[12]

Så hvis du har tænkt dig at **pjække** fra nogle kemitimer, så er det ikke de timer, hvor I laver forsøg og efterbehandler dem, som du skal blive bort fra! For at du selv er så aktiv som mulig under forsøgene, så er det vigtigt, at I arbejder i par. Hvis forsøgsgrupperne er store, så er der for få ting, du selv er aktiv med at lave – men du kigger mest bare på – og det lærer du mindre af.

    Sygdom er vi jo ikke herre over. Så hvad gør du, hvis du har været syg ved forsøgene/efterbehandlingen? **SVAR:** Så må du låne gode **journaler** fra klassekammeraterne. Læs dem grundigt, forstå dem - og test dig selv i, om du kan huske det, du har læst/forstået. Går i **studiecafe/lektiecafe** og få hjælp af en kemilære til det, du eventuelt ikke forstår (**V** for **V**ilje)[13].

Alle børnene
Alle børnene kom godt igennem kemiforsøget – undtagen Myre – hun faldt i syre!

Tegn dine forsøg

Hvad skal du gøre, hvis du har svært ved at **huske fremgangsmåden ved dine forsøg**? Så skal du tage fat i øvelsesvejledningens beskrivelse af fremgangsmåden. Og så "oversætter" du teksten til en **håndtegning**[14]. Tegn dit forsøg i kronologisk rækkefølge med papir, blyant og viskelæder. Så husker du forsøget bedre. Det er ikke vigtigt, at dine tegnede kolber, reagensglas m.m. ikke er så pæne. Det afgørende er, at du på den måde får bearbejdet tingene i din hjerne. Farvelæg din tegning i forskellige farver[15]. Tekstlæsning foregår primært via venstre side af hjernen, mens tegning med hånden - det visuelle/rumlige/farver – primært ligger i højre side af hjernen. Det gælder om at stimulere så mange sanser og så meget af hjernen som muligt! Generelt husker vi visuel information bedre end ord og tekst.[16] Fx har forskere fra Waterloo Universitet fundet ud af, at forsøgspersoner husker information bedre, hvis de tegner tingene end hvis de bare skriver noter eller bruger andre metoder – også selv om folk ikke tegner godt.[17]

---

[12] Rasmussen, Tina fra Gymnasieskolen, interviewer hjerneforskeren Kjeld Fredsen den 24-3-2013. *Eleverne skal lære at skabe viden*: https://gymnasieskolen.dk/elever-skal-laere-skabe-viden
[13] Kilde til "jeg-er-syg-emojien": https://commons.wikimedia.org/wiki/File:Emojione_BW_1F912.svg
[14] Det er forbudt at bruge elektroniske tegneprogrammer! Det stimulerer din hjerne for dårligt.
[15] Hvis du har travlt, så drop farvelægningen, men tegn dit forsøg i blyantstreg!
[16] Mads Brøbech fra http://www.apprehendo.dk/ støtter ideen bag *tegn-dit-forsøg-metoden* (personlig kommunikation med Mads).
[17] Tegning stimulerer hukommelsen, Science Daily
https://www.sciencedaily.com/releases/2018/12/181206114724.htm og
https://www.sciencedaily.com/releases/2016/04/160421133821.htm

Du bliver ved kemi C eksamenen primært bedømt på, om du har forstået principperne i dine forsøg. Frem for om du kan huske hver eneste lille detalje i fremgangsmåderne. Du har forsøgsvejledningerne til rådighed ved eksamenen, som du må støtte dig til. Men det trækker ned i bedømmelsen, hvis du skal støtte dig alt for meget til vejledningerne, fordi du slet ikke kan huske dine forsøg. Så lær forsøgene, inden du går til eksamen! Tegn dem, hvis du ikke kan huske dem!

Kemisk visualisering (makro- og nanoniveau tegninger)

Tegn-dit-forsøg-metoden er i familie med **kemisk visualisering (makro- og nanoniveau tegninger)**. I kemi C er et af de faglige mål, at eleverne skal kunne relatere observationer, model– og symbolfremstillinger til hinanden. Og eleverne skal registrere og efterbehandle data og iagttagelser fra eksperimenter samt beskrive og forklare eksperimenter såvel mundtligt som skriftligt. Eleverne skal kunne relatere iagttagelser, modelbeskrivelser og symbolfremstillinger til hinanden. Eleverne skal dermed lære at bevæge sig fra **makroniveauet** (det vi kan se med vores øjne. Det der "sker i reagensglasset": Fx at det syder og bobler og lignende) til **mikroniveauet/nanoniveauet** og omvendt. I noterne kaldes **mikroniveauet for nanoniveauet** – dvs. "atom-, ion- og molekyleniveauet"[18]. Eleverne skal kunne omsætte deres makroskopiske iagttagelser til det molekylære niveau samt kunne skrive et tilhørende reaktionsskema, dvs. omsætte til symbolsprog. Og det er altså svært for en del elever.

På Egaa Gymnasium har kemilærerne Trine Crovato, Sif Sørensen, Vibeke Axelsen og Heidi Graversen valgt at takle ovenstående problem, ved at lade eleverne lave **mikro- og nano-niveautegninger/visualiseringer**[19]. Når der er en kemisk proces eller en kemisk reaktion, som umiddelbart er svær at forstå, så laver eleverne en slags tegneserie, som øger deres forståelse. De oversætter de forsøgsresultater, som man kan se med øjnene (makroniveauet: fx fast stof udfældes, det skummer, en farveændring, osv.) til "molekyletegninger", som gør de kemiske stoffers reaktioner meget mere forståelige (det kaldes for **nanoniveauet**). Det har de god succes med på Egaa Gymnasium.

Lad os tage et konkret eksempel fra *Basiskemi C* bogen. Nemlig **magnesiumafbrænding**, figur 130 på side 173: https://www.haase.dk/materiale/Basiskemi_C_figurer/Basiskemi_C_Figur_130.jpg

---

[18] De kemiske partikler er jo i nano-meter-størrelse. 1 nanometer er 0,000000001 meter = 10^{-9} meter [**husk det**: **n**ano og **ni** starter begge med "n"].

[19] *Visualisering som middel til øget læring.* LMFK-Bladet 4/2015, side 36-42: https://www.lmfk.dk/artikler/data/artikler/1504/1504_36.pdf

Figur 130 viser **makroniveauet**: Mg-bånd brænder med en klar og lysende flamme i atmosfærisk luft. Den afstemte forbrændingsreaktion kan opskrives som 2Mg(s) + O_2(g) → 2MgO(s). For at gøre dette kemiske symbolsprog mere forståeligt, er reaktionsskemaet oversat til en **nanotegning** i figur 130. Her ses 4 røde O_2 molekyler (de 8 O-atomer er røde), som reagerer med 8 grå Mg-atomer under dannelse af 8 grå-røde MgO-formelenheder (O^{2-} ionerne er røde og Mg^{2+} ionerne er grå).

Nu er det jo sådan, at kun få af kemibøgernes kemiske reaktioner og processer er oversat til mere forståelige nanotegninger. Så det er i princippet noget, du selv – kære læser - skal oversætte til en nanotegning, hver gang du støder på en reaktion/proces, som du har svært ved at forstå. Her er en lille opgave, som du kan øve dig i - nemlig visualisering omhandlende **$MgSO_4$(aq) + $BaCl_2$(aq) fældningsreaktionen**[20]:

<table>
<tr><td colspan="3">Tegn på en nanoskala den reaktion, der sker, når du sammenblander en opløsning af magnesiumsulfat med en opløsning af bariumchlorid. Brug "Gengivelse og uddybning af Tabel 8, side 43 fra Basiskemi C bogen" som hjælp. Du finder tabellen på side 67 i vores bog. Tegn det kemiske formelsprog i bægerglassene, som repræsenterer NANOniveauet. Hvad dannes efter sammenblandingen: Skriv formler og stofnavne! Prøv på at opskrive reaktionsskemaet for fældningsreaktionen.</td></tr>
<tr><td>Før sammenblanding</td><td></td><td>Efter sammenblanding</td></tr>
<tr><td>Magnesiumsulfat</td><td>Bariumchlorid</td><td>?</td></tr>
<tr><td>Kemisk formel:</td><td>Kemisk formel:</td><td>Kemiske formler:</td></tr>
<tr><td></td><td></td><td></td></tr>
<tr><td colspan="3">Reaktionsskema:</td></tr>
</table>

På næste side er der et løsningsforslag til opgaven:

---

[20] Omarbejdet efter kursusmateriale fra FIP kursus i 2017 om visualisering.

Før sammenblanding		Efter sammenblanding
$MgSO_4(aq)$	$BaCl_2(aq)$	$BaSO_4(s) + MgCl_2(aq)$, dvs. udfældet bariumsulfat og opløst magnesiumchlorid

Reaktionsskema: $MgSO_4(aq) + BaCl_2(aq) \rightarrow BaSO_4(s) + MgCl_2(aq)$

Forklaring: Magnesiumsulfat ($MgSO_4(aq)$) og bariumchlorid ($BaCl_2(aq)$) er begge salte, som er letopløselige i vand (fordi de giver et "L" i *"Gengivelse og uddybning af Tabel 8, side 43 fra Basiskemi C bogen"*), når plus- og minus-ionen kombineres. Derfor svømmer saltenes ioner rundt imellem hinanden, omgivet af vandmolekyler (vandmolekylerne er dog ikke er indtegnet – for overskuelighedens skyld). Når Barium-ionerne og sulfat-ionerne støder ind i hinanden, så binder de sig til hinanden, og danner et fast stof - fordi de giver et "T" i *"Gengivelse og uddybning af Tabel 8, side 43 fra Basiskemi C bogen"*, når plus- og minus-ionen kombineres. De finder sammen i et fast iongitter, og lægger sig på bunden, som et bundfald af bariumsulfat ($BaSO_4(s)$). I nanotegningen er der tegnet dobbelt så mange chlorid-ioner (Cl^-) som henholdsvis magnesium-ioner (Mg^{2+}) og barium-ioner (Ba^{2+}). Salte er jo altid elektrisk neutrale, således at plus og minus opvejer hinanden, og giver nul tilsammen. I virkeligheden er der mange flere ioner end der er tegnet på tegningen.

På tilsvarende måde bør du lave makro- til nanoniveautegninger af de kemiske reaktioner/processer, som du har svært ved at forstå. Brug primært din tid på at tegne de vanskelige reaktioner/processer, der indgår i de forsøg, som du skal kunne til kemi C eksamen. Der er i **bilag 3** forslag til opgaver, som skal løses via nanotegninger. Der er også løsningsforslag/facitliste til opgaverne til sidst i bilaget. Måske vil din lærer inddrage bilagets nanoopgaver i undervisningen? Spørg læreren!

Amerikanske og tyske forskere viste ved forsøg i 2014, at studerende både forstod og huskede en naturvidenskabelig tekst bedre, hvis de lavede små håndtegninger, som illusterede det de læste, end når de bare læste teksten. Det tog selvfølgelig ekstra tid at bearbejde en tekst via tegninger, men forskerne viste, at den øgede indlæring ikke skyldtes det ekstra tidforbrug, men udelukkende var en effekt af tegneprocessen[21]. Så prøv at "oversætte" naturvidenskabelige tekster, som er

---

[21] Watson, Edward & Busch, Bredley. *The Science og Learning. 99 Studies That Every Teacher Needs to Know*. Second Edition. Routledge. 2021, side 168-169.

særligt vigtige og som du har særligt svært ved at huske/forstå, til små tegninger (**E** for **E**rindringssystemer!).

Repetition, glemselskurven og fordelingseffekten

Helt tilbage for over 130 år siden beskrev den tyske psykolog **Hermann Ebbinghaus glemselskurven.** I løbet af et døgn glemmes hovedparten af det stof, som vi kun er blevet præsenteret for én gang. Typisk glemmes 70 % på et døgn[22]. Efter det første døgn flader glemselskurven ud - og de sidste 30 % glemmes langsommere. Glemselskurven kan modvirkes bl.a. ved brug af **repetition** - og de andre teknikker der beskrives i denne bog – fx **huskteknikker.** Så hvis du ikke repeterer de kemiting, du har været igennem - engang imellem – så vil du i løbet af noget tid glemme langt det mest stof – uanset om du forstod det, da du arbejdede med det første gang. Og husk – når du repeterer, så brug **test-dig-selv-metoden.** Tag fx fat i dine noter. Brug venstre kolonne til at teste dig selv: *hvad kan jeg huske/ikke huske af svarene i højre kolonne?* Genlær det du har glemt! Eller tag fat i dine stikordslister til din kemibog. Og test dig selv ud fra dine stikord/quizspørgsmål. Genlær det du har glemt! Tag fat i gamle opgaver, som du tidligere har løst - og løs dem igen!

Hvor ofte skal du repetere? Lad os repetere de anbefalinger som **Roediger og Co** kommer med i *Make It Stick* bogen:
1) Dagen efter du har været igennem noget vigtigt nyt stof, så skal du teste dig selv (brug dine noter), og genlære det du har gemt.
2) Én gang om ugen, fx fredag, tester du dig selv (ud fra dine noter) i det vigtigste af det stof, som der er arbejdet med i skolen - og genlærer det, du har glemt.
3) En gang hver måned, tester du dig selv (vha. dine noter) i det vigtigste af det stof, som der er arbejdet med i skolen - og genlærer det, du har glemt.

Nu tænker du nok følgende: *"Hvornår pokker skal jeg have tid og energi til at repetere, med alt det nye stof lærerne konstant bombarderer min stakkels hjerne med - og alle de skriftlige afleveringer, der er hver uge - i de forskellige fag?!"* **SVAR:** Det er ikke let. Der redegøres kun for, hvad nogle forskere beretter om, der skal til for at modvirke, at **glemselskurven** vinder over dig. Men her er nogle kompromissøgende forslag:

1) Vælg nogle få fag ud, hvor du gør en særlig indsat - og bruger af **effektive studieteknikker og repetition** i løbet af skoleåret. Fx de fag som du afslutter med en årskarakter.

2) Brug **repetitionsprincippet** og andre **effektive studieteknikker** i din læseferie. Her har du bedre tid til det.

---

[22] Dette tal varierer selvfølgelig meget afhængig af omstændighederne. De 70% er en grov tommelfingerregel.

Ballerinaen repeterer
Lille frøken Andersen skulle hen til balletmesteren for at vise
sin kunst og eventuelt få et engagement ved balletkorpset.
Mens hun står og venter på toget, tager hun et par ballettrin
for at repetere programmet.
Pludselig kommer en lille dreng hen til hende, tager hende i hånden og
siger: – Kom, så skal jeg vise dig, hvor toilettet er!

Kilder: https://www.jernbanen.dk/artikler.php?artno=49 og
https://www.goodfreephotos.com/vector-images/end-is-near-toilet-
paper-vector-clipart.png.php

Læg mærke til at forslagene til repetitionsintervaller er fordelt over tid. Jo flere gange du repeterer – for delt over tid – jo bedre lagres tingene i din langtidshukommelse. Det kaldes for **fordelingseffekten** - på engelsk: "spacing effect" - og er opdaget af **Ebbinghaus**.[23] Når du fordeler repetitionerne over tid, så bliver du tvunget til at grave dybt i din hjerne, og forsøge på at hente informationer frem igen fra din **langtidshukommelse**. Jo mere du skal anstrenge dig for at komme i tanke om (**genkalde**) tingene – og det faktisk lykkedes for dig – jo bedre lagres tingene i **langtidshukommelsen**. [24]

Kom i gang med at lære dine forsøg så tidligt som muligt. Dette muliggør, at du kan fordele dine repetitioner af forsøgene over tid - og hermed udnytte fordelingseffektens positive indvirkning på din langtidshukommelse.

Pas din nattesøvn, hold pauser og tag en "morfar" (**E** for **E**rindringssytemer)
I pauser og under søvn sker der **konsolidering** af det materiale, vi har arbejdet med forud for pausen/søvnen. Ved konsolidering reorganiseres og stabiliseres **hukommelsessporene** i hjernen. Hjernen sorterer noget information fra, skaber forbindelser (associationer) til eksisterende viden - og gemmer noget af den nye information i **langtidshukommelsen**.[25] Det er klart dokumenteret, at elever/studerende, som sover for lidt, de lærer dårligere![26] Du bør som ung sove 8 til 10 timer i døgnet. Det gør for få!

---

[23] Make it stick: The Science of Succesful Learning, side 28. Simon Nørby: Udbytterig læring: Om tre faktorer der befordrer langtidshukommelse. PÆDAGOGISK PSYKOLOGISK TIDSSKRIFT. Bind 51, nr. 5/6 - 2014, side 70-73.
[24] Make it stick: The Science of Succesful Learning, side 82-83.
[25] Brown, Peter C., Roediger III, Henry L., McDaniel, Mark A.: *Make It Stick: The Science of Successful Learning*. THE BELKNAP PRESS of HARVARD UNIVERSITY PRESS Cambridge, Massachusetts London, England 2014, side 73.
[26] Haugaard, Annette interviewer søvnforskeren Poul Jennum: Zzzz! Put nu de børn. http://edu.au.dk/fileadmin/edu/Asterisk/60/Asterisk_60_s11.pdf

Det nytter ikke noget at knokle på i timevis i træk. Slet ikke hvis der er mange nye ting, du skal kunne huske. Hjernen kører træt og kan kun optage en begrænset mængde nye informationer ad gangen. Arbejd fx 25 minutter intensivt. Hold så en kort pause (fx 5 minutter), hvor hjernen får helt ro. Arbejd så igen og hold en lang pause efter fx 1½ times intervalarbejde (dvs. 25 min. arbejde – 5 min pause – 25 min. arbejde – 5 min. pause – 25 min. arbejde og så en lang pause). NB! Pauser skal IKKE bruges på mobiltelefonen eller lignende. Det trætter også hjernen! Hjernen skal have helt ro! Metoden med afveksling mellem arbejde og pauser kaldes for **pomodora**.[27]

Søvnforskeren Poul Jennum anbefaler faktisk, i et interview med videnskab.dk, at du tager dig en "morfar" om eftermiddagen. Stiller dit ur og sover 20 til 30 minutter. For at HUSKE det stof bedre, som du har arbejdet med![28] (**E** for **E**rindingssystemer).

Sovepiller
En mand sidder hos lægen og siger: Jeg kan simpelhed ikke sove, fordi der er en masse vilde hunde i min gård og de gør hele natten. Han får nogle sovepiller. 14 dage senere kommer han igen, med sorte render under øjende. Jeg har ikke sovet i 14 dage. Nå - virker sovepillerne ikke? Spørger lægen.
Manden: Jo, men hver gang jeg har fanget en af hundene, kan jeg ikke få den til sluge pillen!

Kilde: https://bornesiden.dk/blandet-vittigheder/

Husketeknikker – også kaldet mnemoteknikker[29] – er metoder, som får informationerne til

at sidde endnu bedre fast i hukommelsen. (**E** for **E**rindingssystemer).

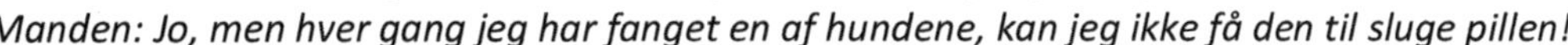

Du skal KUN bruge husketeknikker til de ting, du har svært ved at huske. På trods af, at du har brugt de andre effektive studieteknikker, der er beskrevet i denne bog. Husketeknikkerne skal KUN bruges til at lappe de sidste huller i din hukommelse. – Og husketeknikker bruges altid EFTER, at man har læst stoffet/arbejdet fagligt med stoffet/har fået undervisning. Hvis du ikke kender til det faglige stof, så giver husketeknikkerne absolut ingen mening. Lær først - forstå – og husk så til sidst!

Husketeknikker prøver blandt andet på at tilføje mere **mening**, finde **mønstre** og **forbinde (associere)** de nye, du skal lære til noget, du allerede husker eller som giver mening for dig i forvejen.

---

[27] Tidsforslagene tager udgangspunkt i det som opfinderen af **"Pomodorametoden"**, italieneren Francesco Cirillo, typisk foreslår. Pomodora betyder tomat på italiensk. Cirillo brugte nemlig i starten et tomatformet minutur til at holde styr på tiderne, hvorfor Cirillo døbte metoden for *pomodora*. Læs mere her: https://francescocirillo.com/

[28] Videnskab.dk interviewer søvnforskeren Poul Jennum: *Eksamen på hjernen: Sådan husker du bedst dit pensum.* https://videnskab.dk/krop-sundhed/eksamen-paa-hjernen-saadan-husker-du-bedst-dit-pensum

[29] Mnemoteknik er en gammel opfindelse. Allerede i den græske oldtid arbejdede man med hukommelsesteknikker. Hukommelsens muse hed Mnemosyne, og hukommelsesteknik kaldes derfor også for mnemoteknik.

På den måde "klistres/klæbes" det nye fast til det, der allerede ligger lagret i **langtidshukommelsen**. Lad os se på et par af metoderne og tage nogle eksempler.

Metode 1: Sammenkædning af kendte ord/begreber/ting/former/strukturer med det nye, som skal læres (huskes!) - ved hjælp af **associationer**.

Association: *En forbindelse mellem to eller flere tanker eller sanseindtryk, sådan at det ene let fremkalder det andet.*

Lad os først se på 3 eksempler på sproglige associationer.

Eksempel 1. **AM** (*ante meridiem*) og **PM** (*post meridiem*) er latinske betegnelser for hhv. klokkeslæt før og efter middag (kl. 12:00). De to betegnelser anvendes hovedsageligt i engelsktalende lande, hvor man ikke benytter sig af 24-timersuret. Før middag er perioden fra kl. 00 (midnat) til kl. 12 (middag). I denne periode vil tidsangivelsen være den samme som 24-timersuret, bare med betegnelsen **"AM"** bag på. Efter middag er perioden fra kl. 12 (middag) til kl. 24 (midnat). I denne periode vil f.eks. 17:15 så hedde 5:15 **PM** ved brug af denne omskrivning. Blandt engelsktalende benyttes ofte en forklarende angloficering af det oprindelige udtryk, som kan bruges som en **husketeknik:** *AM (After Midnight) og PM (Past Midday).* En dansk **husketeknik** kan være: *AM er Af Madreassen og PM er På Madressen* – idet du jo skal stå op (skal af madressen) efter midnat, og efter middag skal i seng igen på et tidspunkt (skal på madressen).

Eksempel 2. En vandig opløsning af **kobber(II)ioner (Cu^{2+}(aq))** er typisk blå. *"Copper"* betyder kobber på engelsk, men kan også være slang for strisser/politibetjent. Så tænk på en **to**tal **van**vittig, *"bad copper"*, som tæver dig helt BLÅ. Så husker du, at kobber(II)ioner er blå i vandig opløsning. "To" i "total" skal minde dig om, at det er **kobber(II)ioner**, der er blå – ikke kobber(I)ioner.

Tredje eksempel. At **1 mol gas** (*"luft"*) fylder cirka **24** Liter ved stuetemperatur og *"normalt"* tryk, kan du fx huske via denne **sproglige association:** *Den **24.** december kommer julemanden fra **luft**en ned igennem skorstenen og lægger **1 mol** gaver (skorstenen ligner et 1 tal for 1 mol) under juletræet i **stuen**.*

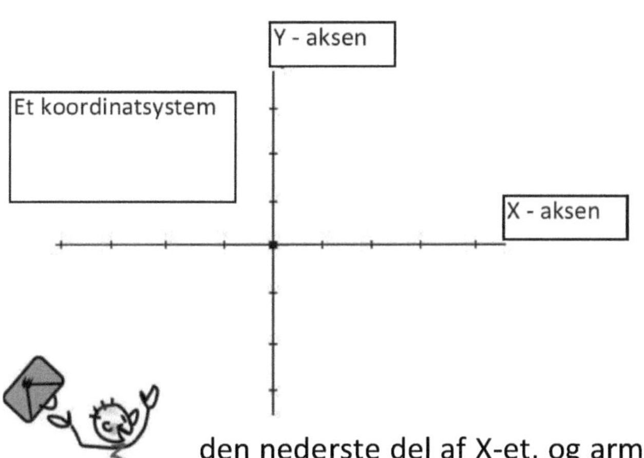

Det kan også være **formen/udseendet** af den ting, du skal huske, som man kan bruge **associationer** til at lære. Der findes enkelte elever, som havde svært ved at huske, at X-aksen i et **koordinatsystem** er den vandrette akse, og at Y-aksen er den lodrette akse. Det på trods af, at de har haft matematik i mange år i grundskolen. Bogstavet X ligner en dreng, som løbet ud af en <u>vandret</u> vej (den vandrette X-akse) med armene løftet over hovedet: Benene er den nederste del af X-et, og armene er den øverste del af X-et. Et omvendt Y ligner en raket, som flyver <u>lodret</u> op i sk**Y**erne!

Mange molekylers strukturformler ligner mere eller mindre simple former/strukturer/ting, som du kender (husker) fra din hverdag, men som intet har med kemi at gøre. Fx ligner strukturformlen for **benzen** Mercedes-Benz logoet, **benzopyrenmolekylet** ligner et rensdyr, **triglyceridmolekylet** (fedt) ligner et stort bogstav E, osv. Hvis du kan få strukturformlen for molekylet til at ligne noget kendt (det kræver bare noget kreativitet og træning), så er det meget nemmere at huske formlen. Vi tager **C-vitaminmolekylet (ascorbinsyre)** som et **eksempel**, idet man skal være opmærksom på, at man skal være fortrolig med **atomernes bindingsforhold (ædelgasreglen)** samt **zigzagformler** for at beherske teknikken (det lærer du senere i bogen): *C-vitaminmolekylet (se til venstre) ligner en bredskuldret mand med et æggehoved ( ), som holder en gul, rund citron[30] (ilt) i den venstre hånd ( ). Manden har et bælte (dobbeltbinding) om maven ( ) og sejlersko på ("ship OH høj" = og). I højre hånd har han en kulstofpisk, hvor der er bundet to sejlersko fast til ( ). "Æggehoved-manden"* er foreslået af Christian Morten Jørgen[31].

---

[30] En gul, rund citron bruges som ilt (O), hvilket associerer til C-vitamin. Citroner er nemlig C-vitaminholdige. På den måde kobles strukturformlen til det kemiske navn for stoffet.
[31] Tidligere elev på Herlufsholm skole. Medlem af min (Jan Ivans) studiegruppe i mnemoteknik, 2013-2014.

<u>**Metode 2:**</u> Rim og remser.

Rim og remsen har en melodi i sig, som tilføjer mere **mening** og **struktur/mønster** til ting, der ikke i sig selv er tilstrækkeligt meningsfulde/strukturerede. Det gør det nemmere at huske. Fx sætningen *"havemøblerne sættes tilbage i skuret ved vintertid og sættes frem fra skuret ved sommertid"* hjælper dig til at huske, at uret skal **sættes 1 time** tilbage, når vi går på vintertid og uret skal sættes 1 time frem, når vi går på sommertid.

Remsen "Den, der skriver d i ***gjort****, han skal ha' sin ende smurt"*, skal minde dig om, at gjort staves uden "d". - Og remsen *"Polsk **Vodka** = **Ni Røde Tuborg"*** kan hjælpe dig til at huske **idealgasligningen**: $P \cdot V = n \cdot R \cdot T$.

Nedenstående figur viser en simpel model for hvordan mnemoteknik hjælper hukommelsen:

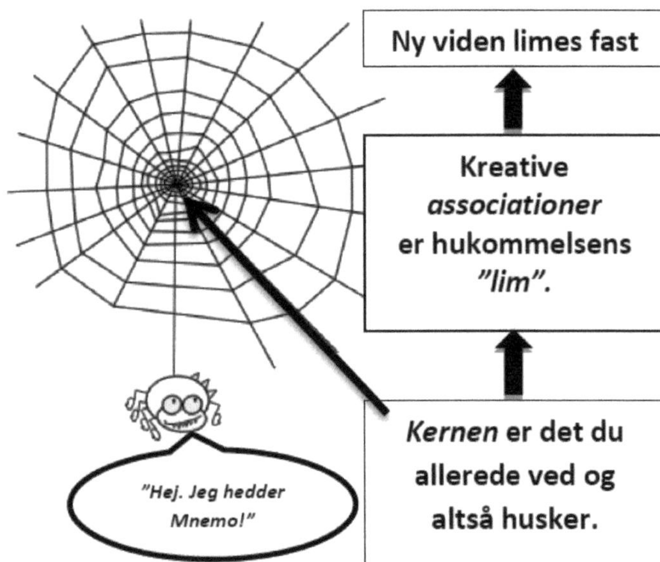

Hukommelsen er som et **spindelvæv**, der indfanger nye informationer & ny viden. Jo mere det fanger, desto større bliver det. Og jo større det bliver, desto mere indfanger **spindelvævet**. Når **spindelvævet** vokser, bliver det mere robust og stabilt, fordi der er flere **associationer** og **knager** at hænge de nye informationer op på. Dvs. du husker bedre og øger din viden! <u>Viden avler mere viden!</u>

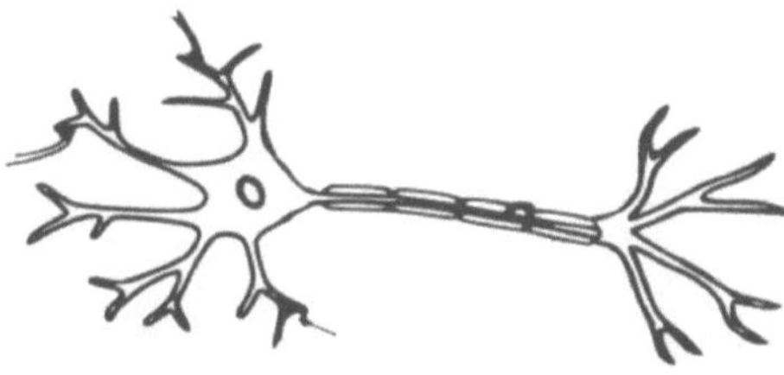 *Komikeren og skuespilleren Anders Matthesen, også kaldet "Anden", bruger mnemoteknik til at huske sit omfattende materiale, når han laver Standupcomedy.*[32]

Professor Jakob Balslev Sørensen siger dette i et interview med bladet Ingeniøren, som kan bruges til at forstå, hvorfor **associationer** fremmer hukommelsen:

"Hjernen indeholder 80-90 milliarder nerveceller, som er forbundet med hinanden ved hjælp af kontaktpunkter, kaldet synapser. Når vi lærer noget, er det synapserne, der styrkes i en proces kaldet **langtidspotentiering.** *Denne proces medfører, at grupper af nerveceller begynder at synkronisere deres elektriske aktivitet – de bliver simpelthen aktive samtidigt. Det er en strukturel ændring, der sker i synapserne, men med funktionelle konsekvenser. Man regner med, at en sådan gruppe af synkroniserede nerveceller svarer til et bestemt* **hukommelsesspor** *– et såkaldt* **engram**. *Informationen ligger gemt i hjernen i form af synapserne, og når vi genkalder os et minde, aktiverer vi hele gruppen af nerveceller igen. Selvom hjernen har mange nerveceller, så har den langtfra nok til at alle engrammer kan have deres egne cellegrupper. I stedet er den enkelte nervecelle indblandet i flere forskellige* **engrammer**. *Det giver mulighed for* **association**: *Hvis man ser et billede af en kronhjort ved en sø, kommer man måske til at tænke på sin farmors hus, hvor der hang sådan et billede, og derfra tænker man måske på den stegte kylling, farmor altid serverede."*[33]

I husketeknik bruges associationer på en måde, der minder om det **professor Balslev** forklarer. Det ene minde fører naturligt til det andet minde via associationskæder, idet engrammerne "flettes sammen" i et stadig større netværk - via en **dominoeffekt**. Det nye huskes vha. det vi allerede husker. Man kan også kalde **mnemoteknikker** for **udvidet elaborering. Elaborering** vil sige, at man bearbejder det nye, man skal huske, ved at tilføje noget gammelt/kendt til det nye på en meningsfuld måde. **Elaborering** bruges som "trigger", "stikord" og "bindeled", der bringer andre data/informationer/viden fra **langtidshukommelsen** ind i **arbejdshukommelsens** bevidsthed. Således skaber sammensmeltningen af det nye med det gamle/kendte et mere holdbart og tilgængeligt **hukommelsesspor (engram)**. Dvs. du husker det nye bedre og kan **genkalde** det

---

[32] Langvad Nilsson, Jonas (28. oktober 2013): *Klæbehjerne og memoteknik: Sådan husker Anders Matthesen et helt show.* http://www.euroman.dk/artikler/Nyheder/Klabehjerne-og-memoteknik-Sadan-husker-Anders-Matthesen-et-helt-show/

[33] Stange, Mie, journalist ved bladet *Ingeniøren* formidler svar fra **Jakob Balslev Sørensen**, professor på Københavns Universitet, Institut for Neurovidenskab, 2. juni, 2018: https://ing.dk/artikel/spoerg-scientariet-hvordan-fungerer-hukommelsen-212198

(komme i tanke om det), når du ønsker det. **Husketeknikker** er altså bare en systematisering og "ekstremificering" af de metoder, som man i forvejen kan dokumentere hjælper hukommelsen – nemlig tilføjelse af betydning, mening, mønstre, struktur og ikke mindst sammenhæng.

I **bilag 1** gennemgås nogle flere husketeknikker – nemlig **del-og-hersk-princippet & visualisering ved ruteplanmetoden, nøgleord og papirtesten** ("det virtuelle snydepapir") samt **vendekort og lærekassemetoden**. Endelig forklares hvordan man vha. husketeknik kan huske strukturformler og navne for nogle vanskelige molekyler, som er nævne i andre kemi C lærebøger end *Basiskemi C* – nemlig en række **kulhydrater og fedtsyrer/fedtstoffer**.

Kemi C elever skal ikke kunne huske strukturformler for svære molekyler i hovedet – kun meget simple! Men det kan være, at nogle af de dygtigste elever vil lære metoden. Desuden vil det være en meget stor fordel at kunne metoden, hvis man skal læse videre på universitetet, og fx skal studere kemi, biokemi, molekylærbiologi eller lignende uddannelser. Studier der kræver, at man kan kemi på et avanceret niveau - og ikke mindst – kan lagre meget kemisk viden i langtidshukommelsen.

A. Hvordan foregår kemi C eksamenen på stx?

Kort fortalt skal du til en eksperimentel prøve, hvis du er stx gymnasieelev. Læreren stiller en række opgaver (eksamensspørgsmål) til kemiholdet. Den enkelte opgave indeholder en overskrift, en kort præciserende tekst om det eksperimentelle arbejde og tilknyttet teoretisk stof samt bilagsmateriale bestående af to bilag. Bilagsmaterialet kan bestå af figurer, billeder, tabeller og lignende. Og skal kunne danne baggrund for faglig uddybning og perspektivering med inddragelse af kernestof eller supplerende stof – dvs. du skal kunne forklare kemien i bilagene. Eksaminanderne kan arbejde individuelt eller i grupper på to.

Eksaminationstiden er ca. 100 minutter for op til fire eksaminander ad gangen. Eksaminationen kan omfatte både eksaminander i grupper og eksaminander, der arbejder individuelt. Eksaminander i samme gruppe skal arbejde med samme eksperimentelle arbejde, men skal have forskelligt bilagsmateriale. De første op til 10 minutter er eksaminandernes forberedelsestid, før det eksperimentelle arbejde påbegyndes, hvor eksaminanderne kan forberede det eksperimentelle arbejde og den individuelle fremlæggelse af bilagsmateriale. Alle hjælpemidler er tilladte: Lommeregner, computer, bøger, noter, øvelsesvejledninger, journaler, rapporter, osv.

Eksaminator og censor samtaler med den enkelte eksaminand og gruppen om det konkrete eksperiment og den tilhørende faglige teori, samt med den enkelte eksaminand om bilagsmaterialet. Dvs. ud over at kunne forklare kemien i bilagene, så skal du også vise, at du kan gennemføre dit/dine forsøg og kan forklare kemien. Og så skal du selvfølgelig også kunne efterhandle/forklare dine forsøgsresultater. Bilagene ser du først på selve eksamensdagen, når du trækker din eksamensopgave, men alle eksamensopgaverne – uden bilag – bliver gjort tilgængelige for dig og dit kemi-C hold i så god tid, at I kan bruge dem i jeres eksamensforberedelser. Hvordan det sker aftales nærmere med kemilæreren. Fx tilsendes eksamensopgaverne, uden bilag, til jer per e-mail.

Som det fremgår af ovenstående, så har du kun 10 minutters forberedelse, efter at du har trukket din eksamensopgave på eksamensdagen. <u>Det er så kort tid, at du er nødt til at kunne dine ting, inden eksamenen starter (**V** for **V**ilje)</u>. For du kan ikke nå at lære noget væsentligt nyt på 10 minutter! Hvordan du forbereder dig bedst muligt, og håndterer selve eksamenssituationen, det gennemgås snart. Men først vises et eksempel på, hvordan en eksamensopgave kan se ud.

B. <u>Et eksempel på en eksamensopgave</u>

Lad os tage udgangspunkt i en eksamensopgave, som inddrager et forsøg med bestemmelse af atommassen for magnesium:

Opgave: Atomets opbygning, atommasse og det periodiske system

Du skal fortælle om atomets opbygning og hvordan den hænger sammen med periodesystemets opbygning (brug periodesystemet i din bog). Du skal gennemføre forsøget "Forsøg med bestemmelse af atommassen for magnesium" og efterbehandle/forklare forsøgsresultaterne.

Til eksamenen får du udleveret et bilagsmateriale, der skal indgå i din samtale med lærer og censor.

BILAG 1: Figur 4, side 12 i Basiskemi C bogen. Thomsons forsøg med et katodestrålerør.
https://www.haase.dk/materiale/Basiskemi_C_figurer/Basiskemi_C_Figur_004.jpg

BILAG 2: Figur 6, side 12 i Basiskemi C bogen. Rutherfords forsøg.
https://www.haase.dk/materiale/Basiskemi_C_figurer/Basiskemi_C_Figur_006.jpg

Eksamensopgaven er slut.

I en rigtig eksamensopgave vil figurerne være direkte indsat i opgaven. Men det er ikke gjort, da der er copyright på figurerne. Eksamensopgaverne kan være udformet på forskellige måder, men ovenstående er en typisk opbygning. Lad os i det næste afsnit se på, hvordan du udnytter din læseferie og de eksamensopgaver, som læreren sender til dig – uden bilag – bedst muligt.

__Matematikeksamen__
- "I er virkelig dårlige til matematik," prædikede matematiklæreren til sin klasse. – "Mindst 50 % af jer vil dumpe til den kommende eksamen, hvis I ikke tager jer alvorligt sammen – og forbereder jer meget grundigt".

Men en af eleverne slog straks en høj latter op: - "Ha, ha – så mange er vi ikke engang i klassen…"

C. Brug din læseferie effektivt

<u>Kom i gang i tide</u>

Først skal det slås fast, at dine eksamensforberedelser allerede starter fra den første kemitime (**V** for **V**ilje). Hvis du i løbet af skoleåret bruger de effektive studieteknikker, som gennemgås i denne bog, så vil forsøg og teori sidde meget bedre fast i din hukommelse. Og dine eksamensforberedelser vil være mindre krævende. Hvis du ikke har gjort ret meget ved tingene i løbet af skoleåret, så ligger der er meget stort stykke arbejde foran dig i læseferien. Hvis dette er tilfældet, så er din situation dog ikke helt håbløs. De følgende sider giver nogle gode råd til dig i forhold til, hvad du kan gøre.

<u>Del i bunker</u>

Del eksamensopgaverne, uden bilag, op i 3 bunker:

Bunke 1: START MED at få styr på det (de) forsøg, som du ikke har været med til at lave. Fordi du var fraværende eller som du af andre årsager slet ikke har styr på. Lån gode **journaler** og gode **rapporter** fra klassekammerater, som har styr på forsøgene. Læs dem grundigt igennem, forstå dem, og test dig selv i om du kan huske det, du har læst. Går i **studiecafe/lektiecafe** og få hjælp af en kemilære til det, du eventuelt ikke forstår. Øv dig i tingene indtil du kan dem!

Hvis du ikke var tilstede, da holdet lavede forsøget (forsøgene), så er du desværre gået glip af den kropslige læring, der ligger i at du selv laver forsøg. Måske kan du finde Youtube videoer af forsøgene – og se dem – og på den måde "opleve" forsøgene. Det er selvfølgelig ikke det samme som at have lavet forsøgene, men det er bedre end ingenting. **Tegn de forsøg**, som du har svært ved at huske fremgangsmåden for – så husker du dem bedre.

Husk også at få styr på de andre ting i eksamensopgaverne – ud over forsøget. Der er typisk krav, som inddrager noget mere teori. Test altid dig selv: Kan du huske tingene eller skal du øve mere? Prøv generelt på at **slå to fluer i et smæk!** Det vil sige prøv på at gennemgå så meget som muligt af den teori, som indgår i eksamensopgaverne ved at tage udgangspunkt i forsøgenes kemiske teorier. På den måde sparer du noget forberedelsesarbejde.

Flue i suppen
Restaurantgæsten: "tjener, der ligger en flue og spræller i min suppe!"
Tjeneren: "ja, vi bruger altid friske råvarer!"

Kilde: https://bornesiden.dk/tjenervittigheder/

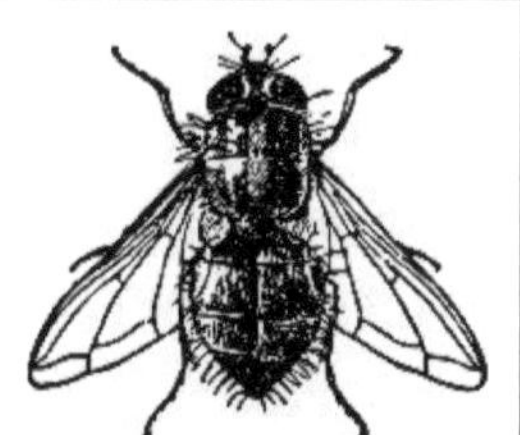

Ved indlæringen af de sidste to bunker af eksamensopgaver bruger du selvfølge alle de principper fra bunke 1, som giver mening.

Bunke 2: Gennemgå dernæst de opgaver, som du har nogenlunde styr på. Øv dig så du kan det – brug aktiv genkaldelse/test-dig-selv-metoden.

Bunke 3: Til sidst. Tag de eksamensopgaver, du har næsten helt styr på. Test dig selv (brug aktiv genkaldelse) og øv dig i de få ting, du er usikker i – ind til du kan det hele.

Hvorfor denne inddeling i 3 bunker? SVAR: Fordi du ikke ved præcis hvor lang tid, at det vil tage for dig at forberede/lære de enkelte eksamensopgaver. Tiden kan løbe fra dig, du kan blive syg eller andre uforudsete ting kan ske. Derfor er det en god ide først at få styr på det, du ikke har styr på. For du kan ikke satse på, at du trækker en af dine favoritopgaver på eksamensdagen.

<u>Hvad er et talepapir og skal du lave talepapirer til eksamensopgaverne?</u>
Et **talepapir** er et lille papir, hvor du har nedskrevet nogle få **stikord** til det, som du har planlagt at sige til eksamenen. Talepapiret er kun en kort "køreplan", men er ikke tætskrevet tekst. Talepapiret må altså ikke være tætskrevet med informationer og lange sætninger, som kan give anledning til, at du oplæser de ting, som du burde kunne i hovedet. Oplæsning tæller ikke positivt ved karaktergivningen! 

Du skal øve dig i at kunne alle eksamensopgaverne så godt, at du kan bruge selve eksamensopgavernes tekst som talepapir! Om nødvendigt kan du lave meget korte talepapirer til de eksamensopgaver, hvor du har brug for lidt ekstra støtte ved din gennemgang/fremlægning. Men gør det så kort som overhovedet muligt.

<u>Bilag</u>

Alle eksamensopgaverne indeholder 2 bilag, som du på et tidspunkt skal gennemgå for censor og din lærer under eksamenen. Hvornår det sker, er noget, som de bestemmer. Bilagene er typisk **illustrationer (figurer og tabeller)** fra de undervisningsmaterialer, I har benyttet i løbet af skoleåret. Du bør i løbet af skoleåret øve dig i at kunne forklare alle de vigtigste illustrationer ud fra test-dig-selv-metoden. - Og i læseferien tester du, om du stadig kan huske forklaringerne til illustrationerne. Derefter genlærer du det, du har glemt. (**R** for **R**epetition).

<u>Læsegrupper</u>

Man kan have stor glæde af at være i en læsegruppe. Men gør man det på den forkerte måde, så spilder man tiden.

1) Lad være med at sidde sammen og læse stoffet. Det går som regel op i hyggesnak, *"hat og briller"* – og du vil have for svært ved at koncentrere dig, og arbejde effektivt. Undgå at være i læsegruppe med kæresten! Det stjæler fokus fra det faglige (**O** for **O**pmærksomhed). Hvis din lærer har valgt, at I på eksamensdagen skal udføre forsøgene i par, så sørg for at komme i læsegruppe med din makker.

2) Aftal hver dag hvad I skal nå at gennemgå. Giv hinanden lektier for, så I så vidt muligt arbejder på at kunne de samme eksamensopgaver[34]. Læs det hver for sig – fx fra kl. 8 til 13 (husk at holde pauser!). Noter ned hvad du har svært ved. Mød så med din læsegruppe – fx fra kl. 14. Hjælp hinanden. Gennemgå eksamensopgaverne med fokus på de ting, som I havde svært ved - og hjælp hinanden til at få styr på tingene. Hvis der er ting, I har svært ved at huske, så giv **husketips** til hinanden. Når I mener, at I har fået styr på dagens eksamensopgaver, så afslut dagen med at lave **eksamensleg**, hvor I efter tur gennemgår opgaverne for hinanden. En elev bliver eksamineret af de øvrige i gruppen. I kan selvfølgelig ikke lave forsøgene – men I kan teste om I kan huske formål, materialer og fremgangsmåder, og forstår forsøgene - samt kan forklare kemien bag forsøgsresultaterne og kan efterbehandle resultaterne.

Husk nu at eksamensopgaverne også vil indeholde **bilag**, som typisk udgøres af de forskellige **illustrationer**, der indgår i skoleårets undervisningsmaterialer. Brug en dag i læseferien på at gennemgå alle de vigtigste illustrationer for hinanden. Hjælp hinanden så alle har styr på alt. Spørg læreren om hvilke illustrationer, som er vigtigst – inden I går på læseferie! (**R** for **R**epetition).

---

[34] Jeres 3 bunker med eksamensopgaver er nok ikke helt ens – fra start af - men prøv at blive enige om hvilke opgaver, som skal ligge i de 3 bunker.

34

<u>Hvordan bruger man denne bogs kemikapitler som en del af eksamensforberedelserne – og hvordan kan elever/kursister fra andre uddannelser end stx bruge bogen?</u>

Man kan fx bruge bogens kemikapitler til relativt hurtigt at lære den teoretiske kemi, som eksamensforsøgene ofte tager udgangspunkt i – og som man har svært ved at forstå/huske. Bogen indeholder jo en masse **analogier** og **husketips**. Mange lærere bruger de samme klassiske kemi C forsøg, som omfatter meget af den basale kemiteori, som gennemgås i vores *Noter til kemi C*.

Men hvad med kemi C på andre uddannelser end stx – fx **enkeltfag på HF/VUC**. Kan man have glæde af bogen, hvis man ikke skal til en eksperimentel eksamen, men en eksamensform, som lægger mere vægt på teorien end forsøgene? **SVAR:** Ja – så absolut! Man kan bruge bogen til 1) at indlære den basale teori, og 2) til at indlære forsøgene. Selvfølgelig er de forskellige kemigrundbøger ikke ens, men der er en stor faglig kerne, som er fælles for bøgerne. - Og alle de råd og forslag bogen giver – fx om

indlæring af forsøg, mnemoteknik og andre studieteknikker – dem kan man have stor glæde af, uanset hvilket kemi-C-lærebogssystem, der undervises efter.

D. <u>Eksamensdagen</u>

Du trækker på prøvedagen din eksamensopgave. Hvis din lærer har valgt, at I arbejder alene med forsøgene, så har du nu **10 minutters forberedelse**, hvor du arbejder selvstændigt. Start med at få styr på dine **bilag**. Øv dig i at forklare dem. Bilagene skulle meget gerne være kendte fra din forberedelse i læseferien. Hvis ikke – så gå ikke i panik – men brug din basale kemiske viden og sunde fornuft til at forklare bilagene. HVIS der er tid, så repetér resten af eksamensspørgsmålet. Få hurtigt styr på forsøget og den tilhørende teori samt forklaringer/efterbehandling af resultaterne. Alle forsøg er jo kendte, og du har **journaler** og **rapporter** til alle forsøgene med til eksamenen.

Hvis din lærer har valgt, at I laver forsøg i grupper, så trækker I den samme eksamensopgave med det (de) samme forsøg og tilhørende teori - men I trækker derefter forskellige bilag. Efter temperament kan I vælge a) at bruge hovedparten af de 10 minutters forberedelsestid individuelt, og så bruge de sidste par minutter til at hjælpe hinanden med eventuelle problemer eller b) forberede jer sammen i de 10 minutter. Aftal i læseferien om I foretrækker model a) eller b), så I ikke spilder forberedelsestiden på eksamensdagen med at finde ud af det. Der er fordele og ulemper ved begge forberedelsesmetoder. Fx er fordelen ved metode a), at der er mere ro til, at man kan samle tankerne/fokusere, mens ulempen er, at man ikke kan få hjælp fra gruppen lige så snart, at man ønsker det. Fordelen ved metoden b) er fx, at man kan hjælpe hinanden hele tiden, mens ulempen selvfølgelig er, at man ikke har samme ro til at samle tankerne.

Under de 10 minutters forberedelse er alle hjælpemidler jo til rådighed: Noter, bøger, kopier, journaler, rapporter, forsøgsvejledninger, computer, lommeregner, osv. Stol på dig selv og dine eksamensforberedelser. Brug tiden til repetition og genopfriskning af din viden – ud fra det, der er lagret i din hukommelse. Slå nogle få ting op som du eventuelt er i tvivl om. Lad være med at falde i **slå-alt-muligt-op-fælden**. Desværre kan man ind i mellem til eksamenen se elever blade forvirret rundt i alle mulige papirer, bøger og noter - og panikagtigt prøve på at læse så meget som muligt på 10 minutter. Det dur bare ikke. Drop det. Du kan alligevel ikke nå at lære en masse nyt på 10 minutter! Du skal have styr på dine ting, inden du trækker opgaven på eksamensdagen. Igen: Brug din læseferie effektivt (**V** for **V**ilje)!

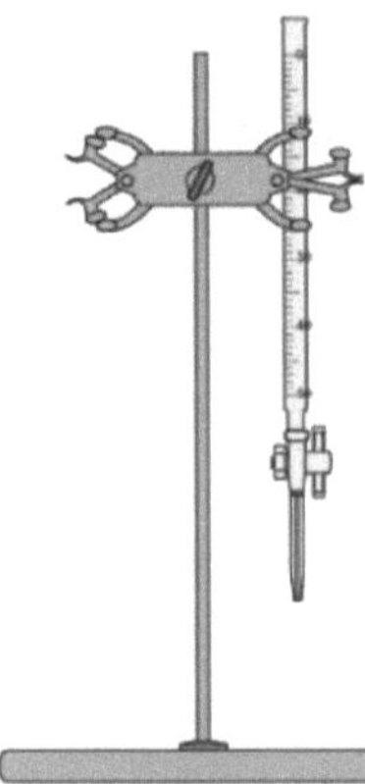

Nu skal du i gang med at lave **forsøg**. Hvis I skal arbejde sammen i par, så er det en stor fordel, hvis I på forhånd har aftalt, hvem der gør hvad, så I ikke render rundt som *"hovedløse høns"* og finder de samme ting frem til forsøget. Koordinér! - Og husk nu, at det er **teamwork**. Det dur ikke, at den ene af jer laver det hele, og den anden bare ser på! I har forsøgsvejledninger, noter og alle hjælpemidler til rådighed, men brug dem så lidt som muligt således, at I overbeviser læreren og censor om, at I kan alle de vigtigste dele af jeres forsøg. - Og det kan I godt, hvis I har øvet jer hjemmefra!

Imens I laver jeres forsøg, går læreren og censor rundt og spørger ind til det I laver. Vis at du forstår kemien og forstår hvorfor man udfører forsøget, som man nu gør. Forklar hvad der sker i forsøget – kemisk set: Hvilke stoffer er i spil, hvad hedder de, hvilke formler har de, hvilke reaktioner foregår, osv. Inddrag relevant teori. Hav styr på hvad materialerne hedder og hvad de bruges til – fx at den lange glasting med en hane på hedder en **burette** - og den bruges til at dryppe en **titrator** ned til en **titrand**, der er nede i den **koniske kolbe** under en proces, vi kalder for en **titrering**, osv. Læs **bilag 2** hvor der gives en masse forslag til, hvordan du nemmere kan huske, hvad det forskellige apparatur hedder (**E** for **E**rindringsystemer)!

Hvis I arbejder i par, så lad være med at afbryde din makker og tage over. I bliver bedt om at svare på spørgsmål efter tur. Hvis man ikke kan finde ud af at tale og holde mund på de rigtige tidspunkter, så kan man risikere at blive bortvist fra eksamenen!

På et tidspunkt bliver du trukket til side og **eksamineret individuelt**. Imens arbejder de øvrige elever stille og roligt videre med deres forsøg, ind til censoren og læreren vender tilbage for at høre, hvad de har lavet. Ved den individuelle eksamination bliver du fx bedt om at forklare kemien i bilagene, gå dybere ind i dit (dine) forsøg, fx uddybe noget teori, forklare kemien bag resultaterne samt gennemgå efterbehandlingen af resultaterne eller andre ting, som kræver mere tid og ro. Her må du gerne tage udgangspunkt i og støtte dig til dine **journaler** og **rapporter** eller andre hjælpemidler. Bare du viser, at du forstår tingene og at det ikke er oplæsning. Måske bliver du bedt om at lægge dine journaler, rapporter eller andre hjælpemidler til side, og så vise at du godt kan forklare tingene, uden at støtte dig til dem. Gå i så fald ikke i panik, men forklar tingene stille og roligt. Stol på dig selv!

Når din individuelle eksamination er slut, vender du tilbage til dit forsøg og fortsætter arbejdet. Til sidst rydder I op. Lærer og censor går i enerum og bliver enige om karaktererne, som I får meddelt individuelt med en kort begrundelse.

<u>Nervøsitet</u>
Det er naturligt at være spændt til eksamenen. Men det er ikke godt, hvis du er så nervøs, at det hæmmer dig, eller at den berømte sorte klap går ned, fordi du er ved at gå i PANIK.

<table>
<tr><td>

Panik!
Læreren til eleven: Ole, kan du forklare, hvad der menes med ordet "panik"?
Ole: Jo, det er når man mangler et kryds!
Læreren: Det må du vist forklare lidt nærmere, Ole…
Ole: Jo, jeg har 3 storesøstre, som sætter et kryds i kalenderen hver måned, og i sidste måned manglede der et kryds, og så skal jeg lige love for, at der blev panik!

Kilde: <u>https://www.movellas.com/da/story/201411041028538593-vittigheder/201804230808271267</u>
</td></tr>
</table>

Erfaring viser, at for meget nervøsitet primært har to årsager: Du er for dårligt forberedt eller du har for store (og urealistiske?!) ambitioner, så derfor lægger du et urimeligt pres på dig selv. Hvis du vil spare dig selv for en ubehagelig oplevelse ved eksamenen, så udnyt din læseferie optimalt. Det er ikke en ferie, men en periode som skolen stiller til rådighed til eksamensforberedelser. - Og prøv nu på at tænke følgende:

"Jeg gør det så godt, som jeg magter - og så er den karakter, der kommer ud af det god nok. For jeg har gjort mit bedste."

Om det så er et 12 tal eller et 02 er sådan set ligegyldigt. MEN - hvis du arbejder seriøst med faget i løbet af skoleåret, og følger denne bogs anbefalingerne, så burde det være muligt at få et 7 tal – også selv om du synes, at kemi C er svært. Men hvis det er et 02, som du har kæmpet dig frem til – ja, så må du prøve at stille dig tilfreds med det, og tænke at Jorden ikke går under.

I 2006-2007 deltog en række 6. og 8. klasse elever fra en skole i Columbia, Illinois i et forskningsprojekt, hvor forskerne testede effekten af **test-dig-selv-metoder/quizzer** som indlæringsmetode sammenlignet med **passiv genlæsning** af materialet. Testfagene var samfundsfag og biologi. Forsøget viste, ikke overraskende, at test og quizzer var langt mere effektivt end genlæsning af materialet. 89 procent af eleverne angav desuden, at test og quizzer øgede deres indlæring, og - ikke mindst - så angav 46 procent af eleverne, at test og quizzer havde reduceret deres angst for at gå til eksamen![35]

 Så *test* altid dig selv i de ting, du skal kunne. Øv dig ekstra meget i det, du har svært ved. Det vil med stor sandsynlighed reducere din nervøsitet ift. at gå til prøver og eksamener!

TILFØJELSE om indlæring fra videoer

Der er rigtig mange gode websider, der giver fine muligheder for at lære kemi, da underviserne i videoerne er dygtige formidlere. Fx www.restudy.dk, www.frividen.dk, https://www.gymnasiekemi.com/ , osv. Men du vil hurtigt glemme det, du har set, hvis du ikke laver en dybere bearbejdning af videoerne. Derfor er Gymnasiekemi nok en favoritwebside af den simple årsag, at **Jonas Niemann** har lavet **vendekort/flashcards** til rigtig mange videoer. Når du har set en video på Gymnasiekemiwebsiden, så skal du altid bruge **aktiv genkaldelse** til at indlære det vigtigste. Dvs. du tester dig selv i de vendekort/flashcards, som hører til videoen - og øver dig, ind til du umiddelbart kan huske det hele!

På websider, hvor der ikke er lavet vendekort/flashcards til videoerne, skal du tage *Cornellnoter* (se side 17) til det du ser – og lære det vigtigste indhold ved at teste dig selv i noterne (brug **aktiv genkaldelse**), ind til du umiddelbart kan huske tingene.

Hvis indholdet fra de vigtigste videoer skal placeres solidt i din **langtidshukommelse**, så skal du engang imellem **repetere** dine videonoter via **aktiv genkaldelse**. Udnyt **fordelingseffektens** (se side 22-24) positive indvirkning på langtidshukommelsen. (**E** for Erindringssystemer).

 **Nu starter den egentlige kemibog: Læs først højre kolonne. Brug forklaringerne og husketeknikkerne (husketips) i højre kolonne til at forstå og huske tingene bedre. Brug derefter spørgsmålene i venstre kolonne til at teste, om du kan huske det, der står i højre kolonne, idet du tildækker højre kolonne. Øv dig ind til du umiddelbart kan tingene!**

---

[35] Brown, Peter C., Roediger III, Henry L., McDaniel, Mark A.: *Make It Stick: The Science of Successful Learning*. THE BELKNAP PRESS of HARVARD UNIVERSITY PRESS Cambridge, Massachusetts London, England 2014, side 36-37.

Kapitel 1: Grundstoffer, grundlæggende begreber samt det periodiske system

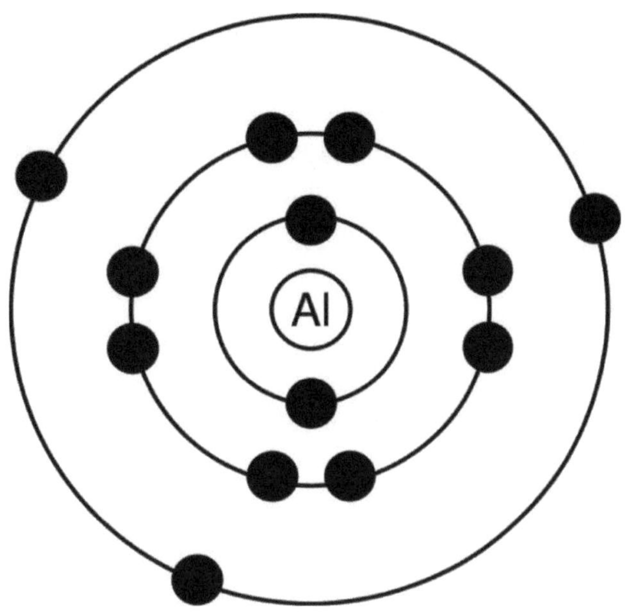

Billedet viser en model af aluminiumatomet (Al), hvor elektronfordelingen for de 3 skaller er angivet. Elektronerne er vist som sorte prikker. Kernens indhold af protoner og neutroner er ikke vist i modellen.

Gamle kemikere

Gamle kemikere dør aldrig. De holder bare op med at REAGERE!

Spørgsmål	Svar/*husketips*
Hvordan skrives Atomsymboler? Hvad er atomsymbolerne for hydrogen, kalium, beryllium, natrium, nikkel, cobalt?	***Atomerne/grundstofferne*** har nogle **atomsymboler**, som angives vha. bogstaver. Det kan være et stort bogstav: fx H er Hydrogen, K er Kalium. Det kan også være et stort bogstav efterfulgt af et lille bogstav: fx Be er Beryllium, Na er Natrium. <u>Men et lille bogstav kan aldrig stå alene!</u> Fx betyder "Ni" grundstoffet Nikkel. Det lille "i" hører altså sammen med det store "N". "Ni" betyder IKKE atomet "N" og betyder IKKE atomet "i". "Co" betyder grundstoffet cobalt: Det betyder ikke atomet "C" og ikke atomet "o". <u>MEN</u> "CO" betyder den kemiske forbindelse carbonmonoxid, som består af grundstofferne carbon (C) og oxygen (O), fordi der er 2 store bogstaver i CO.
Hvad er grundstoffer? Giv eksempler	**Grundstoffer** er opbygget af ens (samme slags) atomer – dvs. atomer med det samme antal protoner. Fx består grundstoffet kobber (Cu) kun af kobberatomer, som alle har 29 protoner i kernen. Andre **eksempler** er: H_2, N_2, O_2, S_8, Na, Ne. [H_2 er to ens H-atomer, N_2 er to ens N-atomer, S_8 er 8 ens svovlatomer, Na består kun af Na-tomer, Ne består kun af Ne-atomer]. **Husketips:** *En (bygge)<u>grund</u> er et fundament, som er lavet af <u>samme slags stof/ens stof</u> (beton), som et hus kan bygges på. Tænk: <u>Grund</u>stoffer er <u>grund</u>lagt af den samme slags stof/samme type atomer.*
Hvad er kemiske forbindelser? Giv eksempler	**Kemiske forbindelser** består af forskellige slags atomer/ grundstoffer/"*bogstaver*", som er gået i forbindelse med hinanden - fx H_2O, NH_3, NaCl, $C_6H_{12}O_6$. H_2(g) og O_2(g) er begge grundstoffer (består jo af ens atomer), men hvis grundstofferne går i forbindelse med hinanden, så dannes den kemiske forbindelse vand (H_2O): $2H_2(g) + O_2(g) \rightarrow 2H_2O(g)$. **Husketips:** *Kemien er gået i forbindelse. Eller "grundstofkemien" er gået i forbindelse (læs: kemiske forbindelser består af forskellige grundstoffer).*
Hvad er forskellen på atomer og molekyler? Giv eksempler	**Atomer** optræder enkeltvis/alene (fx H, O, C, N, Si, F, Cl, Br, osv.), mens **molekyler** er 2 eller flere ikke-metal-atomer (se senere), som er sat sammen (fx H_2, O_2, CO_2, CH_4, Cl_2, $C_6H_{12}O_6$). Læs mere om molekyler i kapitel 3. **Husketips:** *<u>A</u>tomer er <u>A</u>lene. <u>M</u>olekyler er <u>M</u>ange (2 eller mere er mange).*

Banankemi
Spørgsmål: Hvilken "engelsk" frugt har formlen $BaNa_2$? Svar: BaNaNa.

<table>
<tr><td>

Hvad er forkortelserne for de 4 tilstands-former?

QR kode til video med "Aqua"

[36] Link til Aqua videoen

</td><td>

Du skal kende **4 tilstandsformer**:

(s) betyder fast stof efter "s" for solid. Fx NaCl(s), dvs. fast køkkensalt,

(l) betyder væske efter "l" for liquid (engelsk for væske). Fx H_2O(l), dvs. flydende vand,

(g) betyder gas. Fx H_2O(g), dvs. vand på gasform (altså vanddamp),

(aq) betyder "i vandig opløsning" efter "aqua", dvs. vand. Fx NaCl(aq): dvs. salt opløst i vand, CH_3CH_2OH(aq): dvs. ethanol opløst i vand, osv.

Husketips: *Tænk popgruppen "Aqua" er gået i opløsning. Læs: (aq) er "aqua", dvs. opløst i vand. Eller tænk "aquarium" (engelsk for akvarium). Brug din hverdagsviden til at huske de 4 tilstandsformer.*

Tænk på vand: Isterninger, H_2O(s), i et glas med flydende vand, H_2O(l). Vanddamp, H_2O(g), kommer op af en kogende elkedel, og du opløser en masse sukker i din te ($C_{12}H_{22}O_{11}$(aq)) – for du har en meget sød tand!

</td></tr>
<tr><td>

Hvordan afstemmes et reaktions-skema?

Afstem reaktionen:
$C_2H_6 + O_2$ →
$CO_2 + H_2O$

</td><td>

Afstemning af et reaktionsskema. Det er **afstemt**, når

man har lige mange atomer af hvert grundstof på begge sider af reaktionspilen. Man <u>afbalancerer</u> atomernes antal. Afstem fx denne forbrændingsreaktion (afbrænding af ethan):

C_2H_6(g) + O_2(g) → CO_2(g) + H_2O(g)

Afstemning: Du tager kun et atom ad gangen, og starter med et af de atomer, der findes i så få formler som muligt. C findes i 2 formler og H i 2 formler, mens O findes i 3 formler - så afstem O til sidst. Det er nemmest. Vi starter med H og tager 3 H_2O, så der er 6 H-atomer på hver side af reaktionspilen: C_2H_6 + O_2 → CO_2 + $3H_2O$.

Så afstemmer vi C ved at tage 2 CO_2, så der er 2 C-atomer på hver side af reaktionspilen: C_2H_6 + O_2 → $2CO_2$ + $3H_2O$.

Så er højre siden færdig og vi optæller antal O-atomer på højre side: 4 iltatomer i $2CO_2$ og 3 iltatomer i $3H_2O$, dvs. 7 iltatomer i alt.

Vi skal bruge 3½ O_2 molekyler for at få 7 iltatomer på venstre side:

C_2H_6 + $3½O_2$ → $2CO_2$ + $3H_2O$.

Men vi har et problem: Der findes ikke halve O_2 molekyler i virkelighedens verden. Derfor ganger vi med 2 – og fordobler mængderne af alle formlerne: $2C_2H_6$(g) + $7O_2$(g)→ $4CO_2$(g) + $6H_2O$(g). Nu er reaktionen (afbrænding af ethan) korrekt afstemt.

</td></tr>
</table>

Hvad må du aldrig gøre ved afstemning?	Du må <u>aldrig</u> ændre på stoffernes/formlernes atomsammensætning for at få reaktionen afstemt – fx $2C_2H_6 + O_{14} \rightarrow C_4O_8 + H_{12}O_6$ – for sådan ser stofferne jo ikke ud. Det bliver du hængt for! Du må kun sætte tal (koefficienter, se næste række) foran stofferne!
Koefficienter er?	**<u>Koefficienter</u>** er de tal, som man sætter <u>foran</u> formlerne i reaktionsskemaet for at få det afstemt (se de grå tal) i den korrekt afstemte reaktion, som <u>tæller antallet</u> af de forskellige formler). **Husketips:** *Tænk på en <u>ko</u>, som er <u>eff</u>ektiv til at tælle formler (læs: <u>koeff</u>icient).*
En forbrændings-reaktion er? Giv et eksempel	En **forbrændingsreaktion** er en reaktion, hvor et brændbart stof (fx ethan (C_2H_6)) reagerer med O_2 (dioxygen) under udvikling af varme og forbrændingsgasser (fx CO_2 og H_2O). Fx $2C_2H_6(g) + 7O_2(g) \rightarrow 4CO_2(g) + 6H_2O(g)$. **Husketips:** *Tænk på, at O_2 er nødvendigt for at noget kan brænde. Fx slukkes stearinlyset, når du sætter et glas ned over, som kvæler ilden (fjerner adgangen til ny O_2). At forbrændingsreaktionen danner CO_2 og H_2O husker du ved at tænke, at O_2 sætter sig på brændstoffets C og danner CO_2 – og at O_2 sætter sig på brændstoffets H og danner H_2O.*
Hvad sker ved afbrænding af metaller – fx magnesium?	Når metaller (fx magnesium, Mg) brænder (dvs. Mg reagerer med iltmolekyler (O_2)), så dannes der ikke $CO_2(g)$ og $H_2O(g)$, som hvis brændstoffet indeholder C og H (som fx i ethan, C_2H_6), men der dannes metaloxid (fx MgO), $2\,Mg(s) + O_2(g) \rightarrow 2MgO(s)$, fordi O "sætter sig på/forbinder sig med" Mg.
Reaktanter og produkter er? Giv eksempler	Stofferne til venstre for reaktionspilen kaldes for **reaktanter** (udgangsstoffet), og de omdannes ved reaktionen til **produkter** (reaktionsprodukter), som står til højre: Reaktanter $\rightarrow$ produkter. Fx $2C_2H_6(g) + 7O_2(g) \rightarrow 4CO_2(g) + 6H_2O(g)$. ($C_2H_6$ og O_2 er reaktanter. CO_2 og H_2O er produkter). **Husketips:** *Reaktanter er det, der reagerer (omdannes), og produkter er det, der kommer ud af reaktionen. Ligesom på en fabrik, hvor råvarer (læs: reaktanter) omdannes til produkter, som sælges.*

Forklar J.J. Thomsons forsøg med katode-strålerør	<u>**Fysikerens Joseph John Thomsons forsøg**</u> i 1897 førte til opdagelsen af elektronen: 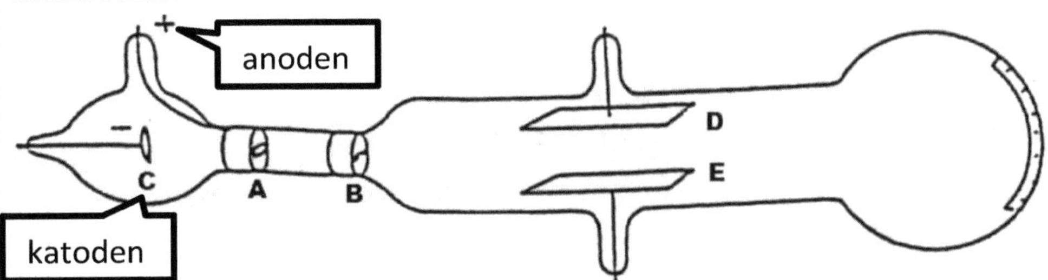 Thomson opdagede, at man kunne trække en negativt ladet *"katode-stråle"* ud af et metal i et lufttomt rør ved at anvende en meget stor spændingsforskel. Metallet er den lille plade "C" til venstre i ovenstående figur. Dvs. "C" er katoden. Fra katoden (minuspolen) blev de negative partikler skubbet ud og anoden (pluspolen) tiltrak dem og sendte dem videre ind i røret via de to små huller i anoden (se "A" og "B" i ovenstående figur). Katodestrålen blev afbøjet mellem de to vandrette plader (se "D" og "E" i ovenstående figur) - hvoraf den ene plade var en minuspol (som frastødte strålen) og den anden plade var en pluspol (der tiltrak strålen). Altså måtte katodestrålen bestå af negative partikler. Ved at studere katodestråleafbøjningen kunne Thomson beregne forholdet mellem de negativt ladede partiklers ladning og masse. Han viste, at dette forhold var det samme uanset hvilket metal katoden var lavet af. Det var altså den samme negative partikel, som kunne trækkes ud af alle metaller. Elektronen var fundet og måtte være en bestanddel af atomet.
Forklar J.J. Thomsons rosinbolle-model Forklar Rutherfords forsøg og sammenlign med Thomsons forsøg	Joseph John Thomson mente, at elektronerne var fordelt i en positivt ladet kugle (*"dej"*) på samme måde som rosinerne i en rosinbolle – heraf navnet **"rosinbollemodellen"**. Husketips: <u>Thomson</u> er <u>tosset</u> med rosinboller (se figuren til højre). 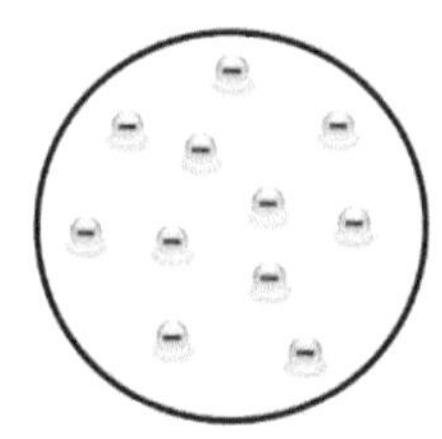 Thomsons atommodel kunne imidlertid ikke forklare resultaterne fra 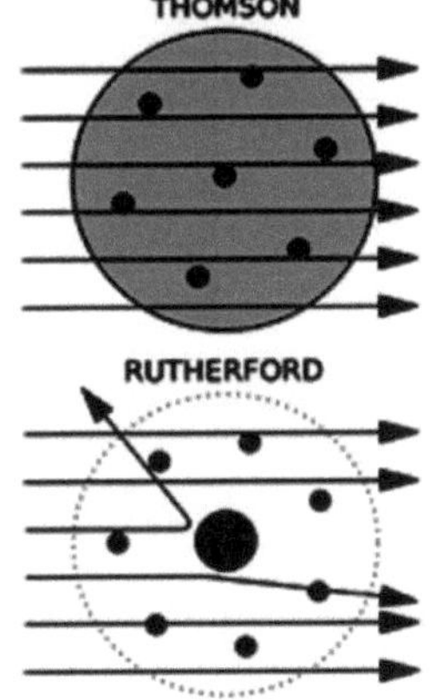 fysikeren **Ernest Rutherfords** <u>**forsøg**</u> i 1909-1911. **Rutherford** beskød en meget tynd guldplade med positivt ladede helium-atom-kerner (*"alfa-partikler"*). De fleste partikler drønede lige igennem guldpladen, mens kun nogle få blev afbøjet meget kraftigt. Derfor måtte atomets positive ladning være samlet i en meget lille atomkerne. At så mange partikler drønede upåvirket igennem måtte også betyde, at der var god plads i atomet – at det

	meste var tomrum. Thomsons rosinbollemodel blev efterhånden forkastet. **Husketips: Alfahannen _Rutherford_ skød alfa-partikler igennem guld-pladerne på hans _Rutebil Ford._** 
\multicolumn{2}{l}{Du kan arbejde med en **interaktiv simulation med Rutherfords forsøg** her: https://phet.colorado.edu/da/simulation/rutherford-scattering }

Du kan arbejde med en **interaktiv simulation med Rutherfords forsøg** her: https://phet.colorado.edu/da/simulation/rutherford-scattering

Forklar atomets opbygning **Hvilke ladninger har protonen, neutronen og elektronen?**	## Atomets opbygning Et stof består af små partikler kaldet **atomer**, som er opbygget af **protoner, neutroner** og **elektroner.** I atomets kerne findes protoner og neutroner og ude i skallerne kredser elektronerne rundt. Der er lige mange pusladninger (protoner i kernen) og minusladninger (elektroner i skallerne), hvorfor atomet er elektrisk neutralt - dvs. plus opvejes af minus og omvendt. **Husketips: _Protonen er positivt ladet (proton og positiv starter begge med bogstavet "p")._** _Elektronen er elektrisk (begge ord starter med "elektr") og er negativt ladet. Tænk på at strøm er farlig. Altså - det er negativt for helbredet, hvis man får elektricitet (dvs. elektroner) igennem sig._ _Neutronen er neutral (begge ord starter med "neutr"). Nukleontallet (se senere) er antallet af kernepartikler (kerne hedder nucleus på latin)._
Hvad betyder atomnummer (Z) og grundstof- nummeret?	Antallet af protoner i det neutrale atom er lig med antallet af elektroner og kaldes **atomets nummer** og betegnes **Z**. Er også lig med **grundstofnummeret Z**. (Fx har et atom med atomnummer 6 (carbon) grundstofnummeret 6 og indeholder derfor 6 protoner og 6 elektroner).
Betydning af (A)? Sammen- hængen mellem A, Z og N?	**A er nukleontallet** som er lig med antallet af kernepartikler i atomet, der er lig med antal protoner (Z) plus **antal neutroner (N)** tilsammen i kernen. Derfor har vi, at $A = Z + N$. (A angiver også massetallet, dvs. atommassen. Se næste række).

	I atomsymboler står tallet A for oven og tallet Z for neden: $\frac{A}{Z}$ Atomsymbol. Eksempler: $^{6}_{3}$Li betyder lithium-seks med 3 protoner (Z = 3) og 3 neutroner (N = 3) og i alt 6 protoner og neutroner i kernen (A = 3 + 3 = 6). $^{7}_{3}$Li betyder lithium-syv med 3 protoner (Z = 3) og 4 neutroner (N = 3) og i alt 7 protoner og neutroner i kernen (A = 3 + 4 = 7). Læg mærke til, at det er to atomer af samme grundstof, lithium, da antal protoner er ens, nemlig 6, mens antal neutroner varierer (der er tale om isotoper, se senere).
Hvor står A og Z i atomsymbolet ? Giv eksempler	**Husketips:** *Der er et "Zæt"[37] protoner (Z) og der er "N" Neutroner i Atomets kerne (A). Altså A = Z + N. Nucleon betyder kerne, så nucleontallet er tallet for kernen - altså antallet af kernepartikler ("nucleonpartikler").* $\frac{A}{Z}$ *Atomsymbol: At A står for oven og Z for neden i atomsymbolet, det kan fx huskes på, at man tænker "**A**tmosfærens atomer er <u>for oven</u>*  *i luften, og **Z**ebra-atomerne løber rundt for neden på jorden".*
Hvad betyder massetallet/ atommassen (A)? Giv et eksempel 	## Massetallet (atommassen) A = Z + N. Dvs. massetallet (atommassen) A svarer til antallet af neutroner plus protoner i atomet, målt i units (u), da 1 proton vejer ca. 1 u og 1 neutron også vejer ca. 1 u. Elektronerne vejer meget lidt, og dem ses der bort fra. Massetallet (atommassen A) er hvor meget et atom vejer i units (u). Læg mærke til at massetallet (atommassen) og nukleontallet er det samme tal. Vi tager uran som eksempel: $^{238}_{92}$U. Dvs. U (uran) har 92 elektroner fordelt på elektronskallerne og 92 protoner samt 238 minus 92, dvs. 146 neutroner. Massetallet (atommassen) for uran vil være 238 u, da der er 238 protoner plus neutroner i atomets kerne. Dvs. et uranatom vejer 238 u.

---

[37] "Zæt" betyder selvfølgelig "sæt".

$^{A}_{Z}X$	**Nyt husketips:** *Tænk på at <u>A</u>ntallet af neutroner + protoner (<u>A</u>tommassen "A") må være et <u>højere</u> tal end antallet af protoner (tænk: et <u>Z</u>æt protoner), og derfor står nukleontallet "A" <u>højere</u> i atomsymbolet og "Z" står lavere i atomsymbolet for et givet grundstof "X".*

Hvad er isotoper? Giv eksempler	**Isotoper** er atomer med samme antal protoner og elektroner (altså tilhører samme grundstof), men med forskelligt antal neutroner. For eksempel findes carbon naturligt i 2 udgaver, nemlig carbon-12 ($^{12}_{6}C$) og carbon-13 ($^{13}_{6}C$). Carbon-13 har 1 neutron mere (nemlig 13 - 6 = 7) end carbon-12 (nemlig 12 - 6 = 6), men er ellers opbygget på samme måde. Begge har Z = 6 protoner = 6 elektroner. Lithium (Li) findes naturligt i 2 udgaver: $^{6}_{3}Li$ og $^{7}_{3}Li$. Lithium-7 (se figur til højre) har 1 neutron (n) mere (nemlig 7 - 3 = 4) end Lithium-6 (nemlig 6 - 3 = 3), men er ellers opbygget på samme måde. Begge Li-isotoper har Z = 3 = 3 protoner (p⁺) = 3 elektroner (e⁻). 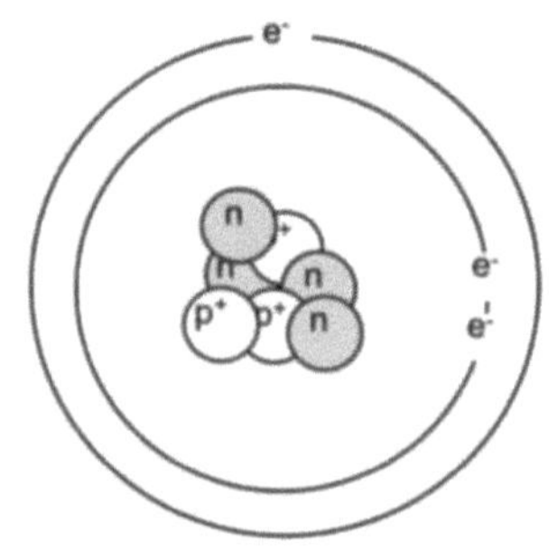 **Husketips:** *"Iso" betyder "det samme". Så isotoper er atomer af samme grundstof. "Iso" rimer på "ligesom", der også betyder "det samme".*

He isotoper

Spørgsmål: Hvad udbrød kemikeren i begejstring, da hun havde opdaget nye isotoper af grundstoffet helium (He)?

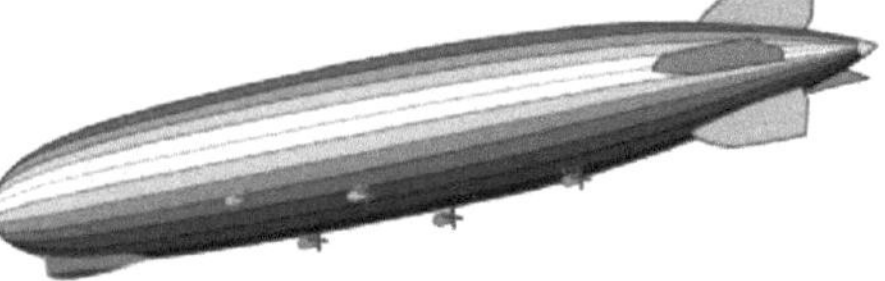

Svar: HeHeHeHe………………….

Forklar skalmodellen for atomet. Giv et eksempel	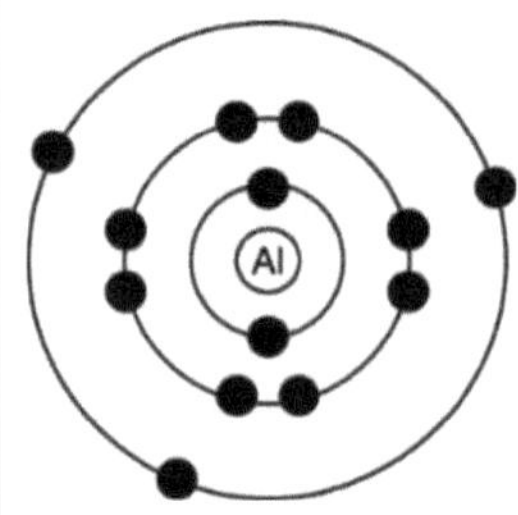 **Skalmodellen** viser fordelingen af elektroner i atomets skaller. Fx Aluminium (Al): 2 elektroner i den inderste skal, 8 elektroner i skal 2 og  endelig 3 *"valenselektroner"* (se side 48) i den yderste skal nr. 3. Atomet minder om et løg med skaller, som ligger i lag rundt om *"løgkernen"* (læs: atomkernen).

Definer begrebet atommasse. Hvad er enheden?	***Atommasse*** *måles i enheden* **units (u)**, *som er defineret som* $\frac{1}{12}$ *del af et kulstof 12-atoms masse, da et kulstof-12 atom vejer præcis 12 u.* **Husketips:** *Tænk på, at alle levende organismer er opbygget af C-atomer. Carbon er derfor det vigtigste atom i periodesystemet. Derfor er masseenheden 1 u fastlagt ud fra kulstof-12-atomet.*

	Hjælp til at huske, at tallet 12 u er lig med massen af et kulstof-12-atom (der har "sex" protoner og "sex" neutroner): "Uhaa...da ...da....sex plus sex giver 12, din tisse-trold, og giver liv, når der kommer carbonholdige babyer ud af det!"
Hvordan udregnes atommasser i det periodiske system?	**Et grundstofs atommasse i periodesystemet** er gennemsnitsmassen af atomerne i grundstoffets naturlige isotopblanding, idet grundstofferne jo findes i forskellige udgaver (læs: isotoper) i naturen. Fx findes carbon naturligt i 2 udgaver: Carbon-12 ($^{12}_{6}C$), som vejer 12,00000 u og forekommer som 98,892% af naturligt carbon, og carbon-13 ($^{13}_{6}C$), som vejer 13,00335 u og forekommer som 1,108% af naturligt carbon. Derfor bliver den gennemsnitlige atommasse for carbon (som er den atommasse, du kan aflæse i det periodiske system) lig med 12,011 u. Tallet fremkommer ved procentregning: 0,98892·12,00000 u + 0,01108·13,00335 u = 12,011u. **Husketips:** *Ovenstående er ikke så mærkeligt. Tænk på en bil (læs: et grundstof), som findes i to udgaver (læs: isotoper) – en standardmodel, der vejer 1000 kg, og som der findes 90 % af på vejene (90 biler ud af 100), og en dyr udstyrsmodel, der vejer 1100 kg, og som der findes 10 % af på vejene (10 biler ud af 100). En sådan bil vil i gennemsnit veje 1010 kg (læs: atommassen er 1010 kg). Tallet fremkommer ved procentregning:* *0,90·1000 kg + 0,10·1100 kg = 1010 kg.*
Hvad er perioder, hvor mange er der og hvad er periode-nummeret lig med? Hvordan ser du forskel på hovedgrupper og under-grupper? Hvor mange hovedgrupper er der?	[Se det periodiske system på næste side]. Alle grundstoffer opstilles i nummerorden efter atomnummeret Z i et særligt skema, der kaldes **det periodiske system**, hvor hydrogen har Z=1, helium har Z=2, lithium har Z=3, osv. Der er i alt 7 vandrette rækker. De <u>vandrette</u> rækker kaldes **perioder.** **Husketips:** *Tænk på et pendul, som svinger periodevis fra side til side – altså <u>vandret</u>.* **Periodenummeret er lig med antallet af elektronskaller, som atomet i perioden har. Husketips:** *Tænk på at du får et pendul lige i skallen. Læs: Periodenummer er skalantal. Eller tænk på, at du i <u>perioder</u> ligger helt <u>vandret</u> pga. travlhed - og det stiger dig til <u>skallen</u>!* Man skelner mellem **hovedgrupper** (de lange grupper/højeste søjler - nr. 1, 2, 13 til 18) og **undergrupper** (de korte grupper/laveste søjler - nr. 3 til 12). **Husketips:** *<u>Undergruppernes</u> søjler er*

Hvad er hoved-gruppens romertal lig med?	*under (lavere end)* *hovedgruppernes* *søjler, som er et* *hoved* *højere end* *"undermålerne" (undergrupperne). At der er* *8 hovedgrupper* *kan huskes på, at når to runde* *hoveder* *stilles oven på hinanden, så ligner det et 8 tal.*
	For hovedgruppegrundstofferne gælder, at antallet elektroner i den yderste skal (dvs. antallet af valenselektroner) er lig med hovedgruppens romertal[38]. **Husketips:** *Yderste skal* *er* *hovedet. Læs: Hovedgruppe-nummeret er antal elektroner i yderste skal.* 

Spørgsmål: *Hvordan husker du atomsymbolet for guld (Au)?*
Svar: *Tænk "Au - det er dyrt".*

Kilde. Malene Jakobsen. 

I II   III IV V VI VII VIII

Group → ↓ Period	1	2	3	4	5	6	7	8	9	10	11	12	13	14	15	16	17	18
1	1 H																	2 He
2	3 Li	4 Be											5 B	6 C	7 N	8 O	9 F	10 Ne
3	11 Na	12 Mg											13 Al	14 Si	15 P	16 S	17 Cl	18 Ar
4	19 K	20 Ca	21 Sc	22 Ti	23 V	24 Cr	25 Mn	26 Fe	27 Co	28 Ni	29 Cu	30 Zn	31 Ga	32 Ge	33 As	34 Se	35 Br	36 Kr
5	37 Rb	38 Sr	39 Y	40 Zr	41 Nb	42 Mo	43 Tc	44 Ru	45 Rh	46 Pd	47 Ag	48 Cd	49 In	50 Sn	51 Sb	52 Te	53 I	54 Xe
6	55 Cs	56 Ba		72 Hf	73 Ta	74 W	75 Re	76 Os	77 Ir	78 Pt	79 Au	80 Hg	81 Tl	82 Pb	83 Bi	84 Po	85 At	86 Rn
7	87 Fr	88 Ra		104 Rf	105 Db	106 Sg	107 Bh	108 Hs	109 Mt	110 Ds	111 Rg	112 Cn	113 Nh	114 Fl	115 Mc	116 Lv	117 Ts	118 Og

Lanthanides	57 La	58 Ce	59 Pr	60 Nd	61 Pm	62 Sm	63 Eu	64 Gd	65 Tb	66 Dy	67 Ho	68 Er	69 Tm	70 Yb	71 Lu
Actinides	89 Ac	90 Th	91 Pa	92 U	93 Np	94 Pu	95 Am	96 Cm	97 Bk	98 Cf	99 Es	100 Fm	101 Md	102 No	103 Lr

Oversættelser fra engelsk: Group er gruppe, dvs. de lodrette søjler (**hovedgruppernes romertal** er vist for oven). Period er periode, dvs. de vandrette rækker. Lathanides er lanthanider. Actinides er actinider.

OPGAVE 1) Et ukendt grundstof har 3 elektronskaller (dvs. står i 3. periode) og har 1 elektron i yderste skal (dvs. står i 1. hovedgruppe) - hvilket atom er der tale om?
Svar: Na (natrium).

---

[38] **Husktips** til ROMERTAL: Se **bilag 4**.

OPGAVE 2) Et ukendt grundstof har 5 elektronskaller (dvs. står i 5. periode) og har 6 elektroner i yderste skal (dvs. står i hovedgruppen med romertal "VI", dvs. gruppe 16) - hvilket atom er der tale om? **Svar:** Te (tellur).	
Hvordan ligner Na og K hinanden og hvorfor?	Na (natrium), K Kalium (K) står begge i 1. hovedgruppe og ligner hinanden meget. Det er bløde metaller med lave smeltepunkter, de reagerer voldsom med vand og formlerne for de kemiske forbindelser ligner hinanden – fx NaCl & KCl, Na_2O & K_2O, Na_2SO_4 & K_2SO_4. Hvorfor?
	SVAR: Metalatomer holdes bundet til hinanden, idet der dannes en sky af fælles (negative) elektroner, som holder fast i de positive (pga. protonerne) metalatomkerner. Da metallerne i 1. hovedgruppe jo kun har en elektron i yderste skal, bliver elektronskyen - som binder atomerne fast - ret så "elektronfattig". Bindingerne bliver derfor svage og metallet bliver blødt og smelter relativt nemt.
	Da den yderste elektron i Na og K er løst bundet, vil den nemt afgives. Dvs. Na og K er meget reaktive. Fx reagerer de voldsomt med vand:
	$2Na(s) + 2H_2O(l) \rightarrow 2NaOH(aq) + H_2(g)$ og
	$K(s) + 2H_2O(l) \rightarrow 2KOH(aq) + H_2(g)$.
	(Det er er redoxreaktioner, som forklares nærmere i kapitel 8).
Hvad er en eksplosion?	Reaktionen danner dihydrogen (H_2), base (NaOH og KOH) og en masse varme. Varmen får den dannede dihydrogen til at reagerer voldsomt med luftens dioxygen ($O_2(g)$) - og der dannes vanddamp ved en eksplosion, hvor mere varme frigives: $2H_2(g) + O_2(g) \rightarrow 2H_2O(g)$. (En **eksplosion** sker, når gasser dannes meget hurtigt og udvider sig meget hurtigt pga. opvarmning).
	Da grundstofferne i 1. hovedgruppe har 1 elektron i yderste skal, vil formlerne blive ens pga. ædelgasreglen (læs mere senere). Både Na og K afgiver 1 elektron til Cl (chlor), og disse ioner dannes: Na^+, K^+ og Cl^- (hhv. natrium-ionen, kalium-ionen og chlorid-ionen). Ionerne får samme elektronstruktur som ædelgasserne neon (Na^+) og argon (K^+ og Cl^-). Ionerne slår sig samme til disse ionforbindelser: NaCl (natriumchlorid) og KCl (kaliumchlorid).
	Oxygen (O) står i 6. hovedgruppe og har 6 elektroner i yderste skal. Oxygen mangler derfor 2 elektroner i at ligne ædelgassen neon i elektronstruktur. Derfor går oxygen sammen med 2 Na eller 2 K, som giver oxygen de to manglende elektroner under dannelse af ionforbindelserne Na_2O og K_2O.
	Da sulfat-ionen har en ladning på minus 2 (SO_4^{2-}) og ionforbindelser er elektrisk neutrale (læs mere i kapitel 2), så skal der to plus-1- ioner til at danne formlerne for sulfaterne: Na_2SO_4 og K_2SO_4.

| Hvordan ligner **Mg og Ca** hinanden og hvorfor? | Magnesium (Mg) og calcium (Ca) står begge i 2. hovedgruppe og ligner hinanden meget. Fx er de begge metaller med forholdsvis høje smeltepunkter. De er ret reaktionsvillige, men de reagerer ikke nær så voldsomt med vand som Na og K. Formlerne for deres kemiske forbindelser ligner hinanden – fx $MgCl_2$ & $CaCl_2$, MgO & CaO, $MgSO_4$ & $CaSO_4$. Hvorfor?

SVAR: Metalatomer holdes bundet til hinanden, idet der dannes en sky af fælles (negative) elektroner, som holder fast i de positive metalatomkerner. Da metallerne i 2. hovedgruppe har 2 elektroner yderst, bliver elektronskyen - som binder atomerne fast – mere "elektronrig" end hos Na og K. Bindingerne bliver derfor stærkere, og metallerne bliver hårdere og smelter først ved højere temperaturer end det er tilfældet med Na og K.

De to yderste elektroner i Mg og Ca er bundet hårdere til atomkernen end i Na og K, og afgives ikke lige så nemt. Derfor er Mg og Ca ikke lige så reaktive som Na og K.

Da grundstofferne i 2. hovedgruppe har 2 elektroner i yderste skal, vil formlerne blive ens pga. ædelgasreglen. Både Mg og Ca afgiver 2 elektroner til 2 Cl (chlor), og disse ioner dannes: Mg^{2+}, Ca^{2+} og Cl^- (hhv. magnesium-ionen, calcium-ionen og chlorid-ionen), da ionerne får samme elektronstruktur som ædelgasserne neon (Mg^{2+}) og argon (Ca^{2+} og Cl^-). Ionerne slår sig sammen til disse ionforbindelser: $MgCl_2$ (magnesiumchlorid) og $CaCl_2$ (kaliumchlorid). Da ionforbindelser er elektrisk neutrale skal der to chlorid-ioner med ladningen minus 1 til at opveje 1 Mg^{2+} ion eller 1 Ca^{2+} ion.

Oxygen (O) står i 6. hovedgruppe og har 6 elektroner i yderste skal. Oxygen mangler derfor 2 elektroner i at ligne ædelgassen neon i elektronstruktur. Derfor går oxygen sammen med 1 Mg eller 1 Ca, som giver oxygen de to manglende elektroner under dannelse af ionforbindelserne MgO og CaO. Da sulfat-ionen har en ladning på minus 2 (SO_4^{2-}) og ionforbindelser er elektrisk neutrale (læs mere i kapitel 2), så skal der 1 plus-2-ion til at danne formlerne for sulfaterne: $MgSO_4$ og $CaSO_4$. |
| Hvad gjorde den russiske kemiker **Mendelejev** i 1869? | Den russiske kemiker **Mendelejev** opstillede i 1869 det første anvendelige periodiske system for grundstofferne. Det rummede 69 grundstoffer, hvorimod det moderne periodiske system indeholder over 100 grundstoffer. |

<table>
<tr><td>

Hvad er halogener? Hvor står de?

</td><td>

Halogenerne er grundstofferne i 7. hovedgruppe (dvs. gruppe 17).

Halogen betyder *"saltdanner"*. **Husketips:** *Tænk på at <u>chlor</u>id-ionen (Cl⁻) indgår i køkken<u>salt</u> (NaCl), og du kan se i det periodiske system, at <u>chlor</u> findes i gruppe 17, dvs. hovedgruppe 7. Ved middagsbordet siger du: "<u>Hallo</u> – <u>giv</u> mig lige saltet" (læs: "hallo giv" er halogen).*

</td></tr>
<tr><td>

Hvad er alkalimetaller? Hvor står de?

</td><td>

Grundstofferne i 1. hovedgruppe kaldes **alkalimetaller** (undtagen hydrogen). De danner nemlig <u>alkali</u>, dvs. base, med vand. **Husketips:** *Tænk på at <u>Na</u>OH er alkalisk (dvs. basisk). Du kan se, at Na står i 1. hovedgruppe. [Husk evt. at alkali betyder base sådan: "<u>Alle kan li´ base</u>"].*

</td></tr>
<tr><td>

Hvad er ædel-gasserne? Hvor står de?

</td><td>

Grundstofferne i 8. hovedgruppe kaldes **ædle gasser**, fordi de er meget vanskelige at få til at indgå i kemiske forbindelser. De vil ikke reagere, fordi de har et særligt stabilt elektronsystem. **Husketips:** *De ædle gasser er kemiens snobber! De gider ikke deltage i beskidte, kemiske reaktioner!*

</td></tr>
<tr><td>

Hvad sker der med reaktiviteten, når man bevæger ned igennem en hovedgruppe? Giv et eksemple

</td><td>

I de fleste tilfælde sker der en gradvis udvikling ned igennem en hovedgruppe, idet den kemiske reaktionsevne <u>går ned</u> (bliver mindre), efterhånden som man <u>går ned</u> (**husketips!**) igennem hovedgruppen. Lad os tage **halogenerne** som eksempel:

F_2 (difluor) er uhyggelig reaktionsvillig (er mest reaktiv),

Cl_2 (dichlor) er meget reaktionsvillig, men er mindre reaktiv end difluor,

Br_2 (dibrom) har stor reaktionsevne, men er mindre reaktiv end Cl_2,

I_2 (diiod) har en middel (moderat) reaktionsvillighed,

Fx reagerer F_2 (diflour) meget voldsomt med næsten alt, mens I_2 (diiod) er et ret fredsommeligt stof.

Hvorfor reaktionsevnen falder oppefra og ned igennem en hovedgruppe er ikke helt simpel at forklare, og hører derfor ikke til kemi C stof.

</td></tr>
<tr><td>

Hvad er lanthanider & actinider? Hvor står de?

</td><td>

I periodesystemet ses nederst to rækker grundstoffer, som kaldes **Lanthanider & actinider**. De skal placeres i forlængelse af henholdsvis lanthan (nr. 57) og actinium (nr. 89), da de minder særligt meget om disse to grundstoffer.

</td></tr>
<tr><td colspan="2">

The noble gas argon

Question: *Why did the noble gas cry?*

Answer: *Because all his friends argon.*

</td></tr>
</table>

Hvad ændres ved kemiske reaktioner og hvad ændres aldrig?	**Ved kemiske reaktioner** sker der ændringer i atomernes elektroner (som deles af atomer eller overføres mellem atomer), men **atomkernen ændres aldrig** (antal protoner og neutroner i atomerne ændres aldrig ved kemiske reaktioner). **Husketips:** *Kemi er et kernefag, som bevarer kernen.*

Hvilke bogstaver bruges til atomskallerne?	**Atomernes elektronsystem** Den inderste *"start-skal"* kaldes K skallen, skal nr. 2 kaldes L-skallen, skal nr. 3 kaldes M skallen, skal nr. 4 kaldes N skallen, osv. **Husketips:** *K for Kerne starter sKallen.* 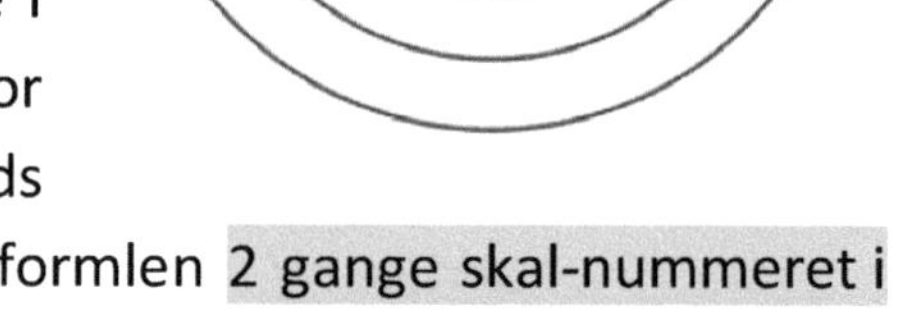 Elektronerne er fordelt på denne måde i atomets skaller, idet tallet angiver hvor mange elektroner, der <u>maksimalt</u> er plads til i en given skal. Antallet er givet ved formlen 2 gange skal-nummeret i anden potens (maks antal elektroner = skalnummer^2). Se næste række!

Hvor mange elektroner er der maksimalt plads til i skal 1, 2, 3 og 4? 	

Skal nummer?	Plads til maks. antal elektroner?
1	$2 \cdot 1^2 = 2$
2	$2 \cdot 2^2 = 8$
3	$2 \cdot 3^2 = 18$
4	$2 \cdot 4^2 = 32$
5	Ikke C niveau
6	Ikke C niveau
7	Ikke C niveau

Husketips: *2 gange skalnummer i anden = maks. antal elektroner i skallen. Dette huskes fx på, at du har 2 øregange og har 2 ører på din skal. Læs:* **2 gange skalnummer^2**).

Hvad er valenselektroner og hvilken betydning har de?	Elektronerne i den yderste skal kaldes **valenselektroner**, og antallet af valenselektroner afgør grundstoffets kemiske egenskaber. Fx har alle atomerne i 2. hovedgruppe 2 valenselektroner. De har derfor andre kemiske egenskaber end atomerne i 3. hovedgruppe, som alle har 3 valenselektroner, osv. **Husketips:** *De yderste elektroner (valenselektroner) er jo i kontakt med omgivelserne og kan komme til at lave kemi med omgivelserne, hvorimod elektronerne i de indre skaller er pakket væk/gemt væk, og derfor har svært ved at lave kemiske reaktioner med opgivelserne. Ordet "valens" betyder "stærk", "gyldig", "værdi", "har betydning": Valenselektronerne er altså dem, som har størst kemisk Værdi.*

I hvilken skal påfyldes elektroner i under-grupperne? Hvor mange valens-elektroner er der typisk?	Hen gennem **undergrupperne** sker en opfyldning af elektroner i den næst yderste skal fra 8 til 18 elektroner. De fleste undergruppegrund-stoffer har 2 elektroner i yderste skal.  **Husketips** til at huske, at elektronopfyldningen sker lige under overfladen: *Atomoverfladen er den yderste skal, og skallen lige under overfladen ("undergrunden") må så være den næstyderste skal. Dvs. "undergrupper laver undergrundsarbejde".*
Hvad er ædelgasreglen, oktetreglen & dubletreglen? Giv eksempler!  Hvilke atomer følger altid ædelgas-reglen?	Grundstofferne danner som regel bindinger på en sådan måde, at de opnår et elektronsystem, som svarer til en ædelgas, så de får 8 (oktet) elektroner i den yderste skal. Dette betegnes/kalder man for **ædelgasreglen** eller **oktetreglen**/8-reglen. [**Husketips:** *Tænk på at oktet betyder 8, og at ædelgasserne står i 8. hovedgruppe samt at alle atomerne gerne vil være ædle og fine*]. Dog vil hydrogen nøjes med 2 elektroner, ligesom ædelgassen helium, da "H" kun har 1 skal med plads til maks. 2 elektroner. Dette kaldes for **dubletreglen**, da dublet betyder 2 (*dublet rimer på dobbelt = 2*). Atomerne fra 1. og 2. periode følger altid ædelgasreglen, fordi der maksimalt er plads til 2 elektroner i skal 1 og maks. 8 elektroner i skal 2 (dvs. anden periode). De fyldte skaller udgør et særligt stabilt ("godt") elektronsystem.
Hvor står metaller, ikke-metaller og halvmetaller i forhold til trappen i periode-systemet? 	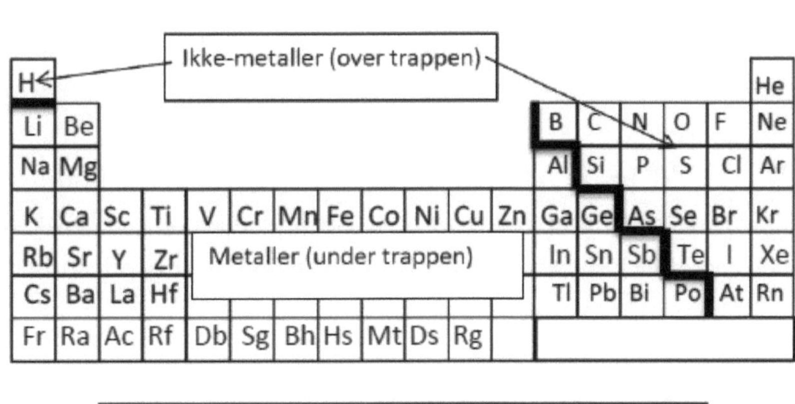 Det sorte **trappetrin** i periodesystemet inddeler grundstofferne i **metaller** (dem der er under trappen; fx Li, Cr, Al), og **ikke-metaller** over trappen (fx H, C, Br). På overgangen, tæt ved trappen,

	findes **halvmetaller**, som både har metal- og ikke-metalegenskaber (B, Si, Ge, As, Te, Po, At). **Husketips:** *Find et metal, et ikke-metal og et halvmetal du kender, og se hvor de står i forhold til trappen, så kan du altid finde ud af at huske inddelingen. Eller tænk på, at metallerne er tunge og synker ned <u>under trappen</u>. Mange af ikke-metallerne er gasser og stiger op <u>over trappen</u>!*
Hvilke frie grundstoffer findes i atmosfæren og hvorfor?	Cirka 80 procent af atmosfærens gasindhold er N_2 **(dinitrogen)**, og cirka 20 % er O_2 **(dioxygen)**. Det giver i runde tal 100 %. Der er små mængder af andre gasser i atmosfæren – blandt andet  ædelgasser. [**Husketips:** *Planterne laver luftens O_2 ved fotosyntesen (det ved næsten alle), og dine 2 runde lunger ligner et O for oxygen (dvs. 2 "O – lunger" = 20%). Du har 2 **N**æsebor (læs: N_2), som indånder **N**itrogen fra luften, der så udgør cirka 100 - 20 = cirka 80 % af luftens gasser*]. Forklaring: Selv om O_2 er et ret reaktivt grundstof, og derfor relativt hurtigt omdannes til kemiske forbindelser, så gendannes luftens O_2 hurtigt, via planternes fotosyntese, så der hele tiden er meget af grundstoffet i luften i form af O_2. Selv om N_2 er noget mindre reaktiv end O_2 (fordi N atomerne i N_2 er holdt sammen af den meget stærke tripelbinding, N≡N, mens iltatomerne i O_2 kun er holdt sammen af den svagere dobbeltbinding, O=O [39]), så omdannes N_2 langsomt til kemiske forbindelser, men gendannes – især via biologiske processer - hvorfor der hele tiden er meget af grundstoffet N_2 i luften. **Ædelgasserne** findes der kun meget lidt af i atmosfæren. Ædelgasserne er meget stabile og omdannes derfor ikke til kemiske forbindelser.
Hvilke metaller findes i naturen og hvorfor?	**Guld (Au), sølv (Ag), kviksølv (Hg)** findes i undergrunden. Disse ædle metaller har svært ved at optage eller afgive elektroner (de er kemisk stabile), hvorfor de findes i naturen som grundstoffer. Læs mere i kapitlet om redoxkemi.
Hvad med carbon og svovl?	**Carbon (C)** findes som grafit eller diamant i undergrunden og **svovl (S)** findes i vulkaner som grundstof [**husketips:** Den vrede vulkan bander og **svovl**er]. Carbon og svovl er dog reaktive 

---

[39] Strengt taget er bindingstypen i O_2 molekylet lidt anderledes, men det er ikke kemi C stof.

I hvilke kemiske forbindelser indgår oxygen og silicium i? Hvilket grundstof dominerer i universet?	grundstoffer, som nemt danner kemiske forbindelser, så det kræver særlige omstændigheder at bevare C og S i naturen som grundstoffer. De fleste andre grundstoffer er så reaktive, at de kun findes i naturen som kemiske forbindelser. **Oxygen (O)** og **silicium (Si)** udgør tilsammen cirka 75 procent af den tilgængelige del af jordklodens masse. Det skyldes bl.a. at a) sand og bjerge er rige på kemiske forbindelser med oxygen og silicium i [**husketips:** *Bjergside lyder som "silicium"*] samt at b) oxygen indgår i vandmolekylet (H_2O), og havene dækker jo en stor del af klodens overflade. Stjernerne består overvejende af hydrogen (H), som derfor dominerer universet. **Husketips: *H Hersker i Himmelrummet.***

Hvis du har problemer med at finde ud af atomets opbygning – antal protoner og neutroner i kernen og fordeling af elektroner på skaller - så prøv disse interaktive simuleringer: 

https://phet.colorado.edu/da/simulation/build-an-atom

Hvis du trænger til at træne viden om periodesystemet, så prøv disse interaktive opgaver: https://www.vucdigital.dk/kemi/   [rul ned til  "Grundstoffernes periodesystem"].

Du kan også prøve på at løse nanoopgave nr. 1 til 4 i **bilag 3** for at øge din forståelse for afstemning af kemiske reaktioner. Der er en facitliste til nanoopgaverne i bilaget.

Kapitel 2: Ioner & ionforbindelser (salte)

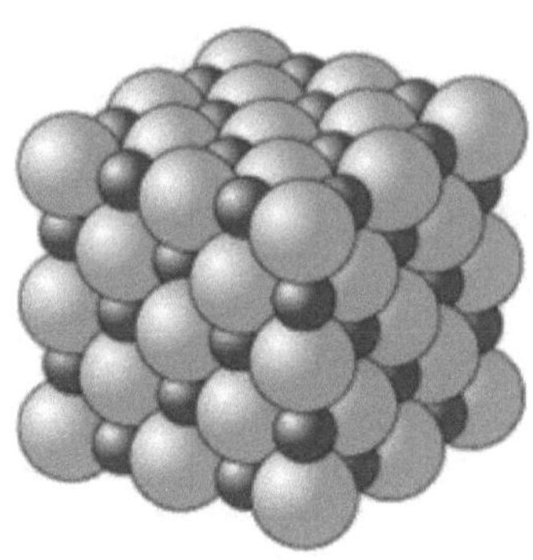

Billedet viser en model af køkkensalts (natriumchlorids) iongitter. De store, lysegrå kugler er chlorid-ioner og de mindre, mørkegrå kugler er natrium-ioner.

Positive ioner (fx Na^+) kaldes generelt for **kationer**, mens negative ioner (fx Cl^-) kaldes generelt for **anioner**.

Husketips: *En kat fanger en and og spiser den. Det er **positivt** for **kat**ten, men **negativt** for **and**en.*

Cation and dogion
Q: *What is a cation[40] afraid of?*
A: *A dogion (wuufff!).*

Kilde: http://www.jokes4us.com/miscellaneousjokes/schooljokes/chemistryjokes.html

---

[40] En kation (engelsk: "cation") er en positivt ladet ion.

Spørgsmål	Svar/*husketips*
Hvad er ioner? Giv eksempler	En **ion** er en elektrisk ladet partikel. Fx en plus-ion: Na^+, eller en minus-ion: Cl^-, eller en acetation (minus-ladet): CH_3COO^-, eller en plus-ladet ammoniumion: NH_4^+.
Hvordan findes ionens ladning?	**Ladningen for ionen** kan udregnes fra ædelgasreglen, hvis ionen stammer fra et hovedgruppe-grundstof. Fx natrium fra 1. hovedgruppe: $Na \rightarrow Na^+ + 1e^-$ [Na, med 11 elektroner (e^-) og 11 protoner (p^+), afgiver 1 e^-. Na^+ har nu 10 e^- ligesom ædelgassen Ne (neon) og har 1 proton i overskud, hvorfor natrium-ionen har ladningen +1]. Eller chlor fra 7. hovedgruppe: $Cl + 1e^- \rightarrow Cl^-$ [Cl, med 17 e^- og 17 p^+, optager 1 e^-. Cl^- har nu 18 elektroner ligesom ædelgassen Ar (argon) og har 1 e^- i overskud, hvorfor chlorid-ionen har ladningen -1].
Hvad er iongitter, ionbinding og koordinations-tal?	Ioner er <u>fanget</u> i et **iongitter** (se fx side 56) hvor plus- og minus-ionerne tiltrækker hinanden og holder hinanden på plads i bestemte positioner. Denne tiltrækning mellem modsat ladede ioner kaldes for **ionbindinger**. *Husketips: <u>Ioner</u> <u>bindes</u> sammen af <u>ionbindinger</u>. Ionerne sidder i et <u>iongitter</u> (et "fængsel"), hvor ionerne er låst fast i bestemte positioner.*
Hvad er koordinations-tallet for NaCl?	**Koordinationstallet** er antallet af nærmeste naboer med modsat ladning – fx er koordinationstallet 6 for NaCl, idet hver Na^+ (de små sorte kugler) er omgivet af 6 nabo Cl^- (de store grå kugler), og hver Cl^- er omgivet af 6 nabo Na^+ (**"nabotallet er 6"**. Se NaCl-iongitter-figuren til højre[41]): *Husketips: I NaCl er der 1 nabo-ion under og 1 over, og 1 nabo-ion i hvert af de 4 verdenshjørner, altså 6 naboer, dvs. koordinationstallet er Seks for Salt. Tænk også på at ordet <u>koordinater</u> er tal i et <u>koordinatsystem</u>. <u>Koordinationstallet</u> er således "<u>nabotallet</u>" i iongitteret/krystallet.*

Hvilken slags atomer danner ionfor-bindelser/ salte? Giv eksempler	**Ionforbindelser** er stoffer, som består af ioner. Kaldes også **salte**. De opbygges som regel af positivt ladede **metal**-ioner og negativt ladede **ikke-metal**-ioner.  **Husketips:** *Tag en ionforbindelse, som du kan udenad – fx køkkensalt, NaCl. Det består af Na⁺ ioner og Cl⁻ ioner. Cl står over trappetrinnet i periodesystemet og er derfor et ikke-metal. Na står derimod under trappen og er altså et metal. Det kan du huske fra det, der blev forklaret på side 53-54. Dvs. metalatomer plus ikke-metalatomer går sammen og danner ionforbindelser (salte). Eller tænk på rust, som er en ionforbindelse mellem metallet jern og ikke-metallet ilt (oxygen).*
Opskriv og afstem reaktionen for dannelsen af NaCl ud fra grund-stofferne	$2Na(s) + Cl_2(g) \rightarrow 2NaCl(s)$ Oversat fra kemisprog til dansk: To faste natrium-metal-atomer reagerer med et dichlor-gas-molekyle (et ikke-metal) og giver to faste natriumchloridformel-enheder.
Hvilken slags atomer danner molekyler? Giv eksempler	**Et molekyle** er en lille selvstændig mængde stof. Molekylet er opbygget af ikke-metal-atomer (atomerne over trappetrinnet i periodesystemet, se side 53-54). Fx er CO_2 (carbondioxid), H_2O (vand), $C_6H_{12}O_6$ (glukose/druesukker), NH_3 (ammoniak) alle molekyler.  **Husketips:** *Du ved sikkert, at vand er et molekyle, og at formlen er H_2O. Du ved nok også, at H og O ikke er metaller. Dvs. molekyler består af ikke-metal-atomer.*
	***Røvsmarte kombinationer af atomer!*** ***Spørgsmål:*** *Hvad får du, når du kombinerer atomerne samarium, argon, tellur samt arsen og svovl?* ***Svar:*** *En "SmArTe AsS".* 
Hvad er en formelenhed?	En **formelenhed** er en mængde af stof, der svarer til stoffets formel. Fx er formelenheden for køkkensalt NaCl. Det er den mindste portion køkkensalt man kan have (se iongitter til højre: Stor grå kugle er Cl⁻ og mindre sort kugle er Na⁺). En 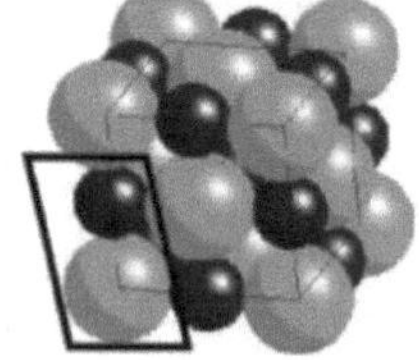 formelenhed vand er et vandmolekyle (H_2O). En formelenhed vil være helt umulig at se uden et meget, meget kraftigt specialmikroskop! **Husketips:** *En formel-enhed er kun én formel (fx NaCl) – ikke 2 eller 3 eller noget andet – altså ikke Na_2Cl_2, Na_3Cl_3. Det er der enighed om.*

Hvad er salte?	**Salte** er en generel betegnelse for ionforbindelser og gælder ikke kun for NaCl, som man derfor kalder køkkensalt eller natriumchlorid. **Husketips:** *Tænk på at køkkensalt er en ionforbindelse, da det er en forbindelse mellem Na^+ ioner og Cl^- ioner.*
Hvilken slags atomer danner ioner med hhv. plus- og minus-ladninger? Giv eksempler 	**Metalatomer** afgiver elektroner og danner positive ioner (da de nu har positive protoner i overskud i forhold til antallet af negative elektroner). **Ikke-metal-atomer** optager elektroner og danner negative ioner (da de nu har positive protoner i underskud i forhold til antallet af negative elektroner). (Læs om **elektronegativitet** på side 84-85. Begrebet forklarer hvorfor metaller afgiver og ikke-metaller optager elektroner). Fx Na (metal) $\rightarrow$ Na^+ $+1e^-$ og Cl (ikke-metal) + $1e^-$ $\rightarrow$ Cl^-. **Husketips:** *Tænk på at metallet kobber findes i elektriske ledninger, som leder strøm/elektricitet – og at elektricitet er vandrende elektroner, som kobberet "afgiver". Læs: Metaller afgiver elektroner og ikke-metaller gør det modsatte – optager elektroner. Eller tænk på, at ikke-metallet ilt (dioxygen O_2) optager (stjæler) elektroner fra metallet jern, når jernet ruster.*
Hvad er simple ioner? Giv eksempler	## En simpel ion indeholder simpelthen kun ét ladet atom. Fx er Na^+ (natrium), Cl^- (chlorid), K^+ (kalium), Br^- (bromid), O^{2-} (oxid), Ca^{2+} (calcium) alle ét-atom-ioner, dvs. simple ioner. **Husketips:** *Simple ioner består kun af ét ladet atom – ikke flere. Mere simpelt kan det ikke blive...............*
Hvordan navngives positive metal-ioner? Giv eksempler	## Positive metal-ioner navngives ud fra grundstof-navnet. Fx Na^+: natrium-ion, K^+: kalium-ion, Ca^{2+}: calcium-ion. Hvis en metal-ion kan forekomme med flere forskellige ladninger, skal ladningen altid angives med romertal eller almindelige tal. Fx Fe^{2+}: jern(II)ion/jern(2+)ion (udtales *"jern-to-ion"*), Fe^{3+}: jern(III)ion/jern(3+)ion (udtales *"jern-tre-ion"*). **Husketips:** *Nogle metalioners navne er ekstra vanskelige at huske. Vi tager lige nogle af dem:* *K^+ (kalium-ion) forveksles tit med Ca^{2+} (calciumion), fordi kalium og calcium lyder ens. Tænk: Calcium er en mere "rund" lyd. Dvs. i atomsymbolet indgår det runde C og det runde "a": **Ca**. Kalium er en mere "hård" (stødende) lyd. Dvs. i atomsymbolet indgår det mere kantede/hårde bogstav "**K**". Ladningerne? K står i 1. hovedgruppe og har 1 valenselektron (1 elektron i yderste skal). Når K (har 19 elektroner i alt) afgiver 1 elektron og danner K^+ ionen, så får K^+ ionen samme elektronstruktur som ædelgassen argon (har 18 elektroner). Ca (har 20 elektroner) står i 2. hovedgruppe og har 2 valenselektroner. Når Ca afgiver 2 elektroner og danner Ca^{2+} ionen, så får Ca^{2+} ionen samme elektronstruktur som ædelgassen argon.*

	Ved de næste ioner er forklaringen på ionernes ladninger ikke kemi C stof:
	 *Tin har atomsymbolet **Sn**, fordi tin på latin hedder **Stannum**. Tænk: En **tin**soldat med **Sn**ot ud af næsen. Tin kan som ion optræde som hhv. tin(II)ion/tin(2+)ion, **Sn**$^{2+}$, eller tin(IV)ion/tin(4+)ion, **Sn**$^{4+}$. Zink har atomsymbolet Zn, ikke Zi. Tænk: **Zin**ktagrende og **n**edløbsrør. Dvs. Zinkionen er **Zn**$^{2+}$. Sølv(I)ionen/sølv(1+)ionen har formlen **Ag**$^+$, fordi sølv hedder **ag**entum på latin. Tænk: **Ag**enten skyder vampyrer med sølvkugler. Dvs. sølv er Ag.*

<table>
<tr><td>

Angiv navne og formler for de 3 specielle positive ioner
</td><td>

*Kviksølv har symbolet **Hg**, fordi kviksølv på latin hedder **H**ydrar**g**yrum, der betyder "vandsølv" eller "flydende sølv". Metallisk Hg er jo flydende. Eller tænk: <u>Kviksølv</u> er **H**urtigere/<u>kvik</u>kere/mere "levende" end sølv (Ag). Dvs. formel er Hg, ikke Ag. Kviksølv(II)ionen/kviksølv(2+)ionen får så formlen **Hg**$^{2+}$. Bly hedder på latin **Plumbum**. Derfor er atomsymbolet **Pb**. Tænk: Bly**Plumb**er i tænderne. Derfor har bly(II)ionen/bly(2+)ionen formlen **Pb**$^{2+}$.*

Specielle positive ioner

De specielle positive ioner er NH_4^+, som hedder ammonium, H^+ er hydron og H_3O^+ er oxonium. De består af ikke-metalatomer og ikke metalioner – og er derfor specielle. De opstår ved syre-basereaktioner. Læs mere i **kapitel 7**.
</td></tr>
</table>

Hvordan opskrives formlen for et salt/en ionforbindelse ? Giv eksempler	Når man skriver formlen for et salt, skal man sammensætte plus- og minus-ionerne, således at saltet/ionforbindelsen samlet får nul i ladning - altså giver **en** **neutral formelenhed**. Ionrækkefølgen i formelenheden er: Den positive ion skrives først og så til sidst skrives den negative ion. Fx $MgCl_2$ [pga. 1 Mg^{2+}, 2 Cl^-], ikke $MgCl^+$. $AlBr_3$ [pga. 1 Al^{3+}, 3 Br^-], ikke $AlBr^{2+}$. Det er ligesom legoklodser, som skal passe sammen. 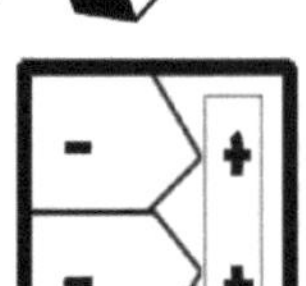 $MgCl_2$ er opbygget af 1 Mg^{2+} ion (1 "++" klods) og 2 Cl^- ioner (2 "-" klodser). $AlBr_3$ er opbygget af 1 Al^{3+} ion (1 "+++" klods) og 3 Br^- klodser (3 "-" klodser). Ionerne skal sættes sammen til den **mest simple** neutrale formelenhed: Fx $MgCl_2$, men ikke Mg_2Cl_4, $AlBr_3$, men ikke Al_2Br_6.
Hvad er sammensatte ioner? Giv eksempler	En **sammensat ion** er <u>sammensat</u> af 2 eller <u>flere</u> ladede atomer. Fx er OH^- (hydroxid), Hg_2^{2+} (kviksølv(I)/kviksølv(1+). Der er to Hg-ioner til at deles om +2 i ladning. Dvs. +1 i ladning til hver ion), IO_3^- (iodat), SCN^- (thiocyanat) er alle sammensatte ioner. **Husketips:** *Sammensatte ioner er <u>sammensat</u> af <u>flere</u> ladede atomer. Det er **ikke** så simpelt som ved simple ioner.*

<table>
<tr><td>

Navngivning af negative ioner.

Hvad betyder disse endelser:
- id? - at? - it?
Giv eksempler

</td><td>

Navngivning af negative ioner

En **simpel negativ ions navn** ender typisk på endelsen **"id"**. Fx Cl^- (chlor**id**), O^{2-} (ox**id**), S^{2-} (sulf**id**).

En **sammensat negativ, iltholdig ions navn** ender typisk på **"at"**. Fx NO_3^- (nitr**at**), SO_4^{2-} (sulf**at**), ClO_3^- (chlor**at**).

Hvis en negativ iltholdig ion danner flere forskellige ioner med varierende iltindhold, så angiver endelsen **"it"**, at iltindholdet er lavere end i ioner, der ender på **"at"**. Fx NO_3^- (nitr**at** med 3 ilt) og NO_2^- (nitr**it** med 2 ilt), SO_4^{2-} (sulf**at** med 4 ilt) og SO_3^{2-} (sulf**it** med 3 ilt), ClO_3^- (chlor**at** med 3 ilt) og ClO_2^- (chlor**it** med 2 ilt).

</td></tr>
</table>

Lær de centrale ioners navne *(se tabellerne længere nede) vha. **test-dig-selv-metoden/AKTIV GENKALDELSE**. Tag kopier af de to testtabeller[42], og hænge dem op på din opslagstavle, på din dør, på toilettet, på køleskabet, over sengen, osv. så du støder på det, du skal huske, mange gange og **øver** lidt hver gang [TEST DIG SELV!]. <u>Til sidst er det banket ind i langtidshukommelsen.</u> En tilsvarende teknik kan du bruge til andre tabeller, figurer, reaktionsskemaer, formler, navne, m.m., som du skal kunne i kemi. De centrale ioner udgør rygraden i de sammensatte negative ioners navne. Hvis du husker disse centrale ioners navne og formler, så kan de afledte ioners navne og formler udtænkes fra de principper, der er beskrevet nedenunder:*

De centrale ioner – med svar					
Grundstof	C (carbon)	Cl (chlor)	Cr (chrom)	I (iod)	Mn (mangan)
Formel og navn	CO_3^{2-} (<u>carbon</u>ation)	ClO_3^- (<u>chlor</u>ation)	CrO_4^{2-} (<u>chrom</u>ation)	IO_3^- (<u>iod</u>ation)	MnO_4^{2-} (<u>mangan</u>ation)
Grundstof		N (nitrogen)	O (oxygen)	P (phosphor)	S (svovl)
Formel og navn		NO_3^- (<u>nitr</u>ation)	OH^- (<u>hydrox</u>idion) O_2^{2-} (<u>perox</u>idion)	PO_4^{3-} (<u>phosph</u>ation)	SO_4^{2-} (<u>sulf</u>ation)

Dæk nu ovenstående tabel af og test dig selv vha. de to nedenstående tabeller:

De centrale ioner – test af om du kan huske navnene, som hører til formlerne					
Grundstof	C?	Cl?	Cr?	I?	Mn?
Ionnavn?	CO_3^{2-} ?	ClO_3^- ?	CrO_4^{2-} ?	IO_3^- ?	MnO_4^{2-} ?
Grundstof		N?	O?	P?	S?
Ionnavn?		NO_3^- ?	OH^- ? O_2^{2-} ?	PO_4^{3-} ?	SO_4^{2-} ?

---

[42] Er selvfølgelig ikke muligt med e-bogen. Her må du dække skærmen af, så du ikke kan se svarene – men kun kan se de to testtabeller, når du tester dig selv.

De centrale ioner – test af om du kan huske formlerne, som hører til navnene					
Grundstof	Carbon?	Chlor?	Chrom?	Iod?	Mangan?
Formel?	Carbonation ?	cloration ?	Chromation ?	Iodation ?	Manganation ?
Grundstof		Nitrogen?	Oxygen?	Phosphor?	Svovl?
Formel?		nitration ?	Hydroxidion ? Peroxidion ?	Phosphation ?	Sulfation ?

HUSKETIPS:

*1) Nogle sammensatte ioners navne ender også på "id", som vi har set navnene for de simple negative ioner gøre. Fx: Hydrox**id**ion (OH⁻), "hydrox" er en sammentrækning af hydrogen og oxygen. CN⁻, cyan**id**ion. Navnet cyanid er afledt af det græske ord kyanos, som betyder mørkeblå. Cyanid er giftigt og giver iltmangel i kroppen, hvorfor den forgiftede person får blå læber, negle og hud. Oxid, O^{2-}, hvor ordet oxid er en sammentrækning af "ox" og "id". Ladningerne for ionerne CN⁻, OH⁻, O^{2-} findes vha. ædelgasreglen/oktetreglen.*

*2) Nogle sammensatte ioner ender på "at" eller "it". Iltholdige ioner, der ender på "it" har et iltatom mindre end den tilsvarende ion, der ender på "at". **Dette huskes vha. remsen:** "it har smidt ilt fra at". Eller husk på at "**at**mung" betyder at ånde ilt på tysk, så "at-ionen" har altså mere ilt end "it-ionen". Fx indeholder nitrat 3 ilt, hvorimod nitrit kun har 2 ilt.*

[Chlorat: ClO_3^- → chlorit: ClO_2^-. Sulfat: SO_4^{2-} → sulfit: SO_3^{2-}. Nitrat: NO_3^- → nitrit: NO_2^-].

*3) Nogle sammensatte ioner starter med forstavelsen "**per**", som betyder over eller mere. "Per" betyder altså, at ionen har en (eller flere) ilt mere end den tilsvarende ion, som ender på "at" eller "it". **Dette huskes vha. associationen** "Ion-Vigtig-Per" føler sig hævet <u>over</u> de andre ioner, og går rundt med næsen oppe i skyen (der er jo ilt oppe i skyerne!)." Fx har sulfat 4 ilt, hvorimod persulfat har 8 ilt. Oxid har kun én ilt, men peroxid har to ilt. [Chlorat: ClO_3^- → Perchlorat: ClO_4^-].*

*"Per" kan også betyde, at oxidationstallet[43] for "per-ionen" er højere end for "at-ionen". **Tænk igen på**, at "per" betyder "over/mere", så oxidationstallet for "per-ionen" er over/større/mere end oxidationstallet for "at-ionen". Fx har Mn oxidationstallet +6 i manganat [mange nætter med plus-sex; MnO_4^{2-}], hvorimod Mn i permanganat har oxidationstallet +7, MnO_4^-.*

*4) Nogle sammensatte ioner starter med "**hypo**" og ender på "it", hvilket betyder, at "hypo-ionen" har én ilt mindre end "it-ionen". **Tænk på** at "hyper" er det modsatte af "hypo", og da "hyper" betyder stor, så betyder "hypo" mindre. **Husk dette vha. associationen/remsen:** "It" rider hårdt på "hypo-hesten", som mangler ilt pga. overanstrengelse.*

Ordet "hyper" betyder "mere"- fx i ordet "hypermobil", som betyder mere mobil end leddene kan tåle. Ordet "per" kan også betyde "mere". Fx betyder peroxid "med mere oxygen", idet H_2O_2 (hydrogenperoxid) indeholder mere ilt end H_2O (dihydrogenoxid/vand).

---

[43] Som gymnasie- & hf-elev vil man normalt først lære om oxidationstal på kemi B niveau.

Hypo er det modsatte af hyper, og en "hypotese" er mindre end en "tese". [ClO^- er **hypo**chlor**it**ionen, ClO_2^- *er chlor**it**ionen, ClO_3^- er chlor**at**ionen, ClO_4^- er* **per**chlor**at***ion. Se hvordan iltindholdet stiger i rækkefølgen hypochlorit→chlorit→chlorat→ perchlorat].*

5) Ved **tilføjelse af en hydron/proton/H^+-ion** *til en sammensat negativ ion, går en elektron fra ionen sammen med H^+ under dannelse af et H-atom, og ladningen stiger med 1. Til navnet føjes "hydrogen"; fx SO_4^{2-} (sulfation) + H^+ → HSO_4^- (hydrogensulfation).*

Specielle ioner:

Læg mærke til, at chlorat, bromat og iodat har samme iltindhold, nemlig 3 ilt.

Thiosulfat: *Ordet "thio" oversættes til "udskiftning af oxygen med svovl". Det vil sige sulfat (SO_4^{2-}) mister en ilt (O) og får en svovl i stedet for. Så formlen bliver SO_4^{2-} (sulfat) minus O, men plus S til $S_2O_3^{2-}$ (thiosulfat).*

"Tetrathio" betyder 4 svovl, da tetra er 4 og thio er svovl. Man kan betragte **tetrathionat***ionen ($S_4O_6^{2-}$) som en sammenlægning af to $S_2O_3^{2-}$ ioner; S_2O_3 + S_2O_3.*

$Cr_2O_7^{2-}$(dichromat). *To chromationer vil i sur væske smelte sammen under vandfraspaltning og danne en dichromation. Navnet følger altså af, at dichromationen kan dannes fra 2 (di) chromationer. $2\ CrO_4^{2-} + 2\ H^+$ → $Cr_2O_7^{2-} + H_2O$.*

Thiocyanat. *Når man tilføjer svovl ("thio"), så tilføjes navnet "thio". Logisk set burde S (thio) + CN^- (cyanid), dvs. SCN^- hedder thiocyan**id**, men den hedder altså thiocyan**at**.*

Eddikesyre (CH_3COOH) *hedder* **acetic** *acid på engelsk. Ethansyre er det samme som eddikesyre. Derfor hedder denne ion* **CH_3COO^-** *en* **acetat-ion**.

Kemiprøven truer!

Sønnen: - Mor, jeg er syg og vil gerne blive hjemme fra gymnasiet i dag.

Moderen: - Lad mig mærke dig på panden.

Sønnen: - Hvad kan du mærke, mor?

Moderen: - At I skal have kemiprøve i dag!

Parenteser bruges til hvad i forbindelse med ioner? Giv eksempler	**Parenteser** bruges om **sammensatte ioner**, når der indgår flere af dem i en ionforbindelse. Ellers bliver angivelsen af ionens atomantal forkert. Fx indeholder $Ca_3(PO_4)_2$ (calciumphosphat) tre Ca^{2+} **(calcium)** ioner og to PO_4^{3-} **(phosphat)** ioner. Men hvis man skrev det som Ca_3PO_{42} – uden parentes - så ville man fejlagtigt tro, at der kun var 1 fosfat-ion i og at fosfatformlen var PO_{42} (altså 1 P og 42 O). $(NH_4)_2CO_3$ (ammoniumcarbonat) indeholder to ammonium-ioner (NH_4^+) og 1 carbonat-ion (CO_3^{2-}). Men hvis man skrev det som $NH_{42}CO_3$, ville man fejlagtigt tro, at der kun var 1 ammonium-ion i med formlen NH_{42} (altså 1 N og 42 O).
Hvordan angives krystalvand i navn og formel? Giv et eksempel	Når salte/ionforbindelser indeholder vand i iongitteret, så kaldes det for **krystalvand**. Det angives i formlen som fx $Na_2SO_4 \cdot 10H_2O$, hvor der for hver 1 formelenhed Na_2SO_4 er 10 vandmolekyler i iongitteret. "." er IKKE et gangetegn - det skal læses som et plus. Der er altså 2 Na^+ og 1 SO_4^{2-} og ti vandmolekyler i 1 formelenhed $Na_2SO_4 \cdot 10H_2O$. Det er et "vådt" salt. Formelenheden $Na_2SO_4 \cdot 10H_2O$

	hedder natriumsulfat-vand, én – ti, skrives "(1/10)", fordi der er 1 Na_2SO_4 for hver 10 H_2O. Et eksempel til: $CuSO_4 \cdot 5H_2O$ hedder kobber(II)sulfat-vand[44], én – 5, skrives "(1/5)", fordi der er 1 $CuSO_4$ for hver 5 H_2O. **Husketips:** *Vandet sidder i krystallet, så krystalvand er et godt navn!*
Trivialnavne er? Giv eksempler	Et **trivialnavn** er et hverdagsnavn for et kemikalie i modsætning til et systematisk kemisk navn. Fx kaldes NaCl for køkkensalt/vejsalt som trivialnavn, men natriumchlorid bruges som systematisk navn. **Andre eksempler:** NaOH (natriumhydroxid) kaldes **ætsnatron** som trivialnavn (**husketips:** Natron staves lidt ligesom natium og OH^- er ætsende ved du måske fra syre-basekemi). 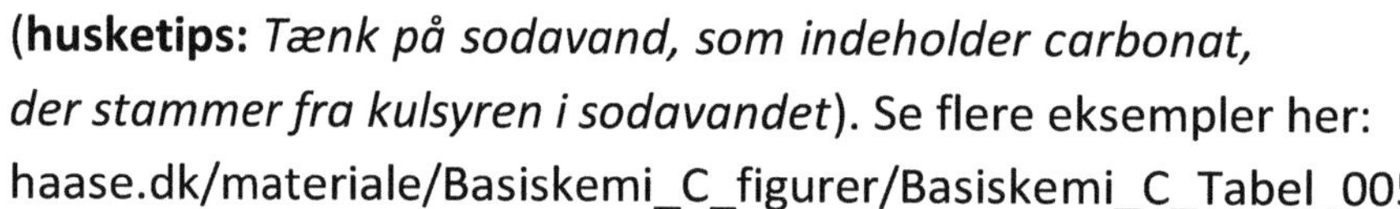 Na_2CO_3 (natriumcarbonat) kaldes **soda** som trivialnavn (**husketips:** *Tænk på sodavand, som indeholder carbonat, der stammer fra kulsyren i sodavandet*). Se flere eksempler her: haase.dk/materiale/Basiskemi_C_figurer/Basiskemi_C_Tabel_005.jpg **Husketips:** *Trivial kommer af ordet triviel, som betyder <u>almindelig</u>, <u>hverdagsagtig</u>. Tænk på en triviel/kedelig hverdag.*
Hvad sker med iongitteret under overgangen fra (s) til (l) til (g)? Hvordan ser formlen for salt ud i gasfasen?	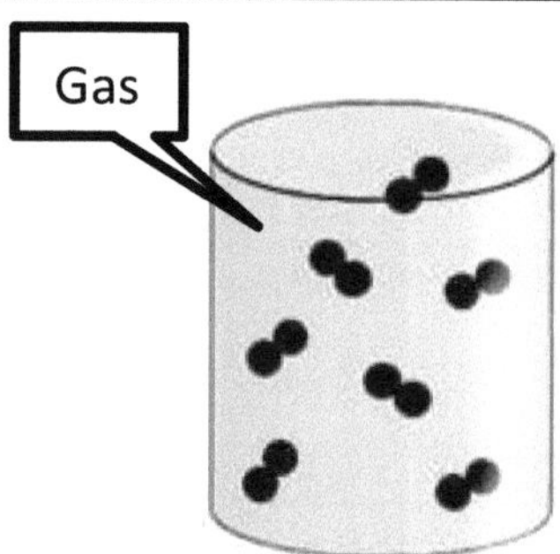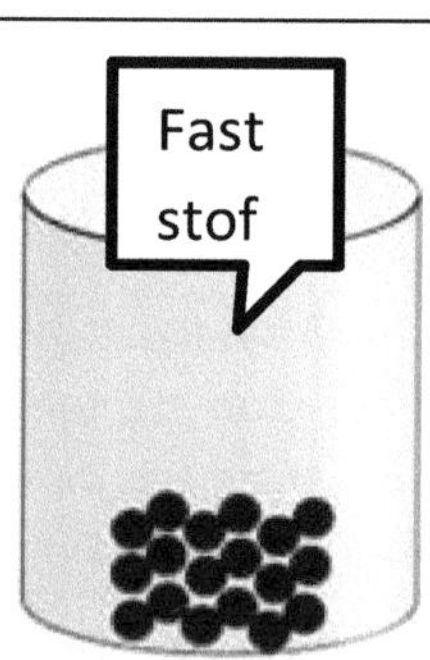 **NaCl** er fast ved stuetemperatur. Ionerne sidder på deres pladser i iongitteret holdt på plads af plus-minus-tiltrækningen (ionbindinger) mellem Na^+ og Cl^- ionerne. Ionerne vibrerer lidt[45]. Når man opvarmer stoffet, så bliver vibrationerne kraftigere, og ved smeltepunktet brydes ionbindingerne, fordi ionerne kan ikke holde fast i hinanden mere. Iongitteret bryder nu sammen, saltet smelter, og ionerne bevæger sig frit rundt imellem hinanden. Saltet er nu flydende. Opvarmes

---

[44] Eller kobber(2+)sulfat-vand.
[45] Kilde til gas, væske, fast stof figuren (er ændret af os): https://upload.wikimedia.org/wikipedia/commons/8/89/States_of_matter_En.svg

<table>
<tr><td>65</td><td>saltet yderligere, bevæger ionerne sig endnu kraftigere. Nu går ionerne på gasform som ionpar, Na^+Cl^-, der har stor indbyrdes afstand til næste ionpar. Derfor fylder gas meget. Varme virker altså på salte ligesom et jordskælv virker på bygninger, broer og andre konstruktioner - ryster dem godt og grundigt!</td></tr>
<tr><td>Forklar sammen-hængen mellem ionbindingers styrke og saltes smelte-/kogepunkter samt vand-opløselighed</td><td>

Ionbindingsstyrke

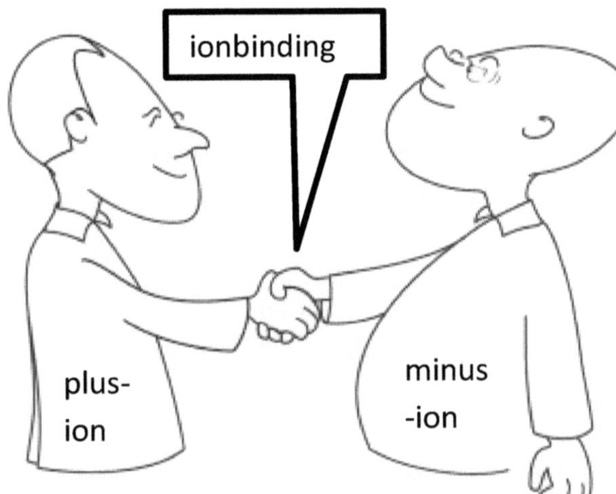

Ionbindingerne i iongitteret er meget stærke, da plus-minus-tiltrækningen mellem ionerne er meget stærk (læs: *"ionerne holder hinanden fast i hånden"*). Derfor har ionforbindelser generelt meget høje smeltepunkter og kogepunkter. Jo stærkere ionbindingerne er i en ionforbindelser (læs: *"jo stærkere håndtrykket er"*), jo lavere er saltets **vandopløselighed**. Vandmolekylerne har nemlig svært ved at nedbryde iongitteret, når ionerne binder sig stærkt til hinanden. Hvis ionbindingerne er tilstrækkeligt svage (læs: *"et svagt håndtryk"*), så bliver saltet letopløseligt i vand, og vandmolekylerne kan nemt hive ionerne ud af iongitteret (se tegningen til højre[46]). Dvs. iongitteret nedbrydes af vandet: Fx NaCl(s) → NaCl(aq) [Fast salt opløses i vand].

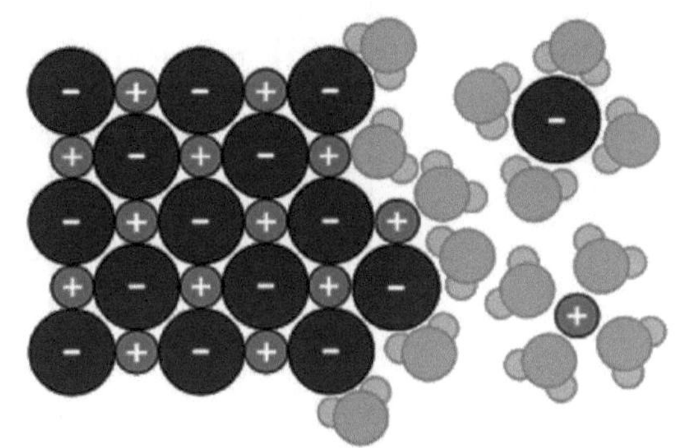

Jo mindre ionradius og jo større ladning ionerne har, jo stærkere er ionbindingerne, og jo højere bliver ionforbindelsernes smelte-/kogepunkter - og desto lavere bliver deres vandopløselighed. Årsag? En mindre ion har en mindre overflade at fordele ladningen over, og derfor bliver ladningstætheden større. Jo større ladning ionen har, jo "flere kræfter" har den til at tiltrække en ion med modsat ladning. Se tabel (kilde: *Basiskemi C* bogen side 42, tabel 7):</td></tr>
</table>

---

[46] Kilde til *NaCl-opløses-i-vand-figuren* (som er ændret af os):
https://commons.wikimedia.org/wiki/File:Salze_Natriumchloridgitter_Loesen.svg

Stof	Smeltepunkt °C	Kogepunkt °C	Vandopløselighed ved 20 °C
NaCl	801	1465	36 g per 100 mL vand
KCl	771	1437	34 g per 100 mL vand
MgO	2825	3600	0,0006 g per 100 mL vand

Fx får KCl (kaliumchlorid) og NaCl (natriumchlorid) lavere smelte-/kogepunkter og større vandopløselighed. Det er jo kun +1/-1 ioner (Na^+/K^+ og Cl^-), der indgår. Mens MgO (magnesiumoxid) får højere smelte-/kogepunkter og lavere vandopløselighed. Det er jo +2/-2 ioner, som indgår: Mg^{2+} og O^{2-}.

Dekomponere vil sige? Giv et eksempel	Mange ionforbindelser kan ikke tåle ophedning - de går i stykker, **dekomponerer**, og spaltes til andre stoffer. Fx NH_4NO_3(s) + varme → N_2O(g) + $2H_2O$(g) [Ammoniumnitrat på fast form nedbrydes ved opvarmning til dinitrogenoxidgas og vanddamp]. **Husketips:** *Dekomponere kommer fra det engelsk ord – "decompose", som betyder "at nedbryde".*
Hvad er mikroskopisk niveau i kemi?	**Mikroskopisk niveau** er på atom-, ion- og molekyle-niveau. Vi kan ikke se, hvad der sker, da vores øjne ikke er "supermikroskoper", men vi kan beskrive kemien vha. modeller, formler og reaktionsskemaer. Fx at fast salt smelter til en væske ved opvarmning: NaCl(s) + varme → NaCl(l). **Husketips:** *På mikroskopisk niveau kan vi se de bittesmå atomer, ioner og molekyler i et "supermikroskop".*
Hvad er makroskopisk niveau i kemi?	På **makroskopisk niveau** kan vi se, hvad der sker (uden et supermikroskop). Fx når salt smelter: Et fast, hvidt stof bliver flydende. **Husketips:** *Makro betyder stor. Det er stort nok til, at vi kan se det. Vi behøver ikke et supermikroskop.*
Hvad er inddampning? Giv et eksempel	**Inddampe** vil sige, at man opvarmer en vandig opløsning af et stof. Vandet fordamper, og stoffet fælder ud som et fast stof på glasset (se billedet). Det er jo vandmolekylerne, som har forhindret ionerne i at finde sammen i et fast stof. Nu er vandet fordampet, og så bygger ionerne igen et iongitter og danner faste krystaller. Fx NaCl(aq) → NaCl(s) + H_2O(g) [Salt opløst i vand inddampes og der dannes fast salt].

Gengivelse og uddybning af Tabel 8, side 43 fra Basiskemi C bogen: Nogle ionforbindelsers opløselighed i vand ved 20 grader Celsius. L betyder letopløselig, T betyder tungtopløselig og "-"[fodnotenummer] angiver, at stoffet ikke eksisterer. Hvorfor det? Se fodnoterne. Grænsen mellem L og T er sat ved 2 gram opløst stof i 100 mL vand.

	NH_4^+	Na^+	K^+	Mg^{2+}	Zn^{2+}	Cu^{2+}	Fe^{2+}	Fe^{3+}	Ca^{2+}	Ba^{2+}	Pb^{2+}	Ag^+
NO_3^-	L	L	L	L	L	L	L	L	L	L	L	L
Cl^-	L	L	L	L	L	L	L	L	L	L	T	T
Br^-	L	L	L	L	L	L	L	L	L	L	T	T
I^-	L	L	L	L	L	-[47]	L	-[48]	L	L	T	T
SO_4^{2-}	L	L	L	L	L	L	L	L	T	T	T	T
CO_3^{2-}	L	L	L	T	T	-[49]	T	-[50]	T	T	T	T
OH^-	-[51]	L	L	T	T	T	T	T	T	L	T	-[52]
S^{2-}	L	L	L	T	T	T	T	T	T	T	T	T
PO_4^{3-}	L	L	L	T	T	T	T	T	T	T	T	T

Kombiner en plus-ion fra øverste vandrette række med en minus-ion i venstre kolonne i **tabel 8**.

Hvis ionerne kombineres til en ionforbindelse med et **T**, så er det et **Tungtopløseligt salt**, som har svært ved at opløses i vandet. Ionerne finder altså sammen i et iongitter, som danner et **bundfald (der laves en fældningsreaktion)**. Fx Pb^{2+}(aq) + $2Cl^-$(aq) → $PbCl_2$(s) [vandopløste blyioner reagerer med vandopløste chloridioner og danner et tungtopløseligt, fast salt kaldet blychlorid].

Hvis ionerne kombineres til en ionforbindelse med et **L**, så er det et **Letopløseligt salt**, som let opløses i vandet. Ionerne kan ikke finde sammen i et iongitter, og der dannes **ikke** et bundfald.

---

[47] $2Cu^{2+} + 2I^-$ → $2Cu^+$ (eller Cu) + I_2 (en redoxreaktion, dvs. en elektronoverførselsreaktion hvor Cu^{2+} reduceres og I^- oxideres).

[48] $2Fe^{3+} + 2I^-$ → $2Fe^{2+} + I_2$ (en redoxreaktion hvor Fe^{3+} reduceres og I^- oxideres).

[49] Kobber(II)carbonat/kobber(2+)carbonat, $CuCO_3$, er kemisk ustabilt - og omdannes til andre forbindelser.

[50] Fe^{3+} ioner vil reagere med vand og danne syre (H^+). Syren vil reagere med carbonat (CO_3^{2-}), som er basisk og danne kulsyre (H_2CO_3), som igen nedbrydes til CO_2 og vand.

[51] $NH_4^+ + OH^-$ → $NH_3 + H_2O$ (en syre-basereaktion, dvs. reaktion hvor en H^+ overføres fra en syre (her NH_4^+) til en base (her OH^-)).

[52] Ag^+ vil med OH^- danne Ag_2O: $2Ag^+ + 2OH^-$ → $Ag_2O + H_2O$ (en syre-basereaktion, hvor den ene OH^- reagerer som syre og giver en H^+ til den anden OH^- (som altså er base) under dannelse af O^{2-} og H_2O. Sølv(I)/sølv(1+) går sammen med O^{2-} og danner Ag_2O).

Fx Pb^{2+}(aq) + $2NO_3^-$(aq) $\rightarrow$ $Pb(NO_3)_2$(aq) [Vandopløste blyioner og vandopløste nitrationer danner ikke et bundfald. Ionerne er stadig opløst i vandet. Intet sker].

Husketips: *T for Tungtopløselig og L for Letopløselig. <u>Tungtopløseligt</u> – et sjovt ord. Tænk: En <u>tung</u> opgave er en svær opgave, så et tungtopløseligt salt er svært/tungt for vandet at få opløst.*

TEST NU DIG SELV:

- Forklar tabel 8 på forrige side! (Ionforbindelsers opløselighed)
- Hvad er:

- Et letopløseligt salt?

- Et tungtopløseligt salt?

- En fældningsreaktion?

Hvorfor kan saltvand lede strøm?	Salte opløst i vand kan **lede elektrisk strøm**, da Na^+ og Cl^- ionerne kan vandre i vandet og lede strømmen. Strøm er jo vandring af elektrisk ladning. **Husketips:** Det er livsfarligt at bade i havet i tordenvejr, da lynnedslag i vandet skaber "elektrisk strøm", som ionerne i saltvandet kan overføre til din krop! 
Opløseligheds-regler for ion-forbindelser: - Ammonium? - Natrium? - Kalium? - Nitrater? - Chlorider? - Iodider? - Sulfater? 	## Opløselighedsregler for salte - Salte indeholdende ammoniumioner (NH_4^+), natriumioner (Na^+) eller kaliumioner (K^+) er letopløselige i vand. **Husketips:** *Tænk på at køkkensalt, NaCl (læs Na^+ salte) er vandopløseligt. - Og at landmændene forurener grundvandet med letopløselige gødningssalte; ammonium og kalium[53] (den huskeregel kræver man er født og opvokset på landet. Find selv på noget bedre).* - Salte indeholdende nitrationer (NO_3^-) er letopløselige i vand. **Husketips:** *Tænk igen på, landmændene forurener grundvandet med letopløseligt nitratgødning.[54]* - Mange salte, som indeholder chloridioner (Cl^-), iodidioner (I^-), sulfationer (SO_4^{2-}) er letopløselige i vand. **Husketips:** *Tænk på, at køkkensalt (læs Cl^- salte) er vandopløseligt, og iodid er i "familie med" chlorid (læs: står i samme hovedgruppe - syvende). Sulfat minder lydmæssigt om "sulfo", og sulfosæbe er vandopløseligt – så tænk på sulfosæbe!*

---

[53] Der er intet politisk i dette. Det er blot en huskeregel!

[54] Der er intet politisk i dette. Det er blot en huskeregel!

Hvis du gerne vil forstå saltes opløselighed bedre, så prøv disse interaktive simuleringer: https://phet.colorado.edu/da/simulation/legacy/soluble-salts

| En fældnings-reaktion er? | Vi laver en blanding af opløst natriumchlorid (NaCl(aq)) og opløst sølvnitrat ($AgNO_3$(aq)). En **<u>fældningsreaktion</u>** er en reaktion, hvor ioner finder sammen (fx Ag^+(aq) og Cl^-(aq)) og laver et iongitter – et fast stof (et Tungtopløseligt salt) – som laver et bundfald (hvidt AgCl(s), se reagensglasset til højre) eller svæver rundt i vandet som bittesmå klumper af fast AgCl. Tilskuer-ionerne (Na^+(aq) og NO_3^-(aq)) deltager IKKE i fældningen/bundfaldet og bliver ved med at være opløst i vandet. (Kilde til billedet: File:Silver chloride by Danny S. - 001.JPG - Wikimedia Commons) |

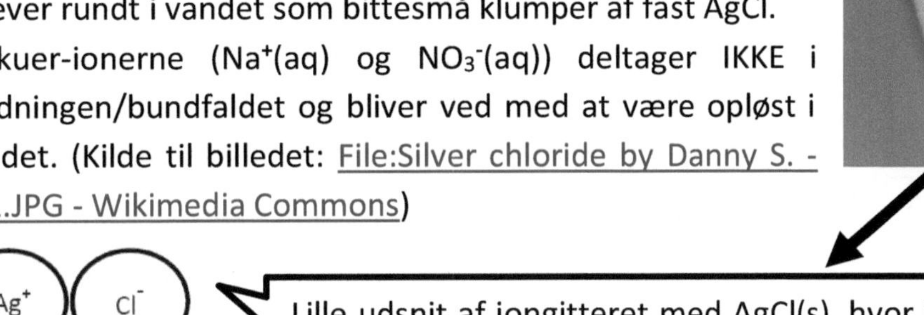

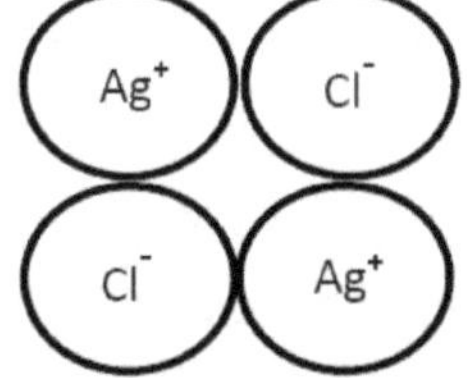

Husketips: *Det tungtopløselige salt er tungt og falder til bunden (danner bundfald). Det fældes i en fælde på bunden!*

Husk ordet <u>fæld</u>ningreaktion? Tænk: En reaktion som fanger ioner i en ion-gitter-<u>fæld</u>e eller ionerne bund<u>fæld</u>es i et fast iongitter.

| Opskriv fældnings-reaktionen for $AgNO_3$ + NaCl? Både med stofformler og som et ionreaktions-skema | Man kan opskrive reaktionsskemaet for en fældningsreaktion på 2 måder. Lad os tage reaktionen mellem opløst sølvnitrat ($AgNO_3$(aq)) og opløst natriumchlorid (NaCl(aq)) som eksempel: |

1) Et reaktionsskema med **stofformler**. Dvs. ionerne er samlet i formelenheder (dvs. formler for hele stoffet, dvs. stofformler) – også selv om ionforbindelsen er letopløselig i vand - dvs. enkeltionerne sidder ikke sammen i et fast iongitter, men findes som enkeltioner (hver for sig) opløst i vandet, hvilket angives ved (aq), dvs. aqua. Hvis stoffet er tungtopløseligt i vand, og ionerne er samlet i et fast iongitter, så angives det ved et (s), dvs. solid (fast), og ionerne skrives samlet i en stofformel:

$AgNO_3$(aq) + NaCl(aq) → AgCl(s) + $NaNO_3$(aq)

[Reaktionen betyder, at letopløseligt sølvnitrat reagerer med letopløseligt natriumchlorid og danner tungtopløseligt sølvchlorid og letopløseligt natrium-nitrat. Brug ***"Gengivelse og uddybning af Tabel 8, side 43 fra Basiskemi C bogen"*** (på side 67 i noterne) til at finde ud af om saltet er let- eller tungtopløseligt i vand.

Både AgNO₃, NaCl og NaNO₃ danner et L i tabel 8, og er derfor alle Letopløselige, og skal have et (aq) bag ved stofformlerne. AgCl giver et T (Tungtopløselig) i tabel 8 og skal derfor have et (s) bag stofformlen].

2) Et **ionreaktionsskema**. Dvs. ionerne skrives hver for sig, hvis saltet er letopløseligt i vand, og samles kun i en stofformel hvis saltet er tungtopløseligt i vand: $Ag^+(aq) + NO_3^-(aq) + Na^+(aq) + Cl^-(aq) \rightarrow AgCl(s) + Na^+(aq) + NO_3^-(aq)$ [Reaktionen betyder, at sølv-ioner og nitrat-ioner er opløst i vand og reagerer med natrium-ioner og chlorid-ioner, som også er opløst i vand, og danner tungtopløseligt sølvchlorid samt natrium-ioner og nitrat-ioner opløst i vand].

Læg mærke til, at reaktionen er afstemt allerede ved opskrivningen. Så vi behøver ikke sætte koefficienter foran formlerne for, at der er lige mange atomer på hver side af reaktionspilen. Ikke alle fældningsreaktioner er så simple.

Tilskuerioner er? Giv eksempler 	**Tilskuerioner** er de ioner, som ikke deltager i fældningsreaktionen, ikke danner bundfaldet, men forbliver opløste i vandet. **Husketips:** *Tilskuerionerne deltager ikke i fældningsreaktionen - de ser bare på – ligesom tilskuere til en sportsbegivenhed – hvis de ellers har lært at opføre sig ordentligt!* Ofte udelader man tilskuerionerne i fældningsreaktioner, da de jo ikke deltager direkte i dannelse af iongitteret – det faste stof. Og det kan også gøre reaktionen mindre overskuelig med alle de "overflødige" ioner. Lad os tage fat i reaktionen mellem sølvnitrat og natriumchlorid igen – og fjerne tilskuerionerne: $Ag^+(aq) +NO_3^-(aq)+Na^+(aq)+Cl^-(aq) \rightarrow AgCl(s) +Na^+(aq)+NO_3^-(aq)$. Tilbage har vi: $Ag^+(aq) + Cl^-(aq) \rightarrow AgCl(s)$ [betyder: Vandopløste sølv-ioner og chlorid-ioner finder sammen i fast, tungtopløseligt sølvchlorid].
Hvad er exoterme og endoterme reaktioner? Giv eksempler	**En exoterm reaktion** er en varmeafgivende eller varmedannende reaktion. Fx når man blander koncentreret syre og vand sammen, så dannes der varme. Eller når man opløser fast natriumhydroxid i vand: $NaOH(s) \rightarrow Na^+(aq) + OH^-(aq) + varme$ [betyder: Fast natriumhydroxid opløses i vand til natrium-ioner og hydroxid-ioner under frigivelse af varme]. En reaktion er exoterm – varmefrigivende - fordi reaktanterne på venstre side af reaktionspilen indeholder mere energi end produkterne på højre side. Energiforskellen kommer ud som varme. 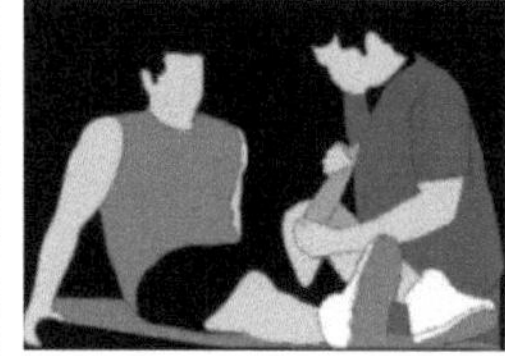 Det modsatte er **endoterm**, som så betyder en varmeforbrugende (kølende) reaktion. Den afkøler omgivelserne, da den suger varme (bruger varme) fra omgivelserne. Fx de "kuldeposer" man kan købe, som køler sportsskader ned. Her i findes enten fast ammoniumnitrat eller fast urinstof i en

| 71 | pose ved siden af en pose med vand. Når man vrider i poserne, går de i stykker og stofferne blandes:

$NH_4NO_3(s)$ + varme → $NH_4^+(aq)$ + $NO_3^-(aq)$ [betyder: Fast ammoniumnitrat opløses i ammonium-ioner og nitrat-ioner under forbrug af varme].

Den faste ammoniumnitrat (eller det faste urinstof) indeholder mindre energi end de opløste stoffer, hvorfor energiforskellen tages fra omgivelserne (fx den skadede muskel), som så nedkøles.

Husketips: *Exo betyder exit eller udgang. Der kommer varme <u>ud</u> af reaktionen.* 
Endo betyder "ind", så der skal varme <u>ind</u> i reaktionen (fra omgivelserne som så afkøles).* |

Der er en masse interaktive opgaver med ioners og ionforbindelsers formler og navne, fældningsreaktioner og bundfældning her: https://www.vucdigital.dk/kemi/ [rul lidt ned].

Løsning af disse nanoopgaver i **bilag 3** kan også bruges til at øge forståelsen af ionforbindelsers kemi:

Nr. 5: Opgave om opløsning af køkkensalt (natriumchlorid) i vand

Nr. 6: Opgave om saltes vandopløselighed

Der er en facitliste til nanoopgaverne i bilaget.

Kapitel 3: Kovalent binding og molekyler

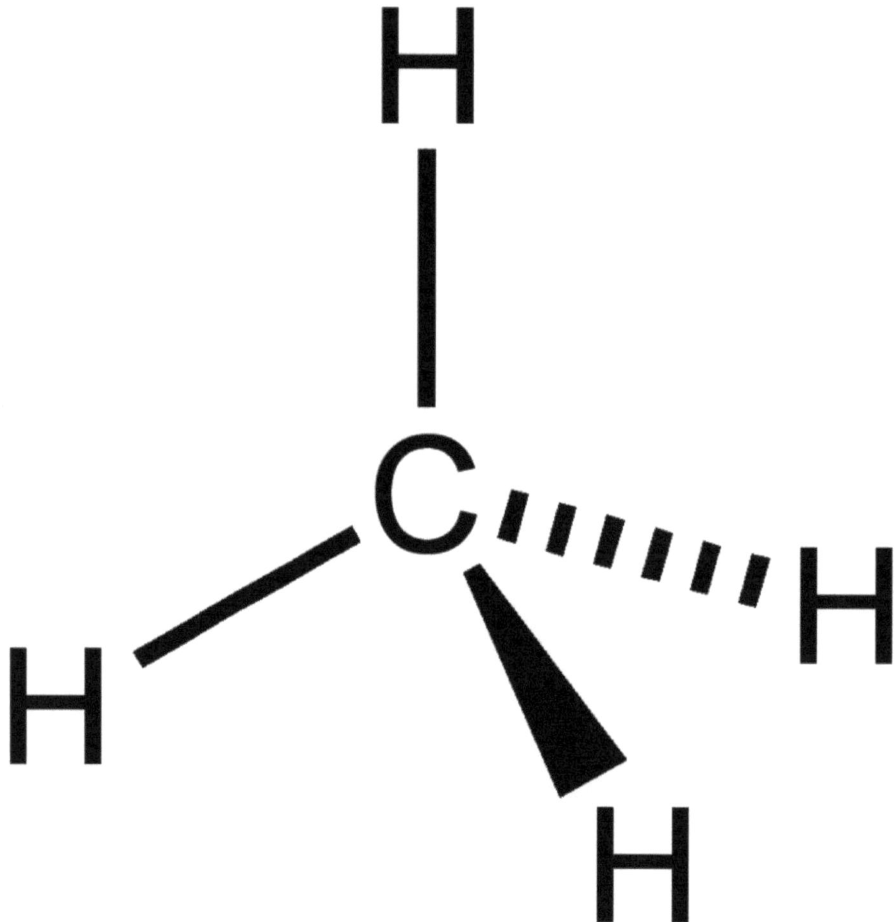

Billedet viser en molekylmodel af methanmolekylet, der er hovedbestanddelen af naturgas. Naturgasafbrænding (i gasfyr) bruges fx til opvarmning af mange huse og bygninger i Danmark.

Spørgsmål	Svar/*husketips*
Et molekyle er opbygget af hvilken slags atomer? Hvad er kovalente bindinger? Giv eksempler	**Et molekyle** er et grundstof eller kemisk forbindelse, som er opbygget af ikke-metalatomer (dvs. atomerne over trappetrinnet i periodesystemet, se side 53-54 i bogen). Atomerne er bundet til hinanden vha. **kovalente bindinger**, dvs. fælles elektronpar. Eksempler på molekyler: H_2 (dihydrogen), HCl (hydrogenchlorid), O_2 (dioxygen), P_4 (tetraphosphor), CO_2 (carbondioxid), N_2O_3 (dinitrogentrioxid). Navngivningen af uorganiske molekyler forklares lige om lidt.
Oprems de første 10 talforstavelser Definer hvad der forstås ved hhv. organisk og uorganisk stof Navngiv disse molekyler: H_2, HCl, CO_2, N_2O_3, P_4	Du skal kunne disse **talforstavelser** udenad: Mono = 1, di = 2, tri = 3, tetra = 4, penta = 5, hexa = 6, hepta = 7, octa = 8, nona = 9, deca = 10 for at kunne **navngive uorganiske molekyler** [uorganisk, dvs. små molekyler uden kulstofatomer i[55]. Organiske molekyler indeholder altid kulstof]. **Husketips** til talforstavelserne: Se side 74-75. **Husketips** til organisk og uorganisk: *Organiske stoffer indeholder altid kulstof. Tænk på organer i levende mennesker og i levende dyr, og at alt liv er baseret på kulstofatomer (læs: organer = organisk = kulstofholdigt). I uorganisk stof betyder bogstavet "u" derfor stof uden kulstof i (tænk på at uinteressant betyder uden interesse, at ufleksibel betyder uden fleksibilitet, osv.).* **Eksempler** på brug af talforstavelser til at navngive uorganiske molekyler: H_2 hedder **di**hydrogen [2 (di) H], HCl hedder hydrogenchlorid [1 H og 1 Cl, ikke **mono**hydrogen**mono**chlorid, idet "mono" overspringes som hovedregel], CO_2 hedder carbon**di**oxid [1 C og 2 (di) O], N_2O_3 hedder **di**nitrogen**tri**oxid [2 (di) N og 3 (tri) O], P_4 hedder **tetra**phosphor [4 (tetra) P]. Læg mærke til at det sidste grundstof tildeles **endelsen "id"** i kemiske forbindelser (består af forskellige atomer)), mens grundstofmolekyler (består af ens atomer) har endelse som grundstofnavnet.

---

[55] Der er dog undtagelser. Fx regnes CO og CO_2 som uorganiske, selv om de indeholder kulstof.

Husketips til talforstavelserne (stammer fra en undervisningstime, hvor jeg (Jan Ivan) kom med forslag til husketips (i venstre kolonne) og eleverne ligeledes kom med forslag (i højre kolonne)).

1	Mono	Tænk på noget, som betyder "én". Mono betyder enkelt. Monofonisk lyd eller bare monolyd er lyd via en enkel kanal/højttaler.	Monolog, monobryn (dvs. sammenvoksede øjenbryn), højttaler spiller monoton musik.
2	Di	Tænk fx på ditto, som betyder "også" eller "to gange". Ditte rider på en svane (en svane ligner et 2 tal). Se video om **nummer-form-talsystemet:** https://artofmemory.com/wiki/ Number_Shape_System/	Dialog, R2-ditto.[56]
3	Tri	Tænk fx på en trio (3 stk.) eller tricykel (cykel med 3 hjul). Triumvirat er en bestyrelse/ledelse bestående af tre personer.	Triatlon, trilogi, trigonometri, "trigeling", triangel. En trio spiller musik, dvs. 3 musikere.
4	Tetra	Tænk fx på tetrapod, som betyder dyr med 4 ben. Eller tetrade, som betyder 4 sammenhørende elementer.	Tetris (brikkerne er firkantede). Te hældes igennem tragt ned i firkantet eller Tetrapak-mælkekarton.
5	Penta	Tænk på forsvarsministeriet i USA - Pentagon - som er en femkantet bygning.	Eleverne kunne ikke finde på noget.
6	Hexa	Tænk på en sekskant – en hexagon.	Heksen får sekslinger.[57] En heks. Heksedoktor laver heksehyl af elefantlort, som behandling mod hekseskud af at ride på en elefant [en elefantsnabel ligner et 6 tal].

---

[56] R2-D2 eller Artoo Detoo er en fiktiv karakter i Star Wars universet.

[57] Er ændret af os til noget pænere set i forhold til drengenes meget svulstige forslag. De havde en "fest" i timen!

74

7	Hepta	*Tænk på en syvkant – en heptagon.* *Danske cykelfans hepper på par nummer 7 i et en-dag-forlænget seksdagesløb.*	*Eleverne kunne ikke finde på noget.*
8	Octa	*Tænk på en ottekant – en octagon.*	*~~Octopus~~ (korrekt stavemåde bruges ikke), i stedet bruges "octapus". En Octopus blæksprutte har 8 arme og drypper fra næsen, medens den spiller oktaver på klaveret, der skal smøres med oktanbenzin. Otte og Octa starter begge med O.*
9	Nona	*Ni starter med "N" som i Nona.*	*Jeg har det "kanona", da jeg er blevet kæreste med en "9'er".* *En nonne leger med en kat (ni liv). Ni og Nona starter begge med N.*
10	Deca	*Tænk på det engelske ord decade, som betyder 10 år.*	*"Dek" er biblioteket på Herlufsholm skole, hvor man skal ti stille!* *En politimand dekanterer vin.*

Hørt i timen

Læreren til eleven: Hvorfor sidder du og skriver på din hånd?
Eleven: Det er fordi Jan Ivan har fortalt os, at man husker bedre ved håndskrift!

Peter var til svedig kemiprøve

Ved den skriftlige kemiprøve svedte Peter sig bogstaveligt talt igennem opgaverne. Da Peter så, at et par sveddråber var faldet ned på papiret, cirklede Peter dem ind og skrev ved siden af "SVED" - for at vise at han havde gjort sig umage.

Da Peter fik den rettede kemiprøve tilbage, stod der "00", og der var kommet endnu et par dråber på prøven. Dem havde kemilæreren cirklet ind med rødt og ved siden af skrevet: "Tårer".

Vands kogepunkt – hørt i en time med hjemkundskab

Læreren til eleven: Hvordan kan man egentlig se, hvornår kartoflerne koger?
Eleven: Det ved jeg ikke!
Læreren: Sig mig engang – har I ikke lært noget i natur og teknik eller i fysik?
Eleven: Nej, der koger vi aldrig kartofler!

Hvad går Niels Bohrs atommodel ud på?	# Bohrs atommodel viser elektroner, som bevæger sig i cirkelbaner rundt omkring atomkernen, der er i centrum af atomet (se fx hydrogen-atom-modellen til højre). 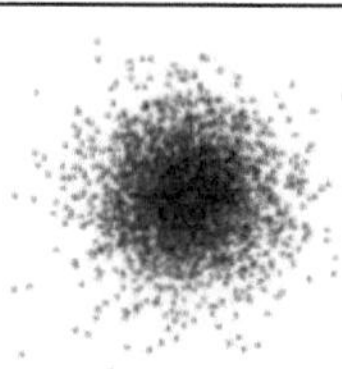 **Husketips:** *Planeter (læs: elektroner) kredser omkring solen (læs: kernen i centrum) i solsystemet (læs: atomet). Niels <u>Bohr</u> <u>borede</u> ind til kernen af sandheden omkring atomets opbygning.*
Forklar den kvante-mekaniske model for hydrogen-atomet og hvordan adskiller den sig fra Bohrs H-atom-model	Ved en **kvantemekanisk** beregning kan man finde sandsynligheden for, at en elektron befinder sig i et bestemt område omkring atomets kerne. Området kan tegnes som en elektronsky. Jo mere tæt elektronskyen er, desto mere sandsynligt er det at finde elektronen i netop dette område. En sådan # kvantemekanisk elektron-sky-model er en mere virkelighedstro beskrivelse af atomets opbygning end Bohrs atommodel, selv om Bohrs atommodel er fin til at forklare langt de fleste kemiske fænomener. Kvantemekanikken har fået sit navn fra fænomenet **kvantisering**. På mikroskopisk skala sker ændringer i elektronens energi i spring. Elektronen skifter energiniveau i kvantespring og hopper fra et bestemt energiniveau til et andet bestemt energiniveau i atomet. Nogle energispring kan ikke lade sig gøre – kun bestemte spring er tilladte. Energiskiftet kan kun ske i bestemte mængder (**latin: kvanter**).  **Husketeknik:** *Ordet "kvante" betyder en bestemt størrelse eller mængde. Tænk på, at du får et <u>kvantum</u> af dine elektronskyer repareret hos elektron<u>mekanikeren</u> (ved hjælp af kvantemekanik), fordi <u>skyerne</u> er blevet utætte.* 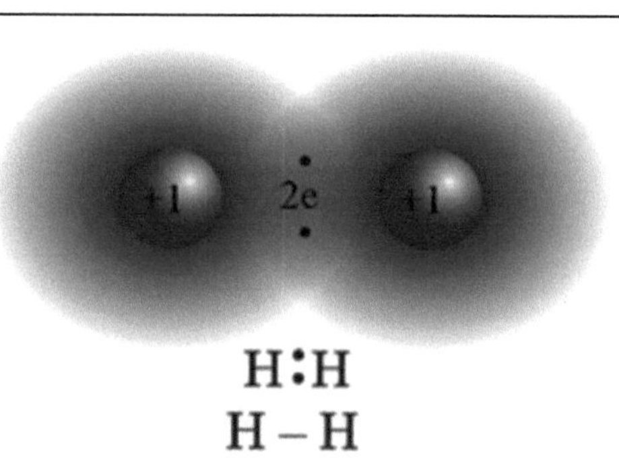
Hvordan virker en kovalent binding/elek-tron-par-binding? Giv et eksempel	En **kovalent binding** består af fælles elektronpar (deraf navnet # elektron-par-binding). Den binder ikke-metal-atomerne sammen i et molekyle. Vi tager H_2 molekylet (dihydrogen) som eksempel. Det er den negative elektronsky, der ligger imellem H-

atomerne, som binder de to H-atomer sammen i et H_2-molekyle. De positive kerner i H-atomerne tiltrækkes nemlig af den mellemliggende negative elektronsky. Den fælles negative elektronsky, de fælles bindingselektroner, er altså den *"lim"* som *"klistrer"* de positivt ladede atomkerner sammen i molekylet.

Husketips: *Ordet "kovalent" stammer fra ordene "ko" og "valens". Valens betyder de yderste elektroner i atomet, og "ko" er noget med at samarbejde, dvs. **ko**operare (fra engelsk: cooperation). I et **ko**operativt landbrug er man fælles om alt. Så "kovalent binding" kan oversættes til "elektronerne i den yderste skal, som samarbejder om at binde atomerne sammen i molekylet".*

C + 4H → CH₄

Question: *Why did Carbon marry Hydrogen?*
Answer: *They bonded well from the minute they met.*

Hvad er en strukturformel eller en stregformel? Giv eksempler

En strukturformel (stregformel) er en tegning af molekylets

struktur (deraf navnet *"strukturformel"*). Strukturen viser hvordan atomerne er bundet sammen via fælles elektronpar. De fælles elektronpar er vist som streger (deraf navnet *"stregformel"*). Ledige elektronpar, som ikke deltager i kovalente bindinger, kan vises som par af prikker eller krydser. Se fx H-Cl i nedenstående tabel. H-Cl har 3 ledige elektronpar (3 par krydser) på Cl atomet, der ikke deltager i bindinger, og et fælles elektronpar (en streg) imellem H og Cl atomet.

Hvor mange elektroner er der i hhv. en enkeltbinding, en dobbeltbinding og en tripelbinding? Giv eksempler!

Oversigt (forklaringer følger under "ædelgasreglen/oktetreglen"):

Typer af (kovalente) bindinger og antal fælles/delte elektroner (e^-)	Symbol (antal streger)	Eksempel
Enkeltbinding (2 fælles e^-)	−	H−Cl
Dobbeltbinding (4 fælles e^-)	=	O=C=O
Tripelbinding (6 fælles e^-)	≡	N≡N

Hvad er en elektron-prikformel? Giv et eksempel	En **elektronprikformel** er en tegning af et molekyle, der viser elektronerne som **prikker**/krydser i atomernes yderste skal. Den viser, hvordan atomerne er bundet sammen via **fælles elektronpar.** **Husketips:** _Elektronerne vises som prikker i en formel – dvs. navnet bliver "elektron-prik-formel" – også når elektronerne vises som krydser._

Forklar ædelgasreglen/ oktetreglen (8 reglen) og dubletreglen (2 reglen). Giv eksempler	Når man tegner elektronprikformler eller strukturformler for molekyler, så tilstræber man at få **ædelgasreglen/oktetreglen** opfyldt. Dvs. atomerne i molekylet skal have 8 elektroner (oktet betyder 8) omkring sig efter, at de kovalente bindinger er dannet. Hydrogen kan dog nøjes med 2 elektroner omkring sig, da hydrogen så ligner ædelgassen helium (He) i elektronstruktur (He har 2 elektroner i yderste skal, som er skal nr. 1). Dette kaldes for **dubletreglen** (2 reglen).

Tre **eksempler** HCl (hydrogenchlorid), CO_2 (carbondioxid) og N_2 (dinitrogen):

[H står i 1. hovedgruppe (HG) og har 1 valenselektron (VE) – 1 prik. Cl står i 7. HG og har 7 VE – 7 krydser. Dvs. H og Cl mangler begge 1 elektron i at opfylde hhv. dubletreglen og oktetreglen]. Dette svarer til 1 enkeltbinding, hvor de låner den manglende elektron til hinanden. Cl låner en prik af H (og Cl får 8 elektroner omkring sig). H låner et kryds af Cl (og H får 2 elektroner omkring sig). Der er 3 ledige elektronpar (3 par krydser) på Cl atomet, der ikke deltager i bindingen].

[O står i 6. HG og har 6 VE – 6 prikker. C står i 4. HG og har 4 VE – 4 krydser. Dvs. O mangler 2 elektroner, og C mangler 4 elektroner i at opfylde oktetreglen. Så hvert O låner 2 elektroner (2 krydser) fra C, og C låner 2 elektroner (2 prikker) fra hvert O. Dvs. 2 dobbeltbindinger (=) opstår. Der er 2 ledige elektronpar (2 par prikker) på hvert O, som ikke deltager i bindinger].

[N står i 5. HG og har 5 VE – 5 prikker, og hvert N mangler 3 elektroner i at opfylde oktetreglen. Dette svarer til dannelse af en tripelbinding, hvor hver N låner 3 prikker (elektroner) af hinanden. Der er et ledigt elektronpar på hvert N – et par prikker].

Husketips: _Tænk på en **oct**opus (ottearmet blæksprutte), så husker du, at oct/oktet betyder 8._

Fine prutter
Spørgsmål: _Hvad kaldes det, når de fine damer prutter?_
Svar: _Udslip af ædelgasser!_

<table>
<tr><td>

Forklar
sammen-
hængen
imellem
bindingsvinkel
og elektron-
frastødning. Tag
udgangspunkt i
CH_4, NH_3 og H_2O

</td><td>

Bindingsvinklen i et molekyle er

vinkelafstanden i grader imellem to kovalente bindinger, som er naboer. Bindingsvinklen bestemmes af **elektronfrastødningen**. Da elektronerne har samme ladning – negativ – vil de frastøde hinanden og prøve på at opnå så stor en bindingsvinkel som muligt. De vil søge længst muligt væk fra hinanden.

Husketips: *Elektronerne frastøder hinanden og søger så langt væk fra hinanden som muligt – ligesom nogle "møgkællinger" (bitches), der ikke kan tåle synet af hinanden. Bindingsvinklen er lig med bindingens vinkelafstand.*

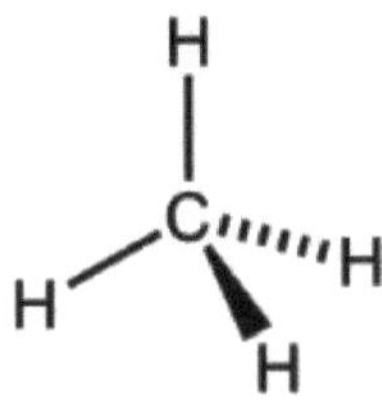
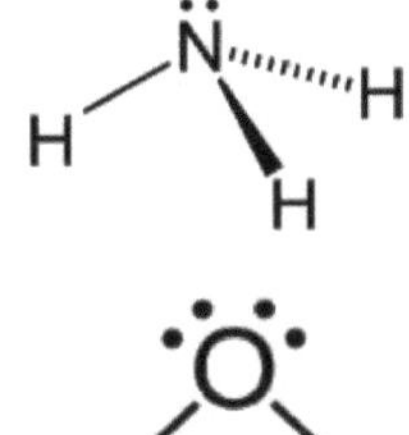

*Bindingsvinklen falder fra CH_4 over NH_3 til H_2O, fordi der kommer en stadig større elektronfrastødning fra de ledige elektronpar. Elektronskyen fra et ledigt elektronpar (som altså ikke deltager i binding) er tættere på **centralatomet** (det atom hvorfra flest bindinger udgår), fordi der ikke er et andet atom, der prøver at trækker elektronskyen til sig. Det presser de kovalente bindinger sammen. Bindingsvinklen er derfor stor (109,5°) i CH_4, som ikke har nogen ledige elektronpar, ca. 2 grader mindre i NH_3 (107,3°), som har et ledigt elektronpar, og igen ca. 2 grader mindre i H_2O (104,5°), som har hele 2 ledige elektronpar.*

</td></tr>
<tr><td>

Hvad forstås
ved rumlig
opbygning af
molekyler? Og
hvordan viser
man den
tredimensio-
nelle opbygning
af molekylet?

</td><td>

Den **rumlige opbygning** er den måde hvorpå bindinger og atomer orienterer sig i forhold til hinanden i rummet (3-dimensionelt) i et molekyle. Den måde hvorpå bindingerne *"stritter"*. Det vises vha. forskellige måder at tegne bindingerne på, idet vi tager CH_4 molekylet (methan) som eksempel: En almindelig streg

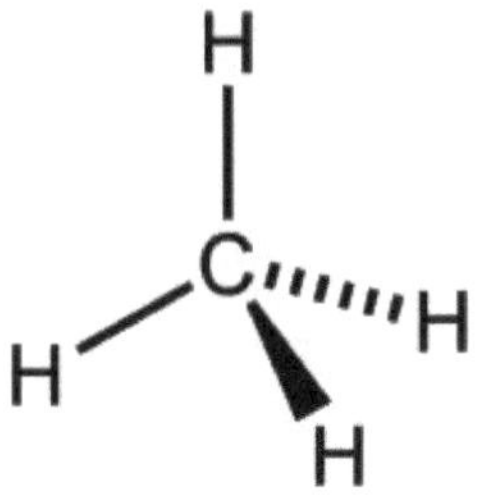

angiver en binding i papirets plan, en stiplet streg angiver en binding, der går bag ud/ind i papiret, og en kile/en fed streg angiver en binding, der går fremad/op fra/ud af papiret.

Husketips: *En stiplet binding går NED i papiret, fordi det ligner en kniv, som stikker huller NED i papiret. En kile/fed binding går OP af papiret, fordi det ligner en flyvinge, som flyver OP i luften. En almindelig binding er bare en almindelig streg i papirets almindelige (normale) plan.*

</td></tr>
</table>

Du skal kende disse 5 rumlige opbygninger, som er forklaret nærmere i de næste rækker: Tetraeder, plan, pyramide, vinkel og lineær.

Hvad er en tetraeder opbygning i et molekyle? Giv et eksempel	**Tetraeder** er en opbygning af molekylet med et centralatom i midten (her er det carbon), hvorfra der udgår 4 enkeltbindinger (her er det til 4 H-atomer). Bindingsvinklen (vinkelafstanden imellem 2 nabobindinger) er 109,5 grader. 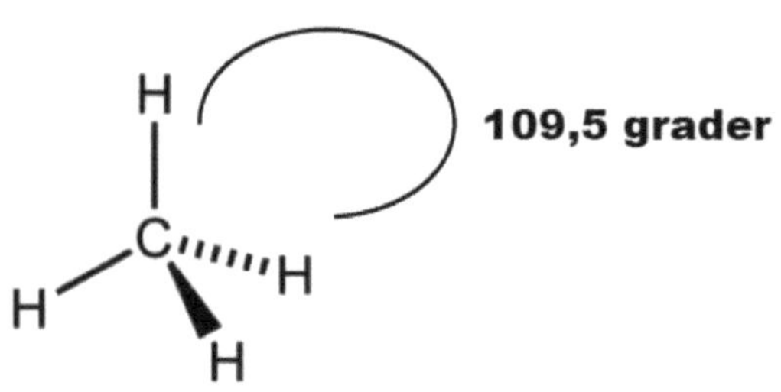

 **Husketips:** *Navnet tetraeder betyder 4 flader. "Tetra" betyder 4, og "eder" betyder flader. Men da de 4 enkeltbindinger stritter ud til alle 4 verdenshjørner, så er det bedre at tænke på "eder" som "hjørne". Tænk at der sidder en* <u>tetra</u>*-(4)-benet "*<u>ed(d)er</u>*kop" i* <u>hjørnet</u>*, for at huske navnet "tetraeder". Der er **9** bogstaver i tetraeder, dvs. vinklen er cirka **109** grader.*

Hvad er en plan opbygning i et molekyle? Giv et eksempel	En **plan opbygning** er, når molekylet er fladt (helt "plant") med en bindingsvinkel på 120 grader (en cirkel på 360 grader delt i 3 lige store stykker giver 120 grader), fordi der er 3 sæt 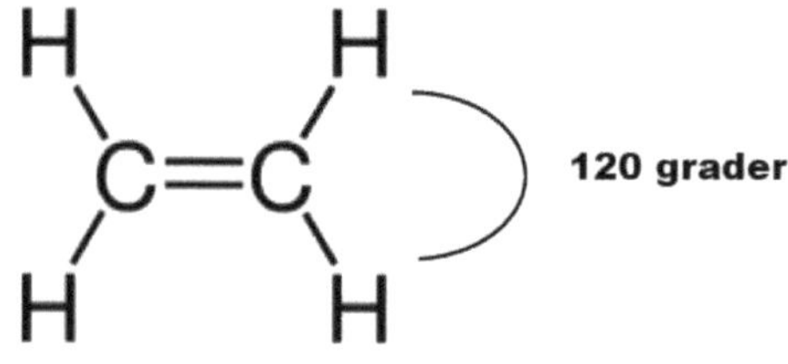

bindinger: 2 enkeltbindinger og en dobbeltbinding. Ses fx i det tegnede **ethenmolekyle** ($H_2C=CH_2$).

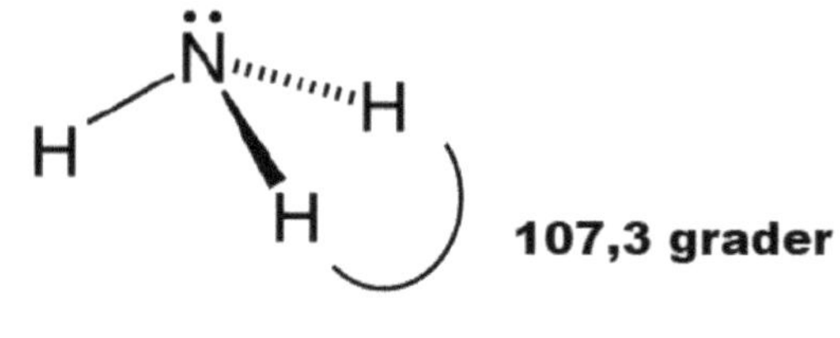 **Husketips:** *Ethen er fladt som en PLAN (flad) fodboldbane. Eller tænk på at de 3 gutter fra Olsen-banden har en* <u>plan</u> *om at stjæle en lagkage og dele den i 3 lige store stykker, så de hver får 120° lagkage.*

Hvad er en pyramide opbygning i et molekyle? Giv et eksempel	**Pyramide:** Molekylet er opbygget af et centralatom (her N) med 3 enkeltbindinger udgående fra centralatomet (her til 3 H-atomer). Bindingsvinklen er 107,3 grader.

 **Husketips:** *NH_3 (ammoniak) ligner sgu´ en pyramide![58] Godt, svedigt navn - hæ, hæ. Husk vinklen: Tænk på, at du over stok og sten (1 er stok og 0 er sten) kravler op på pyramiden med et 7 tal, som du bruger til at hægte dig fast med undervejs til toppen (ligesom en "bjergbestiger hammer"/ isøkse). Samlet: Stok + sten + hammer er 107.*

Hvad er en vinkel opbygning i et molekyle? Giv et eksempel	# Vinkel: Molekylet er opbygget af et centralatom (her O) med 2 enkeltbindinger udgående fra centralatomet (her 2 H-atomer). Bindingsvinklen er 104,5 grader (oprundet: 105) 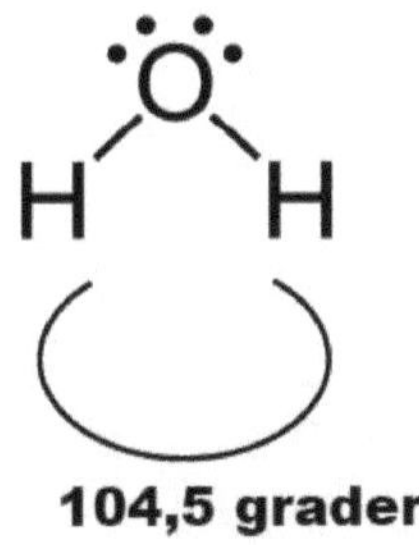 **Husketips:** *Vandmolekylet ligner en vinkel, som en tømrer bruger. Husk vinklen: En 1 0g 4 giver 5. "0" ligner en vanddråbe. Samlet: 1 hundrede 0g 4 komma 5.*  **104,5 grader**
Hvad er et lineært molekyle? Giv et eksempel	# Lineær: Atomerne i molekylet <u>ligger på en lige linje</u>. Bindingsvinklen (vinkelafstanden mellem 2 nabobindinger) er 180 grader (en ½ cirkelomgang, dvs. 360 grader delt med 2 som er 180 grader). Fx ethyn (H-C≡C-H) eller O=C=O (CO_2, carbondioxid). **Husketips:** *Atomerne ligger på en linje, dvs. molekylets opbygning er lineær.* **180 grader**

Hvis du trænger til at træne molekylers rumlige opbygning og bindingsvinkler mere – så prøv disse interaktive simuleringer:
https://phet.colorado.edu/da/simulation/molecule-shapes-basics
https://phet.colorado.edu/da/simulation/molecule-shapes

Hvornår overholdes oktetreglen og hvornår brydes den?	# Hvornår overholdes eller brydes ædelgasreglen? Atomerne i 1. og 2. periode følger **ædelgasreglen/oktetreglen**, når de laver molekyler og kovalente bindinger, fordi 1. skal og 2. skal fyldes ud med hhv. 2 og 8 elektroner. Der er altså ikke plads til mere end 8 elektroner i skal 2, hvorfor oktetreglen ikke kan brydes.

---

[58] Kilde til pyramidefiguren: https://www.goodfreephotos.com

Fra 3. periode af bliver man ofte udsat for, at atomerne bryder ædelgasreglen/oktetreglen og danner flere end 4 covalente bindinger. Årsag: Den 3. skal er den yderste skal for atomerne i 3. periode. Og 3. skal kan indeholde op til 18 elektroner. Altså mere end 8 elektroner, hvorfor 8-reglen kan brydes! Fx bryder svovl (S) ofte oktetreglen (8-reglen).

Hvad er et molekylgitter? Giv et eksempel	I **fast** tilstandsform sidder molekylerne i et regelmæssigt mønster kaldet et **molekylgitter**, hvor molekylerne ikke kan bevæge sig frit, men kun kan vibrere lidt. Fx sidder vandmolekylerne i et molekylgitter i en klump is: $H_2O(s)$, hvor (s) betyder solid, dvs. fast stof. **Husketips:** *Molekylerne er låst fast bag fængslets gitter og har svært ved at bevæge sig. Fx er der ikke megen molekylbevægelse i en klump is ($H_2O(s)$) – vel?* 
Hvad er smeltning? Giv et eksempel	Ved **smeltning** går et stof fra fast form til væske/flydende form. Fx når fast vand (is) smelter til flydende vand.  **Husketips:** *Tænk på en vaffelis, på en varm sommerdag, som smelter til flydende væske - inden du kan nå at spise isen!*

Kernefysikerens scorereplik
"Søde skat...... du er så lækker, at du kan få en kernereaktor til at nedsmelte!"

Hvad sker ved fordampning & kogning? 	Ved **fordampning** af et stof er det kun fra væskens overflade, at der frigives molekyler på gasform (dampform). Ved **kogning** er der derimod molekyler overalt i væsken, som går fra væskeform til gasform (det bobler, når det koger!) og forlader væsken. **Husketips:** *Tænk på en gryde vand, der koger. Der kommer masser af bobler – også fra grydens bund. Det bobler ikke fra et glas vand, der står og fordamper i vindueskarmen på en varm sommerdag. Eller brug det engelske husketips: "Boiling makes Bobbles".*
Forklar overgangen mellem de 3 tilstandsformer: (s)→(l)→(g)	**Se på næste sides figur:** På fast form (s, solid) er molekylerne låst fast i molekylgitterets positioner. Ved opvarmning til smeltepunktet brydes de svage bindinger mellem molekylerne[59], som har holdt dem fanget i gitteret, og nu bevæger molekylerne sig frit rundt imellem hinanden (derfor er der fartpile i tegningen), og de *"klistrer"*[60] kun svagt til hinanden i væskefasen (l, liquid).

---

[59] Det er IKKE kovalente bindinger, som holder atomerne i molekylerne sammen, der brydes! Det er svage bindinger, som *"klistrer"* molekylerne fast til hinanden, der brydes.

[60] Molekyler kan tiltrække hinanden vha. svage bindinger, der virker som en slags *"lim eller klister"*, når nabomolekyler er tæt på hinanden. Disse svage bindinger kaldes intermolekylære bindinger/kræfter. Er ikke kemi C stof!

Ved fordampning/kogning brydes de svage bindinger, der holder molekylerne klistret til hinanden i væsken. Molekylerne overgår nu til gasform (g, gas), hvor molekylerne har høj fart (derfor lange fartpile), stor indbyrdes afstand (derfor fylder gas meget) og har nu ingen indbyrdes tiltrækning/kontakt længere.

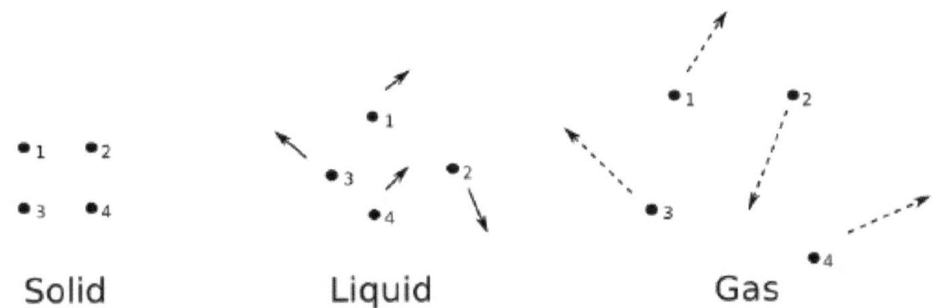

Husketips: *Brug din hverdagsviden: Du kan ikke røre rundt i fast stof (tænk på en stor, fast klump is). Dvs. molekylerne er låst fast i molekylgitteret. Du kan godt røre rundt i et glas med flydende vand. Dvs. molekylerne bevæger sig frit rundt imellem hinanden i væsken. Tænk på hvor let luft er: Der er nemlig langt imellem gasmolekylerne – så i luft/gas er også en masse tomrum (altså ingenting).*

Hvis du trænger til at træne molekylers tilstandsformer og overgange mellem tilstandsformerne mere, så prøv disse interaktive simuleringer: https://phet.colorado.edu/da/simulation/states-of-matter-basics

Forklar disse begreber: smeltning, krystallisation, fordampning, fortætning og sublimation

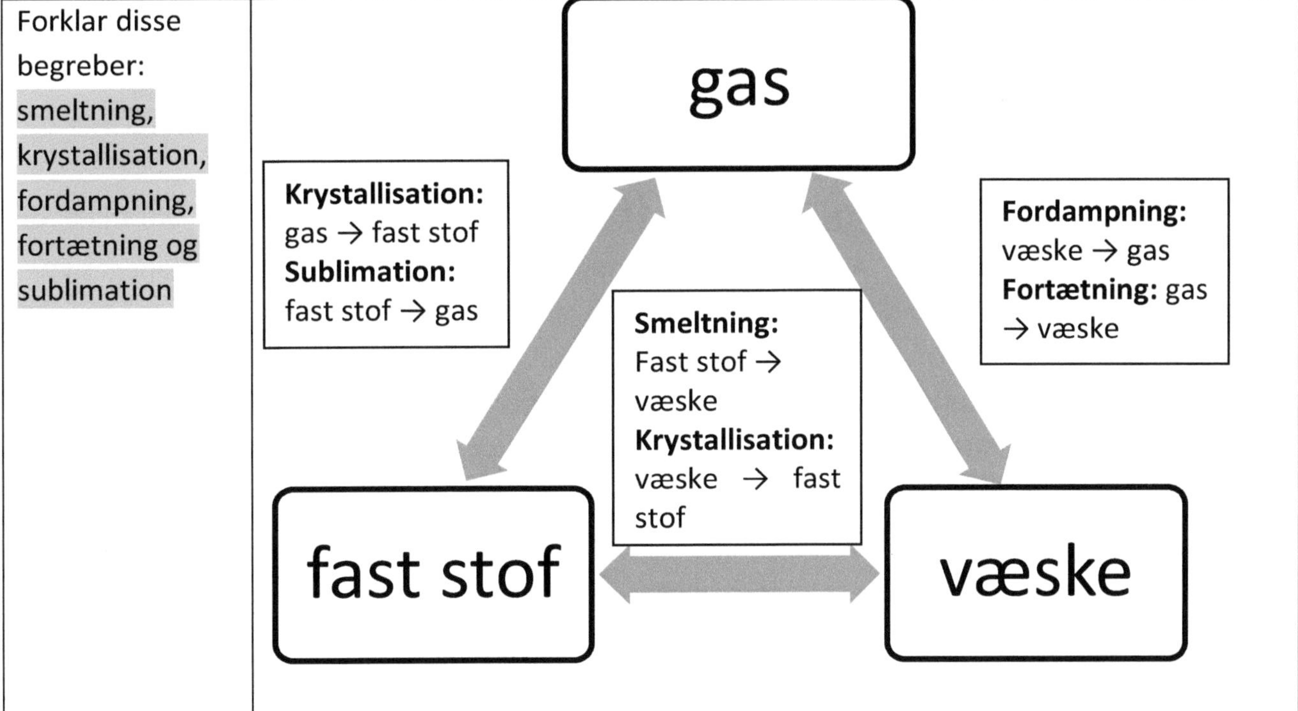

De begreber som hører til overgangene imellem de forskellige tilstandsformer i ovenstående figur er:

Fast stof (s) → væske (l): **Smeltning** (se tidligere husketips).

Væske → fast stof: **Krystallisation. Husketips:** Tænk på flydende vand, som fryser til faste vand<u>krystaller</u> (is).

Væske (l) → gas (g): **Fordampning** (se tidligere husketips).

Gas (g) → væske (l): **Fortætning. Husketips:** Tænk på vanddampmolekyler (H_2O(g)), som afkøles – og kommer <u>tættere</u> på hinanden - og bliver til flydende vand (H_2O(l)). Molekylerne er meget <u>tættere</u> på hinanden i væskefasen end i gasfase – deraf navnet for<u>tætning</u>.

Gas (g) → fast stof (s): **Krystallisation. Husketips:** Tænk på vanddamp, som fryser til faste vand<u>krystaller</u> (is).

Fast stof (s) → gas (g): **Sublimation.** Direkte overgang fra fast stof til gasfasen. Ses fx når fast diiod (I_2(s)) opvarmes, og de lilla diiod-gasmolekyler forlader krystaloverfladen og bliver til gas (I_2(g)) eller når vasketøj hænges til at tørre udenfor i klart frostvejr, og solens strålevarme fordamper vandmolekyler fra den is, som har dannet sig i det våde tøj.

Husketips: *Sublimation er en <u>sublim</u> måde at tørre vasketøj på i frostvej.*

Link og QR kode til youtube video om Sublimation af diiod:

https://www.youtube.com/watch?v=jX9pskbKSw0

Hvad er elektro-negativitet?

Forklar tabellen:

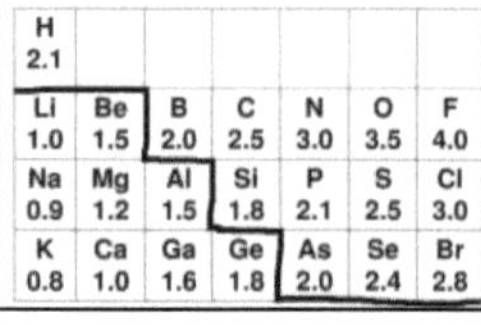

H 2.1						
Li 1.0	Be 1.5	B 2.0	C 2.5	N 3.0	O 3.5	F 4.0
Na 0.9	Mg 1.2	Al 1.5	Si 1.8	P 2.1	S 2.5	Cl 3.0
K 0.8	Ca 1.0	Ga 1.6	Ge 1.8	As 2.0	Se 2.4	Br 2.8

Elektronegativitet (EN)

er et atoms evne til at tiltrække og fastholder elektroner. Jo højere tal, jo højere elektronegativitet ("elektrontiltrækningsevne"). Jo lavere tal, jo lavere elektronegativitet.

Husketips: *"Elektronegativ" er et sjovt ord. Tænk på at jo bedre et atom er til at tiltrække <u>elektroner</u> (som jo er <u>negative</u>), jo mere <u>elektronegativ</u> er atomet.*

H 2.1						
Li 1.0	Be 1.5	B 2.0	C 2.5	N 3.0	O 3.5	F 4.0
Na 0.9	Mg 1.2	Al 1.5	Si 1.8	P 2.1	S 2.5	Cl 3.0
K 0.8	Ca 1.0	Ga 1.6	Ge 1.8	As 2.0	Se 2.4	Br 2.8

[61] **Forklaring af tabellen til venstre:** Metaller (atomerne nede under stregen) har lav elektronegativitet (EN) og er derfor dårlige til at tiltrække/fastholde elektroner. Fx har metallet Li (lithium) 1,0 i EN. Ikke-metaller (som er atomerne oppe over stregen) har højere elektronegativitet, og er bedre til at tiltrække/fastholde elektroner end metaller. Fx har nitrogen (N) 3,0 i EN. Derfor danner metaller plus-ioner og ikke-metaller danner minus-ioner, når metal og ikke-metal forbindes til en ionforbindelse (et salt). Ikke-metallet trækker simpelthen elektroner ud af metallet!

Husketips: *Når jernmetal ruster, så afgiver det elektroner til ikke-metallet O_2. O_2 stjæler elektroner fra Fe. Dvs. ikke-metaller er mere elektronegative end metaller. Eller tænk på, at køkkensalt, NaCl, består af Na^+ ioner Cl^- ioner. Dvs. Cl har taget én elektron fra Na.*

Forklar hvad der sker når salt opløses i vand?

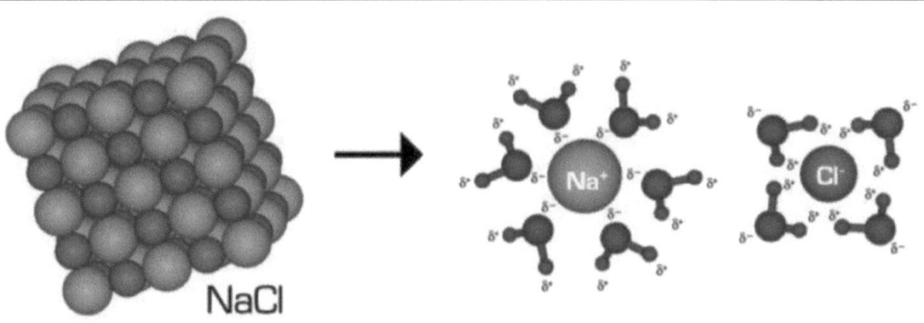

[Se fodnotelink & QR-kode[62] for tydeligere billede af *"salt opløses i vand processen"*]

Hvis ionbindingerne er svage nok, bliver saltet letopløseligt i vand. Vandmolekylerne kan nemlig hive ionerne ud af iongitteret. Dvs. iongitteret nedbrydes af vandet. Vandmolekylets plus-pol trækker negative chlorid-ioner ud af gitteret og vandmolekylets minus-pol trækker positive natrium-ioner ud af iongitteret. Vandmolekylet svarer til en murhammer, som brækker mursten (læs: ioner) ud af en skrøbelig mur (læs: letopløseligt iongitter). Byggesjusk![62] NaCl(s) →NaCl(aq) [Fast salt opløses i vand].

---

[61] Kilde til elektronegativtetstabel: https://www.slideserve.com/shyla/6-electronegativity
[62] Kilde til figur (er ændret til gråtone): https://commons.wikimedia.org/wiki/File:NaCl_dissolving.png

| | Når atomerne deles om elektroner i kovalente bindinger er der tale om en

"elektrontovtrækningskonkurrence".

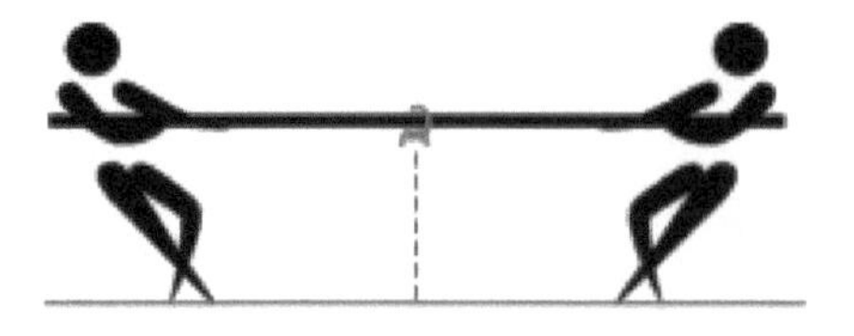

Jo større elektronegativitet (EN) atomet har, jo bedre er det til at trække de fælles elektroner i bindingen ("torvet") over mod sig (atomet vinder "tovtrækningen").

Se tabellen: |

Elektronegativitetsforskel (ΔEN)	Bindingstype	Polaritet
ΔEN er nul (ingen forskel)	<u>Ren kovalent binding</u> ("tovtrækningen" ender uafgjort)	Upolær/ikke polær (elektronerne er helt ens/jævnt fordelt)
ΔEN mellem nul og 0,4	<u>Kovalent binding</u> (en ubetydelig forskel i styrken ved "tovtrækningen")	Upolær/ikke polær (elektronerne er ens fordelt eller en lille smule skævfordelt)
ΔEN er mellem 0,5 og 2	<u>Polær kovalent binding</u> (det ene atom trækker "elektrontorvet" over imod sig).	Polær (der er en skæv elektronfordeling i bindingen)
ΔEN er over 2	<u>Ionbinding</u>	Det ene atom afgiver helt én eller flere elektroner til det andet atom. Der dannes <u>ioner</u>

Hvis der ingen forskel er i EN (som fx i H-H) eller forskellen i EN (ΔEN) er under 0,5 som (fx i C-H), så er der tale om en jævn/ens fordeling af de fælles elektroner imellem de to atomer ("tovtrækningen" ender uafgjort). Man siger, at bindingen er **upolær**.

Hvis ΔEN er 0,5 og op til 2 (som fx i HCl) er der tale om en <u>skæv fordeling</u> af de fælles elektroner, som trækkes over mod det atom med den højeste EN værdi ("tovtrækningen" vindes af det mere elektronegative atom: fx Cl i HCl). Vi får en **polær**, kovalent binding.

Hvis ΔEN er over 2, bliver det *"svageste"* atom virkelig *"smadret"* i *"tovtrækningen"*, og må HELT afgive 1 eller flere elektroner til det vindende atom. Der opstår **ioner**. Fx har Na en EN på 0,9 og Cl en EN på 3,0. Dvs. ΔEN er 3 - 0,9 = 2,1 - og Na afgiver 1 elektron til Cl. Der dannes Na^+ og Cl^- ioner.

<table>
<tr>
<td>

63

Giv eksempler på polære og upolære bindinger og polære og upolære molekyler

</td>
<td>

Husketips: *Ordet polær kommer fra ordet polarisering, som betyder <u>skæv fordeling</u>. Tænk på, at hvis vælgerne stemmer på de mest yderliggående partier på hhv. venstre- og højrefløjen. Så taler man om et polariseret vælgerkorps. Eller tænk på Jordens magnetfelt er skævt – der er en Sydpol og en Nordpol. Upolær betyder ikke-polær og er det modsatte af polær, dvs. ikke-skævfordeling. Det ville svare til, at vælgerne stemmer på midterpartierne – et upolariseret vælgerkorps.*

Eksempler på ΔEN-beregninger [elektronegativitetsværdierne er aflæst i tabellen på side 85]:

ΔEN for H-H er 2,1-2,1 = 0,0. Dvs. en ren kovalent binding [derfor er H_2 et upolært molekyle].

ΔEN for C-H er 2,5-2,1 = 0,4. Dvs. en upolær, kovalent binding [derfor er CH_4 (methan) et upolært molekyle].

ΔEN for C-Cl er 3,0-2,5 = 0,5. Dvs. C-Cl er en svagt polær, kovalent binding. C-Cl bindingen er dog mere upolær end polær. Læs mere på side 88 om CCl_4 og $HCCl_3$ molekylerne.

ΔEN for H-Cl er 3,0-2,1 = 0,9. Dvs. en polær, kovalent binding, hvor de to bindingselektroner er trukket over imod Cl (negativ pol) og væk fra H (positiv

pol): δ+H-Clδ- (læs hvad δ+ og δ-, "delladninger", betyder længere nede).

Derfor er HCl et polært molekyle.

ΔEN for O-H er 3,5-2,1 = 1,4. Dvs. en stærkt polær, kovalent binding ligesom i fx vand. Se næste række.

</td>
</tr>
<tr>
<td>

Forklar hvorfor vand er et polært molekyle

</td>
<td>

Et **polært molekyle** er et molekyle, som er domineret af polære, kovalente bindinger.

Vi tager vand som **eksempel**. Der er en <u>skæv fordeling</u> af elektronerne i molekylet, så vandmolekylet har en delvis positiv side ved de mindre elektronegative hydrogenatomer og en delvis negativ side ved det mere elektronegative oxygenatom. Oxygen vinder til dels "elektrontovtrækningen" over hydrogen. Vand danner en **dipol** (dvs. vand har to (di) poler).

$$\delta^- \quad \delta^+\!-\!O\!-\!\delta^+ \quad H \qquad H$$

</td>
</tr>
<tr>
<td></td>
<td>

δ+ eller δ- angiver **delladningen** i et polært molekyle med fortegn.

Elektronerne er skævt fordelt i molekylet, men der er ikke tale om

</td>
</tr>
</table>

---

[63] Kilde til stemmeurnefigur: https://commons.wikimedia.org/wiki/File:Q189760_noun_84860_ccReJeanSoo_vote.svg

Hvad er en delladning? Giv et eksempel	elektronafgivelse, for så ville der dannes ioner, og molekyler er IKKE ioner. I det ovenstående vandmolekyle trækker det mere elektronegative iltatom de fælles, negative bindingselektroner over mod sig. De mindre elektronegative H-atomer kommer derfor delvis til at mangle elektroner, og bliver delvis positivt ladet, da den positive proton i H-atomets kerne blotlægges (dvs. hydrogens proton bliver nu mindre neutraliseret af den til dels manglende elektron).
Hvad er upolære molekyler og hvilken betydning har symmetri? Giv eksempler	## Polaritet og molekylsymmetri I et **upolært (ikke polært) molekyle** er elektronerne i molekylet jævnt fordelt. Molekylet har ingen poler. Se også tidligere eksempler. Tetrachlormethan (CCl_4) er upolært selv om ΔEN (elektronegativitetsforskellen) er 3,0 minus 2,5 = 0,5 (svagt polær). **Molekylet er symmetrisk** ombygget med C i centrum og 4 Cl i hver deres hjørne, som trækker ens. 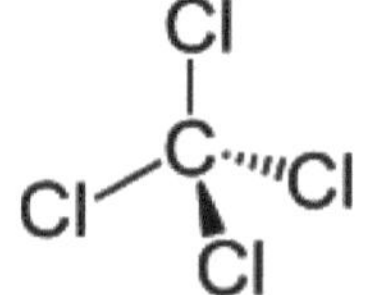"Elektrontovtrækningen" ender derfor uafgjort. [Det svarer til at 4 lige stærke mænd står i hver deres hjørne, og trækker tov med hinanden. De er lige stærke, og ingen kan derfor trække tovet til sig]. CCl_4 er ikke vandopløseligt, men benzinopløseligt (benzin er upolært). Se opløselighedsreglen på side 89. Trichlormethan/kloroform ($HCCl_3$) er svagt polært pga. den **usymmetriske opbygning**. Det danner en svag dipol med $\delta-$ ved Cl og $\delta+$ ved H. Det svarer til, at 4 mænd står i hver deres hjørne, og trækker tov mod hinanden. De 3 "Cl-mænd" er lige stærke, mens den fjerde "H-mand" er en del svagere, og derfor mister H-atomet tovet lidt til Cl. $HCCl_3$ er dog mere opløseligt i det upolære benzin end i det polære vand, da $HCCl_3$ er mere upolært end polært. Se opløselighedsreglen i næste række. CO_2 (O=C=O) er upolært selv om ΔEN = 1,0 (3,5-2,5). **Molekylet er symmetrisk**, og de to ilt-atomer trækker ens i hver sin ende. Det svarer til, at to lige stærke mænd trækker tov. "Elektrontovtrækningen" ender derfor uafgjort. CO_2 er ikke særligt vandopløseligt, men mere benzinopløseligt. Se opløselighedsreglen i næste række. **Husketips:** *Vi kan høre på navnet* _kloroform_*, at der må være klor i molekylet. "Kloroform" lyder som "klo form" – og molekylet ligner en ørneklo, som griber fat i et bytte. C-H er benet og Cl_3 er selve kloen.*

<table>
<tr><td>

</td><td>

Opløselighedsreglen siger, at *stoffer med samme polaritet opløses i hinanden, mens stoffer med modsat polaritet ikke opløses i hinanden.*

Polære stoffer kan altså opløses i polære stoffer, og upolære stoffer kan opløses i upolære stoffer, men polære stoffer opløses **ikke** i upolære eller omvendt: Upolære stoffer opløses ikke i polære stoffer.

Husketips: *Tænk på "de populære holder sammen" eller "lige børn leger bedst" (læs: De polære børn (molekyler) leger (blander sig) kun med de polære børn, og de upolære børn leger kun med de upolære børn).*

</td></tr>
<tr><td>

</td><td>

Polar bear chemistry

Question: Why did the white furry bear dissolve in water?

Answer: Because it was polar!

</td></tr>
<tr><td>

</td><td>

Hydrofile grupper er atomgrupper, som er **polære**. Fx O-H, N-H, C=O, C-O. Hydrofil vil sige **vandopløselig**. Klart: Vand er jo polært.

Husketips: *"Fil" betyder "kan lide" - tænk på at homofil betyder, at man tiltrækkes af det samme køn. Hydrofil betyder "tiltrække af vand", da "hydro" betyder vand. Tænk på, at dehydreret betyder, at kroppen mangler vand – altså mangler "hydro".*

</td></tr>
<tr><td>

</td><td>

Hydrofobe grupper er atomgrupper, som er **upolære**. Fx C-C og C-H.

Hydrofob vil sige vandskyende, ikke vandopløselig, vil ikke blande sig med vand.

Husketips: *Tænk på ordet "fobi", som betyder afskyr/har skræk for. Fx araknofobi, dvs. skræk for/afskyr edderkopper.*

</td></tr>
<tr><td>

</td><td>

Hvis et molekyle har <u>mindre</u> end 4 carbonatomer med hydrofobe grupper, hver gang det indeholder 1 hydrofil gruppe, så kan molekylet normalt opløses i vand – dvs. molekylet er polært/hydrofilt.

Hvis et molekyle har 4 eller <u>mere</u> end 4 carbonatomer med hydrofobe grupper, hver gang det indeholder 1 hydrofil gruppe, så kan molekylet normalt IKKE opløses i vand (molekylet er hydrofobt), men opløses fx i benzin eller fedt/olie, som er upolære/hydrofobe stoffer.

Dvs. **<u>4 carbonatomer med hydrofobe grupper ophæver virkningen af 1 hydrofil gruppe</u>**.

Fx er $CH_3CH_2CH_2OH$ (propanol har 3 upolære CH-grupper og 1 polær OH-gruppe) helt opløseligt i vand, mens $CH_3CH_2CH_2CH_2OH$ (butanol har 4 upolære CH-grupper og 1 polær OH-gruppe) kun er en smule vandopløselig. (Når du

</td></tr>
</table>

senere har læst om alkaners navne og opbygning kan du huske sammenhængen mellem antal C atomer og navnene propanol og butanol).

Husketips: _**But**anol har samme forstavelse som **but**ter, der betyder smør på tysk og engelsk. Smør ikke kan opløses i vand[64]. Tænk på <u>but</u>anol (4-carbon-alkohol) som <u>but</u>ter. Læs: 4 upolære CH-grupper opvejer 1 polær OH-gruppe._

Hvis du trænger til at træne molekylers opbygning og polaritet mere,

så prøv disse interaktive simuleringer:

https://phet.colorado.edu/da/simulation/legacy/molecule-polarity

---

[64] Tænk på, når smørret hænger fast i opvaskebørsten, og ikke kan skylles af med vand!

Kapitel 4 & 5: Mængdeberegninger & blandinger

Billedet forestiller Amadeo Avogadro, Italiensk kemiker, som Avogadros konstant/tal (N_A) er opkaldt efter.

Spørgsmål	Svar/*husketips*
Hvad er densitet? Opstil formlen	**Densiteten** (med symbolet "ρ", som udtales "ro") af et stof er lig med massen, m (i gram), divideret med volumen (rumfanget), V (i cm^3 eller milliliter): $\rho = \frac{m}{V}$. **Densitet** blev før kaldt **massefylde** eller **vægtfylde**, idet densiteten siger noget om stoffets tæthed – dets fylde – altså hvor mange gram som 1 cm^3 (1 milliliter = 1 mL) af stoffet vejer. Jo større densitet, jo tungere (mere "tæt") er stoffet. I et metal (fx kobber, Cu) er atomerne tæt pakket i et gitter, mens der i en gas (fx dioxygen, O_2) er meget tomrum imellem molekylerne, hvorfor metallets densitet er meget højere end gassens: $\rho(Cu)$ = 8,96 gram per mL (milliliter), mens $\rho(O_2)$ = 0,00131 gram per mL. 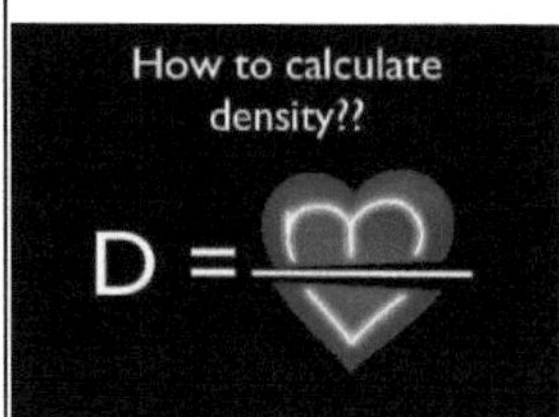 *Husketips for formlen for densitet. Tænk at densiteten (massefylden) er hvor meget massen (i gram) af stoffet fylder (i mL) – altså hvor gram af stoffet, der kan være på 1 milliliter. Det vil sige, at densitet er massen (i g) over volumen (i mL). Så vi får $\rho = \frac{m}{V}$ (enheden følger heraf: $\frac{g}{mL}$).* *Eller brug det romantiske, engelske husketrick i billedet (D = Density = Densitet).*
Løs opgaverne: 1) Pb: ρ = 11,34 $\frac{g}{mL}$, m(Pb) = 1 gram, V = ? 2) Na: ρ = 0,966 $\frac{g}{mL}$, m(Na) = 1 gram, V = ? 3) Ukendt stof: V = 25 mL, m = 17,1 gram, ρ = ?	**Eksempler på beregninger:** 1) Bly er tungt, ρ = 11,34 $\frac{g}{mL}$. Beregn hvor stort et volumen bly, der går på 1 gram bly? **Løsning:** $\rho = \frac{m}{V}$, dvs. V = $\frac{m}{\rho} = \frac{1\,g}{11,34\,\frac{g}{mL}}$ = <u>0,088 mL</u> (afrundes til 0,09 mL). Dvs. 1 gram bly fylder 0,088 mL. 2) Natrium er let, ρ = 0,966 $\frac{g}{mL}$. Beregn hvor stort et volumen natrium, der går på 1 gram natrium? **Løsning:** $\rho = \frac{m}{V}$, dvs. V = $\frac{m}{\rho} = \frac{1\,g}{0,966\,\frac{g}{mL}}$ = <u>1,035 mL</u> (afrundes til 1 mL). Dvs. 1 gram natrium fylder 1,035 mL – altså cirka 12 gange (1,035 delt med 0,088) mere end bly, fordi natrium er meget lettere, og der skal et meget større volumen af natrium til at nå op på 1 gram. 3) Et ukendt stof fylder 25 mL og vejer 17,1 gram. Beregn ρ for stoffet? **Løsning:** $\rho = \frac{m}{V} = \frac{17,1\,g}{25\,mL}$ = <u>0,69</u> $\frac{g}{mL}$. Dvs. 1 mL ukendt stof vejer 0,69 gram.
Hvis du trænger til at træne densitet (massefylde) mere – så prøv denne interaktive simulering: https://phet.colorado.edu/da/simulation/legacy/density 	

Hvad er **formelmassen** M_F? Beregn M_F for $C_{17}H_{35}COOH$ og for $CaSO_4 \cdot 5H_2O$? 	# M_F **er formelmassen**, dvs. det som 1 formelenhed (én ion, et molekyle, et atom) vejer målt i units (u). M_F findes ved sammentælling af atommasserne i periodesystemet. **Eksempler:** Hvad er formelmassen for stearinsyre, $C_{17}H_{35}COOH$? **Svar:** $M_F = (17 \cdot 12{,}01 + 35 \cdot 1{,}008 + 12{,}01 + 2 \cdot 16{,}00 + 1{,}008)$ u = <u>284,5 u</u>. Hvad er formelmassen for $CaSO_4 \cdot 5H_2O$ (calciumsulfat-vand (1/5))? (Husk at prikken i krystalvand ikke er et gangetegn, men et plus). **Svar:** $M_F = (40{,}08 + 32{,}07 + 4 \cdot 16{,}00 + 10 \cdot 1{,}008 + 5 \cdot 16{,}00)$ u = <u>226,2 u</u>. **Husketips:** *Formelmassen (lyt til navnet!) er formlens masse målt i units.*
Hvad er 1 mol?  Løs opgaverne: 1) Hvor mange C-atomer indeholder 3 mol kulstof? 2) Hvor mange Na-atomer indeholder 0,5 mol Na? 3) Hvor mange mol H_2 er der i $3{,}34 \cdot 10^{24}$ H_2 molekyler?	# **Avogadros konstant/tal (N_A)** er det antal formelenheder (dvs. atomer, ioner, molekyler, m.m.), som der er i **1 mol** stof. 1 mol er **$6{,}02 \cdot 10^{23}$ styk.** [Afrundet fra $6{,}021 \cdot 10^{23}$]. 1 mol er fastlagt ud fra, at man har talt hvor mange C-atomer, der er i 12 gram kulstof-12 (dvs. $^{12}_{6}C$). - Og det var så $6{,}02 \cdot 10^{23}$ styk C-atomer! 1 mol nyfødte babyer vil tilsammen veje lige så meget som vores jordklode! **Husketips:** *Det er lettere at forstå, at 1 mol er et* <u>*meget STORT antal*</u>*, hvis man oversætter 1 mol til "målløs" mange. Tallet $6{,}02 \cdot 10^{23}$ huskes fx ved at tænke på, at hr. Avogadro har to aftaler med sin advokat kl. 6:02 og 10:23.* *At **A**vogadros konsta**N**t forkortes "N_A" kan måske huskes bedre, hvis man tænker "**N**umber of **A**vogadro".* **Eksempler:** 1) Hvor mange C-atomer indeholder 3 mol kulstof? **Svar:** 3 mol gange $6{,}02 \cdot 10^{23}$ C-atomer per mol = <u>$18{,}06 \cdot 10^{23}$ C-atomer.</u> 2) Hvor mange Na-atomer indeholder 0,5 mol Na? **Svar:** 0,5 mol gange $6{,}02 \cdot 10^{23}$ Na-atomer per mol = <u>$3{,}01 \cdot 10^{23}$ Na-atomer.</u> 3) Hvor mange mol H_2 er der i $3{,}34 \cdot 10^{24}$ H_2 molekyler? **Svar:** Tænk "hvor mange gange kan man tage 1 mol ($6{,}02 \cdot 10^{23}$ stk.) ud af $3{,}34 \cdot 10^{24}$"? Svar: $3{,}34 \cdot 10^{24}$ delt med $6{,}02 \cdot 10^{23}$ per mol = <u>5,55 mol</u>.
	*Avogadros nummer* *Spørgsmål: Hvad sagde Avogadro, da han var I byen for at score damer?* *Svar: Hej lækre damer, vil I have mit nummer: 60221023?* 
	# **Den molare masse (M)** er hvor mange gram 1 mol af stoffet vejer. Den molare masse findes på samme måde som formelmassen (M_F), men enheden for den molare masse er gram per mol = g/mol og IKKE "u" (units).

<table>
<tr><td>

Definer begreberne stofmængde, masse og molar masse! Symboler og enheder er? Sammenhæng mellem M_F og M?

Beregn den molare masse for $C_{17}H_{35}COOH$ og for $CaSO_4\cdot5H_2O$?

Opstil regnetrekanten for sammenhængen imellem m, n og M!

</td><td>

1 u (1 unit) er defineret som 1 gram delt med 1 mol = 1 g/($6{,}02\cdot10^{23}$) = $1{,}66\cdot10^{-24}$ gram. Hvis man tager 1 mol ($6{,}02\cdot10^{23}$) formelenheder, får vi denne masse: 1 g/($6{,}02\cdot10^{23}$)· $6{,}02\cdot10^{23}$ = 1 gram. Dvs. når vi går fra formelmasse (M_F) til molar masse (M), så skifter enheden fra units (u) til gram per mol.

To eksempler:

1) Hvad er den molare masse for stearinsyre, $C_{17}H_{35}COOH$?

Svar: M = (17·12,01 + 35·1,008 + 12,01 + 2·16,00 + 1,008) g/mol = <u>284,5 g/mol</u>.

2) Hvad er den molare masse for $CaSO_4\cdot5H_2O$?

[Husk at prikken i krystalvand ikke er et gangetegn, men et plus].

Svar: M = (40,08 + 32,07 + 4·16,00 + 10·1,008 + 5·16,00) g/mol = <u>226,2 g/mol</u>.

Stofmængden (n) er hvor mange mol stof man har, og **massen (m)** af stoffet måles i gram.

Man kan med fordel bruge en **regnetrekant for m, n & M**: <u>Vandret streg betyder dele/dividere, lodret streg betyder gange.</u> Dvs. når M ganges med n (lodret streg imellem) fås m. Hvis m deles/divideres med n (vandret streg imellem) fås M. Hvis m deles/divideres med M (vandret streg imellem) fås n.

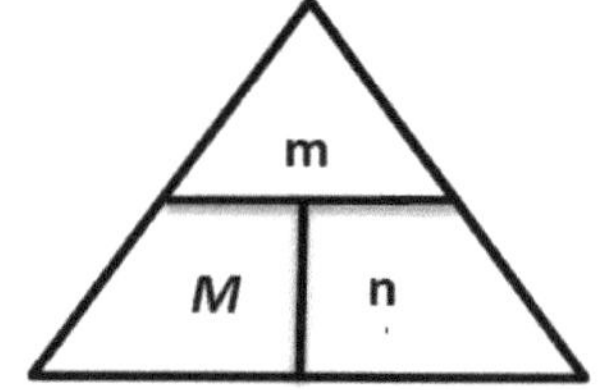

Husketips *til opstilling af regnetrekanten: Man danner sig billeder for sit indre blik af, at en lille **nisse** (n) står ved foden af*  *et bjerg, og kaster en **måge** (ligner et lille m) over bjerget, som har to toppe (det ligner et stort **M**). Lille **m** er nu over **M** for **M**ountain (bjerg på engelsk). Dette giver m for oven, og n og M for neden i regnetrekanten. Man kan også bruge huskeremsen: "Stor **M**and løfter **n**emt lille **m**and"; altså er m løftet op over M og n i regnetrekanten.*

<u>*Man kan også prøve noget mere simpelt.*</u> *Lyt til navnet "molar masse". Det lyder som "mol masse" – altså hvad er massen af 1 mol, dvs. massen (i gram) delt med 1 mol. Og så har vi formlen* $M = \dfrac{m}{n}$*, og behøver ikke at huske på regnetrekanten.*

<u>*Hvordan husker man betydningen af bogstaverne m, n og M samt enhederne?*</u>

Husketips: *masse starter med lille "m" og har enheden gram - og dette huskes vha. remsen: "En masse gram gryn". Der er to gange lille m i **m**olar**m**asse: Hvis et "m" i **m**asse giver lille m som symbol, må to m'er i molarmasse give noget mere, altså et stort M. Man kan næsten høre på navnet "*<u>molarmasse</u>*", at M må være massen af 1 mol stof ("mol-massen").*

</td></tr>
</table>

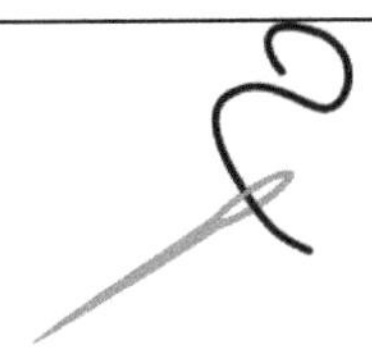

Huskeremse *som skal minde dig om, at stofmængde (n) måles i mol: "Skrædderen "moler" en stofmængde op [i stedet for "at skrædderen måler stof op"].*

1) Hvad er massen af 2,5 mol sukker ($C_{12}H_{22}O_{11}$)?

2) Hvad er stofmængden af 1000 g sukker?

3) 55,5 mol af et stof vejer 1000 gram. Hvad er stoffets molare masse ?

Eksempler på brug af regnetrekanten:

1) Hvad er massen (m) af 2,5 mol sukker ($C_{12}H_{22}O_{11}$)?

Svar: Ifølge trekanten er m = $M \cdot n$. Vi kender n, som er 2,5 mol sukker. M for $C_{12}H_{22}O_{11}$ finder vi via periodesystemet som $12 \cdot 12{,}01 + 22 \cdot 1{,}008 + 11 \cdot 16{,}00 = 342{,}3$ g/mol, så m er 2,5 mol·342,3 g/mol = <u>855,8 gram sukker</u>.

2) Hvad er stofmængden (n) af 1000 g sukker?

Svar: Ifølge trekanten er n = $\dfrac{m}{M}$. Så n er 1000 g delt med 342,3 g/mol = <u>2,921 mol sukker</u>.

3) 55,5 mol af et stof vejer 1000 gram. Hvad er stoffets molare masse (M)?

Svar: Ifølge trekanten er M = $\dfrac{m}{n}$ = 1000 g delt med 55,5mol = <u>18,02 g/mol</u>.

Kemiske mængdeberegninger på et afstemt reaktionsskema og brug af et masse-mol-skema

Du skal **altid afstemme reaktionsskemaet** inden du starter på at lave mængdeberegninger på en kemisk reaktion! Når vi regner på en kemisk reaktion, kan vi vha. de formler, vi tidligere har opstillet, udregne hvor meget vi skal bruge af reaktanterne og hvor meget vi får dannet af produkterne. Du kan med fordel opstille beregningerne i et **masse-mol-skema**.

Et eksempel: Hvor mange gram dihydrogen og dioxygen skal bruges til at fremstille 100 gram vand? [**Test dig selv** efter, at du har gennemgået nedenstående beregninger! Kan du gentage beregningerne a til i uden at støtte dig til forklaringerne? Ellers må du øve dig igen!].

Bogstaverne refererer til rækkefølgen i beregningerne (a først, dernæst b, så c, osv.):

	$2H_2(g) +$	$1O_2(g) \rightarrow$	$2H_2O(g)$
m [gram]	5,55 mol·2,016 g/mol= 11,2 g[i]	2,775 mol·32 g/mol = 88,8 g[f]	100 g[a]
M [gram/mol]	2,016 g/mol[h]	32 g/mol[e]	18,016 g/mol[b]
n [mol]	5,55 mol[g]	½·5,55 mol= 2,775 mol[d]	100 g delt med 18,016 g/mol= 5,55 mol[c]

a-b-c) Du omregner 100 g vand til 5,55 mol vand vha. n = $\dfrac{m}{M}$.

d) Det afstemte reaktionsskema fortæller, at 2 H_2O kun skal bruge 1 O_2 – altså halvt så mange: dvs. $n(O_2) = \frac{1}{2} \cdot n(H_2O) = \frac{1}{2} \cdot 5{,}55 = 2{,}775$ mol.

e-f) Du omregner mol O_2 til gram O_2 vha. $m = n \cdot M$.

g) Det afstemte reaktionsskema fortæller, at 2 H_2O skal bruge 2 H_2 – altså lige så mange, dvs. $n(H_2) = n(H_2O) = 5{,}55$ mol.

h-i) Du omregner mol H_2 til gram H_2 vha. $m = n \cdot M$.

TEST NU DIG SELV (uden at støtte dig forklaringerne):

	$2H_2(g)$ +	$1O_2(g)$ →	$2H_2O(g)$
M [gram]	?	?	100 gram
M [gram/mol]	?	?	?
N [mol]	?	?	?

Husketips: *Brug de 3 bogstaver fra regnetrekanten i masse-mol-skemaets venstre kolonne. Tænk: m delt med M giver n, så har du bogstavrækkefølgen i kolonnen: m for oven, så stort M under (m delt med M) og nederst er lille n.*

*[Man kan også tænke på, at masse-mol-skemaet er en slags "**beregningskrop**". Hvordan det? Jo, ser du - den **lille m**und er øverst i kroppen (læs: lille "m" er øverst i skemaet). På midten af kroppen har vi den tykke, store **M**ave (læs: store M er midt i skemaet). Nede under maven har vi den lille **n**umse (læs: lille "n" er nederst i skemaet)].*

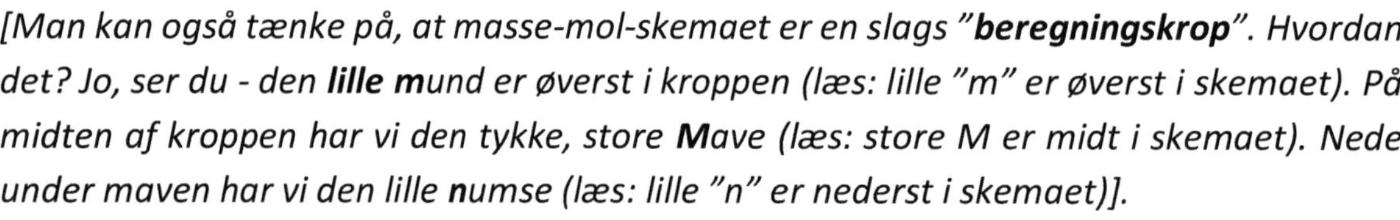

Omregn altid gram til mol, fordi mol er <u>antal</u>. Brug så det afstemte reaktionsskemas koefficient-<u>tal</u> til at finde <u>antal</u> mol af stofferne, der skal bruges og omregn mol til gram.

Ækvivalente og ikke-ækvivalente mængder

I en kemisk reaktion er mængderne **ækvivalente**, hvis forholdet mellem stofmængderne er lig med forholdet mellem koefficienterne i reaktionsskemaet. Hvis forholdet mellem stofmængderne IKKE er lig med forholdet mellem koefficienterne i reaktionsskemaet, er der tale om **ikke-ækvivalente** mængder.

Husketips: *Begrebet "den begrænsende reaktant" defineret som "den reaktant, der bestemmer mængden af omsat stof ved en kemisk reaktion", og begrebet "ækvivalente mængder" er defineret som "stofmængder af reaktanter blandet i et mængdeforhold, der er det samme som koefficienterne i det tilhørende reaktionsskema". Det giver fuld mening i kemilærerens ører, men mange elever er bare forvirret på et højere niveau efter at have læst disse definitioner. Hvad gør man så? Så "samler man" fx cykler med eleverne og overfører denne hverdagsforståelse til kemi. Se skemaet på næste side:*

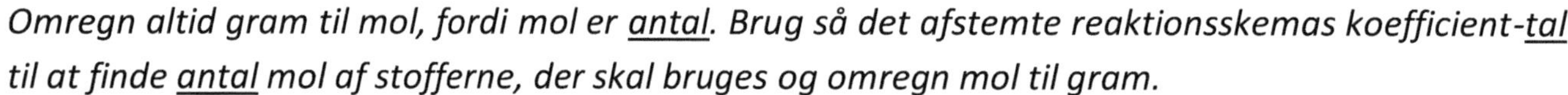

Det afstemte reaktionsskema:	1 stel	+ 2 hjul	→1 cykel
Ækvivalente mængder er det antal, som passer sammen uden, at der mangler noget, og uden at noget er i overskud:	2 stel 3 stel 4 stel Osv.	+ 4 hjul + 6 hjul + 8 hjul	→2 cykler →3 cykler →4 cykler
Ikke ækvivalente mængder er det antal, der ikke passer sammen. Den begrænsende reaktant er den cykeldel, der er for lidt af:	1 stel 2 stel Osv.	+ 1 hjul + 10 hjul	→ ingen færdig cykel, da den mangler ét hjul (hjul er den begrænsende reaktant) → 2 cykler, da der mangler stel (stel er begrænsende reaktant).

Mole problems?
Just call: 6022-1023!

Mole betyder mol eller muldvarp på engelsk

I opgaven med vandfremstilling på side 95-96 er der tale om **ækvivalente mængder**, da der præcis er det antal mol H_2 og O_2 (*"hjul og stel"*), der skal bruges til at danne et ækvivalent antal mol vand (*"cykler"*). Der er ikke mangel på nogen af reaktanterne (der mangler ikke *"cykeldele til cykelfremstillingen"*).

Nu tager vi et **eksempel** på **ikke-ækvivalente mængder.** Antag at vi har 5,6 g H_2 og 88,8 g O_2 til rådighed. Hvor mange gram H_2O kan vi få dannet? [**Test dig selv** efter, at du har gennemgået nedenstående beregninger! Kan du gentage beregningerne a til i uden at støtte dig til forklaringerne? Ellers må du øve dig igen!]. Bogstaverne refererer til rækkefølgen i beregningerne (a først, dernæst b, så c, osv.) i nedenstående *masse-mol-skema*:

	$2H_2(g) +$	$1O_2(g) \rightarrow$	$2H_2O(g)$
m [gram]	5,6 g[a]	1,39 mol· 32,00g/mol= 44,48 g ud af 88,8 g[f]	2,78 mol·18,016 g/mol = <u>50,08 g</u>[i]
M [gram/mol]	2,016 g/mol[b]	32 g/mol[e]	18,016 g/mol[h]
n [mol]	5,6 g delt med 2,016 g/mol= 2,78 mol[c]	½·2,78 mol= 1,39 mol[d]	2,78 mol[g]

a-b-c) Du omregner 5,6 g H_2 til mol H_2 vha. $n = \frac{m}{M} = 2{,}78$ mol.

d-e-f) De 2,78 mol H_2 kan kun omsætte 1,39 mol O_2 – altså halvt så mange mol - ifølge det afstemte reaktionsskema, idet 2 H_2 kun omsætter 1 O_2. Massen af omsat O_2 er m = n·M = 44,48 g ud af 88,8g. Dvs. 88,8-44,48 = 44,32 g O_2 bliver ikke omsat. H_2 udgør den **begrænsende mængde** (dvs. den reaktant, der er for lidt af/underskud af). H_2 omdannes helt, men noget O_2 er altså i **overskud**. Det

svarer til, at der er for lidt hjul (læs: H_2) og for mange stel (læs: O_2), når vi skal samle cykler (læs: danne H_2O), og den begrænsende mængde – hjulene (læs: H_2) - bestemmer hvor mange cykler, vi kan samle (læs: bestemmer produktionen af H_2O).

g-h-i) Du omregner nu mol H_2O til gram vha. m = n·M = <u>50,08 g H_2O</u>.

TEST NU DIG SELV (uden at støtte dig forklaringerne):

	$2H_2(g)$ +	$1O_2(g)$ →	$2H_2O(g)$
m [gram]	5,6 gram	88,8 gram	?
M [gram/mol]	?	?	?
N [mol]	?	?	?

| Hvad er hhv. teoretisk udbytte og praktisk udbytte? | Det **teoretiske udbytte** er hvor mange gram stof man teoretisk set kan få dannet ved en kemisk reaktion, når man laver mængdeberegninger. Fx har vi tidligere udregnet, at vi får dannet 100 gram vand, når man lader 11,2 gram H_2 reagere med 88,8 gram O_2. Så det teoretiske udbytte er 100 gram vand. Eller når vi lader 5,6 gram H_2 reagere med 88,8 gram O_2, får vi kun dannet 50,08 gram vand. Så her er det teoretiske udbytte altså 50,08 gram vand.

Det **praktiske udbytte** er hvor mange gram produkt man i virkelighedens verden – rent praksisk! – får dannet **i procent** i forhold til det teoretiske udbytte.
Et eksempel: Antag at vi laver forsøget i kemilaboratoriet med at lade 11,2 gram H_2 reagere med 88,8 gram O_2. Vi måler mængden af vand, som dannes og finder, at det kun er 80,5 gram. Så er det praktiske udbytte er $\frac{80,5\ g}{100\ g}$·100% = <u>80,5 %</u> af det teoretiske udbytte på 100 gram.
Praktisk udbytte = (masse dannet i praksis delt med teoretisk dannet masse) ganget med 100%. |
| Opskriv idealgasloven (se husketips på side 100) | **Idealgasloven/gasloven** beskriver hvordan gasser "opfører sig". Den lyder p·V = n·R·T, hvor
p = tryk som måles i bar,
V = **V**olumen (i liter (L)) af den beholder som gasmolekylerne befinder sig i,
n er stofmængden (i mol) af gasmolekylerne, |

Hvad står de forskellige størrelser står for i gasloven?	**T** er **T**emperaturen kelvin (K) og **R** er gaskonstanten = 0,0831 $\frac{L \cdot bar}{mol \cdot K}$. Tallet 0,0831 er altid det samme. Deraf navnet "gaskonstanten". Enheden for R får man ud fra de andre størrelsers enheder, når R isoleres = $\frac{V \cdot p}{n \cdot T}$ = $[\frac{L \cdot bar}{mol \cdot K}]$. De forskellige størrelser i idealgasloven kan isoleres, og gasloven kan forstås bedre, idet "/" betyder delt med: <u>Isoler p:</u> Del med V på hver side. (p · V̶)/V̶ = (n · R · T)/V ⇔ p = (n·R·T)/V. <u>Forstå kemien:</u> Tryk (p) er den kraft (F), som gasmolekylerne udøver, når de støder ind i en overflade med et vist areal (A): p (tryk) = $\frac{F\ (kraft)}{A\ (areal)}$. Trykket (p) stiger, når antallet af gasmolekyler (n) stiger, fordi der er flere gasmolekyler, som kan lave kraftskabende (F) sammenstød med det overfladeareal (A), som de rammer. Det svarer til, at trykket stiger på en  væg, jo flere biler som kører ind i væggen. Omvendt vil trykket falde, hvis antallet af gasmolekyler ("biler") falder. Trykket (p) stiger, når temperaturen (T) øges, fordi gasmolekylerne har mere fart på, jo højere temperaturen er. Ligesom trykket er højere på væggen, hvis det er biler med høj hastighed, der rammer væggen - frem for biler med lavere hastighed. Omvendt vil trykket falde, hvis temperaturen falder, da gasmolekylerne ("bilerne") nu er langsommere. Trykket (p) falder, hvis volumenet (V) øges, fordi der er et større areal i gasbeholderen, som kraften fordeles over, når gasmolekylerne støder ind i væggen. På samme måde som kraften er mindre på en stor væg, som bilen rammer sammenlignet med en mindre væg. Omvendt vil trykket stige, hvis gasbeholderens volumen gøres mindre, fordi der er et mindre areal i gasbeholderen, som kraften fordeles over, når gasmolekylerne støder ind i væggen. På samme måde som kraften er større på en lille væg, som bilen rammer sammenlignet med en stor væg.
Isoler de forskellige størrelser (p, V og n) fra gasloven og forklar kemien bag gasloven	<u>Isoler V:</u> Del med p på hver side; (p̶· V)/p̶ = (n · R · T)/p ⇔ V = (n · R · T)/p. <u>Isoler n:</u> Del med R og T på hver side, (p · V)/(R · T) = (n · R̶· T̶)/(R̶ · T̶) ⇔ n = (p·V)/(R·T).

Gasloven, $p \cdot V = n \cdot R \cdot T$, **kan huskes** vha. disse remser:

"posteVand lig med ni Røde Tuborg" eller
"pølseVogn lig med ni Røde Tuborg" eller
"ni Røde Tuborg lig med polsk Vodka".

Husk forkortelser og enheder: *p = tryk (p som i pressure på engelsk), som måles i bar (tænk: "Der er tryk på i baren" (der drikkes igennem)), V = Volumen som måles i liter (L) (tænk: "et Voluminøst Litermål"), stofmængde (n) måles i mol, T er temperaturen (tænk: "Der er to gange lille t i temperatur, hvilket må give noget større/mere, nemlig store T"). R er gaskonstanten (tænk: "Rumpen prutter gas konstant").*

Nul grader celsius er lig med hvor mange kelvin?

Nul grader celsius er lig med 273 kelvin (K).

Hvis du trænger til at træne gasloven mere – så prøv disse interaktive simuleringer:

https://phet.colorado.edu/da/simulation/gases-intro

https://phet.colorado.edu/da/simulation/gas-properties

Hvad er hhv. en homogen og en heterogen blanding? Hvad er faser? Giv eksempler

En **homogen blanding** ser **ens**artet ud, når man undersøger den under et mikroskop. Man kan ikke kende forskel på de enkelte bestanddele. **Eksempler:** Saltvand (er vand og opløst salte), snaps (er vand, alkohol og opløste smagsstoffer), atmosfærisk luft (er dinitrogen ($N_2(g)$), dioxygen ($O_2(g)$) og andre gasser).

I en **heterogen blanding** kan man se forskel på de enkelte bestanddele under et mikroskop. Faserne er **uens**. **Eksempler:** Spegepølse (er fedt, kød m.m.), mælk (er små fedtklumper opløst i vand).
Den heterogene blanding består af flere synlige, forskellige **faser** (dele) – en fedtfase og en kødfase i spegepølse, en vandfase og en fedtfase i mælk, osv.

Husketips: *Homo og hetero betyder hhv. ens og forskellig. Tænk på homoseksuel (foretrækker ens/samme køn) og heteroseksuel (foretrækker uens/forskellige køn). Dvs. en homogen blanding består af ens faser og en heterogen blanding består af uens faser.*

<table>
<tr><td>

Hvad er masseprocent?

Beregn $C_{masse\%}$ (NaCl) i en opløsning af 5 g NaCl i 95 g vand

</td><td>

Masseprocenten ($C_{masse\%}$) af et stof i en stofblanding er lig med brøkdelen af stoffet i blandingen ganget med 100 %.

Dvs. $C_{masse\%} = \dfrac{massen\ af\ stoffet\ i\ gram}{massen\ af\ hele\ blandingen\ i\ gram} \cdot 100\ \%$ [**Husketips:** *procent betyder 100-dele, så masseprocenten er stoffets andel (brøkdel) af hele massen ganget med 100*].

Eksempel: 5 gram salt (NaCl) opløst i 95 gram vand er 5 masse% salt, som beregnes ved: $\dfrac{5\ g\ NaCl}{100\ g\ saltvand} \cdot 100\ \%$

</td></tr>
<tr><td>

Hvad er ppm?

Beregn $C_{masse\text{-}ppm}$ (NaCl) i en opløsning af 5 g NaCl i 999995 g vand

</td><td>

Indholdet af et stof i en blanding angivet i milliontedele (**ppm** = part per million = $C_{masse\text{-}ppm}$) er givet ved

$C_{masse\text{-}ppm} = \dfrac{massen\ af\ stoffet\ i\ gram}{massen\ af\ hele\ blandingen\ i\ gram} \cdot 10^6$ ppm [**Husketips:** *ppm betyder milliontedele, så ppm er stoffets andel (brøkdel) af hele massen ganget med 1 million (10^6).*

Eksempel: 5 gram salt i 999995 gram vand er 5 ppm, som beregnes sådan: $\dfrac{5\ g\ NaCl}{1000000\ g\ saltvand} \cdot 10^6$ ppm.

</td></tr>
<tr><td>

Hvad er ppb?

Beregn $C_{masse\text{-}ppb}$ (NaCl) i en opløsning af 5 g NaCl i 999995 g vand?

</td><td>

Indholdet af et stof i en blanding angivet i milliardtedele (**ppb** = part per billion = $C_{masse\text{-}ppb}$) er givet ved

$C_{masse\text{-}ppb} = \dfrac{massen\ af\ stoffet\ i\ gram}{massen\ af\ hele\ blandingen\ i\ gram} \cdot 10^9$ ppb [**Husketips:** *ppb betyder milliardtedele, så ppb er stoffets andel (brøkdel) af hele massen ganget med 1 milliard (10^9). Billion betyder milliard (10^9) på engelsk. Tænk: Et omvendt og spejlvendt b for billion ligner et 9 tal for 10^9*].

Eksempel: 5 gram salt i 999995 gram vand er 5000 ppb, som beregnes ved: $\dfrac{5\ g\ NaCl}{1000000\ g\ saltvand} \cdot 10^9$ ppb.

</td></tr>
<tr><td>

Hvad er volumenprocent?

Beregn hvor mange mL alkohol der er i 330 mL øl med 4,6 volumen% alkohol?

</td><td>

Et stof **volumenprocent** ($C_{volumen\%}$) er den procentdel det anvendte stof udgør volumenmæssigt (fylder) af hele blandingens volumen. $C_{volumen\%} = \dfrac{volumen\ af\ stof}{volumen\ af\ hele\ blandingen} \cdot 100\ \%$.

Eksempel: En almindelig øl indeholder 4,6 volumenprocent alkohol ($C_{volumen\%\ (alkohol)}$ = 4,6 %). En øl på 330 mL indeholder derfor hvor mange mL alkohol? Løsning: Tænk at alkoholen udgør 4,6 dele ud af hver 100 af hele blandingens volumen. Så V(alkohol) = $\dfrac{4,6}{100} \cdot 330$ mL = 15,2 mL alkohol. Resten (330-15,2 = 314,8 mL) er primært vand i øllet.

</td></tr>
</table>

<table>
<tr><td valign="top" width="27%">

</td><td valign="top">

Den formelle stofmængdekoncentration (har symbolet

lille c) er lig med stofmængden (n, målt i mol) divideret med blandingens volumen (V, målt i liter; L): $c = \frac{n}{V}$.

Man kan med fordel bruge en **regnetrekant**

for sammenhængen imellem c, n og V. <u>Brug af regnetrekanten:</u> Vandret streg betyder dele/divider, lodret streg betyder gange. Dvs. V ganget med c (lodret streg imellem) giver n, og n divideret med V (vandret streg imellem) giver c. Endelig giver n divideret med c (vandret streg imellem) V.

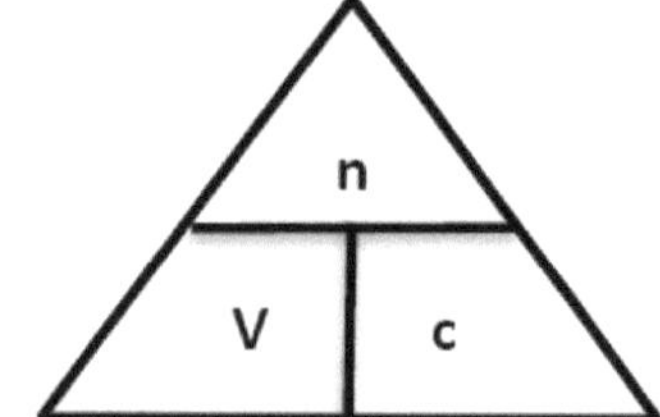

Vi får: $c = \frac{n}{V}$, n = V·c og $V = \frac{n}{c}$.

Husketips: *Remsen **"numse over Wc"** kan bruges til opstilling af regnetrekanten: n er over V·c i regnetrekanten – ligesom når du sidder på wc.*

Den formelle stofmængdekoncentration (c) *er mol stof per liter, <u>inden</u> stoffet er gået i opløsning/har reageret. Eller den stofmængdekoncentration, som er <u>skrevet</u> på kemikalieflaskens etikette.*

<u>*Man kan også prøve noget mere simpelt*</u> *for at huske, at stofmængdekoncentration er mol stof delt med liter væske. Smag på ordet "stofmængdekoncentration". Det fortæller næsten, at det er hvor koncentreret stoffet er – hvor meget smag der er i, dvs. hvor mange mol stof vi har per liter.*

To eksempler: I en opløsning af 1,0 mol glukose, som er opløst i 0,50 liter vand, er den formelle stofmængdekoncentration af glukose $(c_{glukose}) = \frac{n}{V} = \frac{1,0\ mol}{0,50\ L} = 2$ mol per liter = <u>2 M.</u> [M udtales "molær", dvs. 2 molær].

I en 0,25 L opløsning af 0,10 mol CaCl₂(aq) er den formelle stofmængdekoncentration af CaCl₂(aq) = c(CaCl₂) = $\frac{0,10\ mol}{0,25\ L}$ = 0,40 mol per liter = <u>0,40 M</u> (udtales 0,40 molær).

Fortyndingsloven siger $c_{FØR}·V_{FØR} = c_{EFTER}·V_{EFTER}$. Heraf følger (hvor / =

delt med): $c_{FØR} = (c_{EFTER}·V_{EFTER})/V_{FØR}$,

$c_{EFTER} = (c_{FØR}·V_{FØR})/V_{EFTER}$,

$V_{FØR} = (c_{EFTER}·V_{EFTER})/c_{FØR}$,

$V_{EFTER} = (c_{FØR}·V_{FØR})/c_{EFTER}$.

</td></tr>
</table>

Forklar logikken i fortyndingsloven	**LOGIK?** Vi ser på et opløst stof A, hvis stofmængdekoncentration ændres fra $c_{FØR}$ til c_{EFTER} ved fortynding af opløsningen med vand. Da der ikke tilsættes mere af stoffet A, er stofmængden n (antal mol af stof A) naturligvis uændret ved fortyndingen – der er altså det samme antal mol af stof A før fortynding, som efter fortyndingen, dvs. $n(A)_{FØR} = n(A)_{EFTER}$. - Og da $n = V \cdot c$ får vi **<u>fortyndingsloven</u>,** som jo siger at $c_{FØR} \cdot V_{FØR} = c_{EFTER} \cdot V_{EFTER}$. 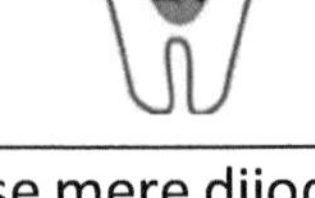 **Husketips:** *Brug denne remse ved opstilling af fortyndingsloven: "**c**itron**V**and før skole smager lige så godt som **c**itron**V**and efter skole" **eller** "**c**itron**V**and før skole er lig med **c**itron**V**and efter skole".*
Beregn c(CaCl₂) efter fortynding af 0,10 L 0,10 M CaCl₂ med 0,25 L vand Hvordan fremstiller du 200 mL 0,25 M CuCl₂ ud fra 0,45 M CuCl₂?	**2 eksempler:** 1) Du har 0,10 L 0,10 M $CaCl_2$(aq), som du fortynder med 0,25 L vand. Hvad er den formelle stofmængdekoncentration af $CaCl_2$(aq) efter fortyndingen? **Svar:** Totalvolumenet er 0,10 L + 0,25 L = 0,35 L. $c_{EFTER} = (c_{FØR} \cdot V_{FØR})/V_{EFTER} =$ (0,10 M·0,10 L)/0,35 L = 0,029 mol per liter = <u>0,029 M</u> (0,029 molær). 2) Du vil gerne lave 200 mL 0,25 M kobber(II)chlorid/kobber(2+)chlorid ($CuCl_2$(aq)), ud fra en opløsning, hvor c($CuCl_2$(aq)) er 0,45 M. Hvordan laver du opløsningen? **Svar:** $V_{FØR} = (c_{EFTER} \cdot V_{EFTER})/c_{FØR} =$ (0,25 M·0,200 L)/0,45 M = <u>0,111 L</u>. Dvs. du tager en 200 mL målekolbe og fylder 111 mL 0,45 M kobber(II)chlorid/ kobber(2+)chlorid i den vha. en målepipette. Så fylder du efter med demineraliseret vand ind til mærket på 200 mL målekolben og omryster. Nu har du 200 mL 0,25 M kobber(II)chlorid/ kobber(2+)chlorid.
	*Molar concentration*[65] **Question:** *What do you call a tooth in a glass of water?* **Answer:** *One molar solution.*[66]
Hvad forstås ved en mættet og en umættet opløsning?	Så længe at man kan opløse mere af et stof i en opløsning – fx opløse mere diiod i vand (I_2(s) $\rightarrow$ I_2(aq)) - så siges opløsningen at være en **umættet opløsning**. Når man ikke kan opløse mere stof i opløsningen - fx ikke kan opløse med diiod i vandet – så siges opløsningen at være en **mættet opløsning**.

---

[65] Molar concentration (engelsk) er molær koncentration. Molar betyder også tand på engelsk.
[66] https://www.inorganicventures.com/fun-chemists

	Husketips: *En opløsning som kan opløse ("spise") mere stof er ikke mæt (er umættet), mens en opløsning som ikke kan opløse mere stof – ikke kan "spise mere stof" - er mættet.*
Hvad forstås ved ligevægt? Forklar ud fra diiod-lige-vægten Hvad bruges harpuner til?	Det der sker i en mættet vandig opløsning af diiod er, at der er lige så mange diiodmolekyler som opløses i vandet ($I_2(s) \rightarrow I_2(aq)$), som der forlader vandfasen og danner fast diiod igen ($I_2(s) \leftarrow I_2(aq)$). I en mættet opløsning af diiod er der opnået en såkaldt ligevægt, hvor de to modsatrettede processer - opløsning af diiod i vandet og udfældning af fast diiod i vandet - sker med lige stor hastighed. Koncentrationen af opløst diion er konstanten. Man bruger harpunreaktionspile ($\rightleftharpoons$) til at vise, at ligevægten er indtrådt – at der sker lige meget reaktion begge veje - fx opløsning af diiod i vand og udfældning af diiod i vand: $I_2(s) \rightleftharpoons I_2(aq)$.  **Husketips:** *Det svarer til, at der i et supermarked er lige så mange kunder, der går ind i butikken ($\rightarrow$), som der er kunder, der forlader butikken ($\leftarrow$). Koncentrationen af kunder i butikken er konstant. Kundeantallet er i ligevægt ($\rightleftharpoons$).*
Den aktuelle stofmængde-koncentration er? Opstil regnetrekanten for sammen-hængen imellem n, V, [ ]. Forklar begreberne og sæt enheder på Beregn [Ca²⁺] og [Cl⁻] samt [CaCl₂] i 0,10 L 1,0 M CaCl₂	## Den aktuelle stofmængdekoncentration (har symbolet "[stof]") er lig med stofmængden (n) divideret med blandingens volumen (V): $$[\text{stof}] = \frac{n}{V}.$$ **Husketips:** *At [stof] er aktuel koncentration, og ikke formel koncentration (c), kan huskes på, at [stof] er det antal mol stof, som <u>aktuelt</u> (altså faktisk) er i opløsningen, efter at det er opløst/har reageret. Firkantparentesen, [ ], ligner en beholder, som stoffet kan opløses i.* *[Regnetrekanten huskes på samme måde som på side 102, idet [stof] bare erstatter "c"].* 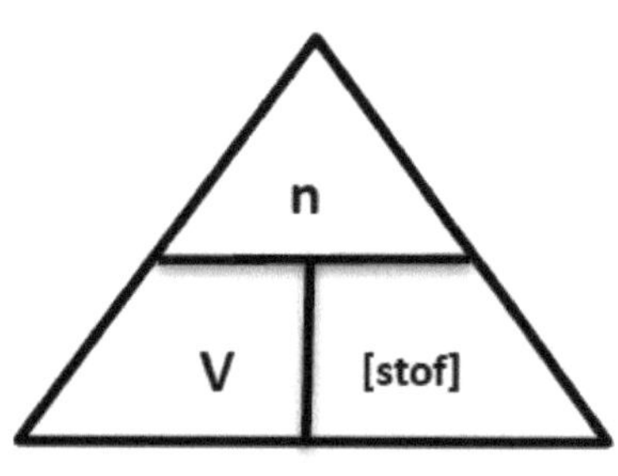 **Eksempel:** I 0,10 L opløsning af 1,0 M $CaCl_2(aq)$ er stofmængden af $Ca^{2+}(aq)$ = 0,10 mol (n = V·c = 0,10 L·1,0 M = 0,10 mol) og stofmængden af $Cl^-(aq)$ = 0,20 mol (da 1 $CaCl_2$ frigiver 2 Cl^-). $[Ca^{2+}(aq)] = \frac{n}{V} = \frac{0,10\ mol}{0,10\ L}$ = <u>1,0 M</u> og $[Cl^-(aq)]$ = $\frac{0,20\ mol}{0,10\ L}$ = <u>2 M</u>. Den aktuelle stofmængdekoncentration af $CaCl_2(aq)$ = $[CaCl_2(aq)]$ = <u>0 M</u>, da alle $CaCl_2$ formelenhederne er opløst i ioner!

Hvad er enheden og symbolet for volumen? Hvad er enheden for c og [ ]?	**Husketips** *som skal minde dig om, at volumen har symbolet store V: Der er V i Volumen, og "Voluminøs" betyder "stor/fylde meget". Derfor er det et stort ("Voluminøst") V, der skal bruges som symbol, ikke lille v. Bogstavet V ligner også et kaffefilter, som bruges til at hælde et Volumen Væske igennem. At c og [stof] har enheden mol per liter (M) er nemt at huske, når du ved, at $c = \frac{n}{V}$ og $[stof] = \frac{n}{V}$ samt n måles i mol og V måles i liter.* 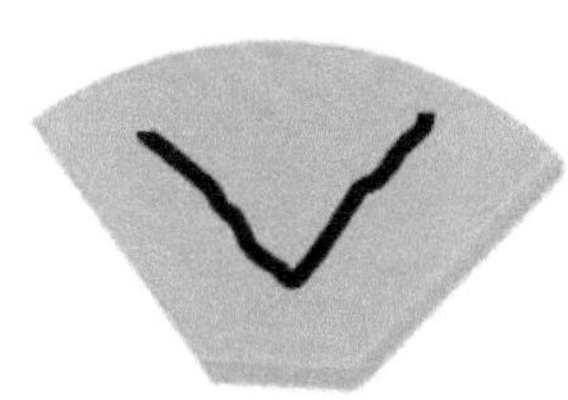

Hvis du trænger til at træne koncentrationsbegrebet mere, så prøv disse interaktive simuleringer:

https://phet.colorado.edu/sims/html/concentration/latest/concentration_en.html

og

https://phet.colorado.edu/sims/html/molarity/latest/molarity_da.html

Du kan evt. løse nanoopgave nr. 10 i **bilag 3** for at forstå formel - og aktuel stofmængdekoncentration bedre, hvis du har behov for det. Der er en facitliste til opgaven i bilaget.

Forklar begreberne titreranalyse, titrator, titrand, burette & kolbe (se husketips på næste side)	

Titreranalyse

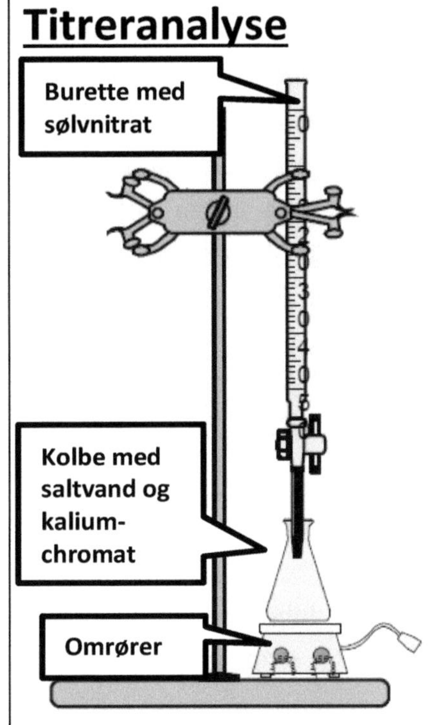

"T" i **Titrering** står for Tælling, idet titrering er en kemisk tællemetode. En **titrator** er det, som er i **buretten** (den lange, rørformede beholder), og som dryppes ned til det stof, som skal tælles – nemlig **titranden** i **kolben**. En titrator er altså vores kendte *"tællevæske"*. Dvs. at en titrator (tællevæsken) tæller/måler hvor meget titrand, der er i kolben. Titreringen sker under **omrøring** i kolben, således at chloridionerne hurtigt kan komme i kontakt med sølvionerne og reagere.

Husketips: *Man kan huske forskel på titr**and** og titra**tor** ved at tænke på ordet trak**tor**, som er aktiv/arbejder på bonde-mandens mark (læs: titra**tor** er den aktive/den der tæller/arbejder). Man kan også anvende huskeremsen "titrer titr**and** til randen" for at huske, at titranden er den, der er nede i kolben - som fyldes til randen, hvis vi tilsætter (alt for meget) titrator. Ordet burette kan du*

fx huske ved at tænke på "et bur med rette rør" (de rørformede tremmerne i buret er buretter). Eller tænk: I buretten er titratoren, som indfanger (sætter i bur) titranden.

Ved en **chloridtitrering (fældningstitrering)** tæller man stofmængden (antal mol) af chlorid-ioner i en opløsning. Chlorid-ionerne stammer som hovedregel fra natriumchlorid (NaCl). **Titreringsreaktionen** har følgende reaktionsskema: $1Ag^+(aq) + 1Cl^-(aq) \rightarrow 1AgCl(s)$ [1 sølv-ion indfanger/tæller 1 chlorid-ion og danner 1 formelenhed sølvchlorid].

Husketips: *Titreringen udfælder AgCl(s), sølvchlorid. Deraf navnet chloridtitrering eller fældningstitrering.*

Der anvendes en kendt koncentration af sølvnitrat ($AgNO_3(aq)$), og når **ækvivalenspunktet** (omslagspunktet) er nået, er der tilsat præcis lige så mange sølv-ioner, som der var chlorid-ioner i opløsningen [**husketips:** *Vi har ækvivalente mængder stof – deraf navnet ækvivalenspunkt*].

Vi har altså talt chlorid-ionerne vha. *"sølvnitrat-tællevæsken"* (nitrat-ionen er kun en tilskuer-ion. Det er sølv-ionerne, der laver *"tællearbejdet"*). For at kunne se ækvivalenspunktet tilsættes der inden titreringen lidt gul $K_2CrO_4(aq)$, kaliumchromat. CrO_4^{2-} (chromat) fungerer som **indikator** – en **kemisk sladrehank**, der kan fortælle hvornår Ag^+ ionerne er færdige med at *"tælle"* Cl^- ionerne (K^+ ionerne i kaliumchromat er kun tilskuer-ioner). Når titreringsreaktionens ækvivalenspunkt er nået, dannes der et blivende rød-orange bundfald af sølvchromat ved **indikatorreaktionen**:

$$2Ag^+(aq) + 1CrO_4^{2-}(aq) \rightarrow 1Ag_2CrO_4(s)$$
$$\quad\text{gul} \qquad\qquad \text{rødorange bundfald}$$

Hvis man til en opløsning, der indeholder både $Cl^-(aq)$ og $CrO_4^{2-}(aq)$, tilsætter $AgNO_3(aq)$, så vil Ag^+ ionerne helst reagere med Cl^-, og først når alle Cl^- er brugt op, reagerer de tilsatte Ag^+ ioner med CrO_4^{2-}. Da $Ag_2CrO_4(s)$ er rød-orange, mens $AgCl(s)$ er hvidt, kan man tydeligt se, hvornår der dannes bundfald af Ag_2CrO_4. Dvs. den rødorange farve af $Ag_2CrO_4(s)$ er tegn på, at alle chlorid-ionerne er talt og titreringen er slut.

<table>
<tr><td>

Forklar om
Chloridtitrering,
(fældnings-
titrering) &
ækvivalens-
punktet

Opskriv
reaktions-
skemaet for
titrerings-
reaktionen

Opskriv
reaktions-
skemaet for
indikator-
reaktionen

</td></tr>
</table>

<table>
<tr><td>

 Vi har titreret 10,00 mL saltvand med 15,00 mL 0,0050 M sølvnitrat. Hvad er den formelle saltkoncentrationen i de 10 mL saltvand?

</td><td>

Nu kan man **regne** på indholdet af chlorid-ioner i opløsningen ud fra kendskab til det volumen af sølvnitrat man brugte ved titreringen samt kendskab til sølvnitratens koncentration. Man bruger nemlig regnetrekanten på side 102.

Eksempel: Vi har titreret 10,00 mL saltvand med 15,00 mL 0,0050 M sølvnitrat. Hvad er den formelle saltkoncentrationen i de 10 mL saltvand?

Svar: Stofmængden af anvendt sølvnitrat er givet ved $n(AgNO_3)$ = c·V = 0,0050 M·0,015 L = 0,000075 mol. Og da sølvnitrat og natriumchlorid reagerer i forholdet 1 til 1: $1AgNO_3(aq) + 1\ NaCl(aq) \rightarrow 1AgCl(s) + 1NaNO_3(aq)$ [1 vandopløst sølvnitrat reagerer med 1 vandopløst natriumchlorid under dannelse af 1 fast sølvchlorid og 1 vandopløst natriumnitrat] – så er stofmængden af sølvnitrat lig med stofmængden af natriumchlorid, dvs. $n(AgNO_3) = n(NaCl)$ = 0,000075 mol. Den formelle stofmængde-koncentration af natriumchlorid beregnes som $c(NaCl) = \dfrac{n}{V} = \dfrac{0,000075\ mol}{0,010\ L} = \underline{0,0075\ M}$ (0,0075 mol NaCl(aq) per liter).

</td></tr>
</table>

Vandet vittighed!

Spørgsmål: *Hvorfor skulle skyen i skole?*
Svar: *Fordi den skulle lære at regne!*

Du kan løse nanoopgave nr. 8 (den sidste halvdel) i **bilag 3** for at forstå chloridtitrering bedre, hvis du har behov for det. Der er facitliste til opgaven i bilaget.

Kapitel 6: Organisk kemi – kulstofforbindelsernes kemi

I 1882 lykkedes at fremstille det første organiske stof ud fra uorganiske stoffer. Stoffet var urinstof (H_2N-(C=O)-NH_2), og som navnet siger, findes urinstof i urin. Alkaner regnes som *"rygraden"* i organisk kemi.

<table>
<tr><td></td><td>

Can Al do it?

Question: *Can Al do it?*
Answer: *Yes, Alkane!*

</td></tr>
</table>

Spørgsmål	Svar/*husketips*
Hvad er organisk stof? Giv eksempler	**Et organisk stof** er et stof, der indeholder kulstof/carbon og andre atomer. Undtagelser: Dog regnes gasserne CO, CO_2 samt salte af carbonater (dvs. CO_3^{2-} forbindelser) som uorganiske (ikke organiske stoffer), selv om de indeholder carbon.

Eksamen i organisk kemi tager livet af de studerende! [67]

Spørgsmål	Svar/*husketips*
Hvad er uorganisk stof? Giv eksempler	**Et uorganisk stof** (dvs. ikke organisk stof) er et stof, der IKKE indeholder kulstof/carbon. Fx er NaCl (natriumchlorid), HCl (saltsyre), H_2O (vand), NH_3 (ammoniak), Na_3PO_4 (natriumphosphat) alle eksempler på uorganiske stoffer, da de IKKE indholder kulstof. <u>Undtagelser:</u> Dog regnes gasserne CO, CO_2 samt salte af carbonater (dvs. CO_3^{2-} forbindelser) til gruppen af uorganiske (ikke organiske stoffer), selv om de indeholder carbon. **Husketips:** Se side 73.
Hvad er syntese?	**Syntese** er fremstilling af kemiske stoffer i laboratoriet eller industrien. **Husketips:** *Tænk på* <u>*syntetiske farvestoffer, smagsstoffer og sødemidler i slik, sodavand m.m. De er lavet ved*</u> <u>*kemisk syntese* (kemisk fremstillede).</u>
Hvad er en molekylformel? Giv et eksempel	**Molekylformlen** angiver molekylets atomsammensætning, men ikke hvordan atomerne indbyrdes er sat sammen. Fx er $C_{12}H_{22}O_{11}$ molekylformlen for hvidt sukker. Dvs. et sukkermolekyle indeholder 12 carbonatomer, 22 hydrogenatomer og 11 iltatomer. **Husketips:** *Molekylformlen angiver* <u>*molekylets atomformler*</u> *– men ikke dets struktur (det gør strukturformlen, se senere).*

---

[67] Ide efter Jennifer Yee: https://lavelle.chem.ucla.edu/forum/viewtopic.php?t=4291&start=3700.

En **elektronprikformel** viser atomernes yderste elektroner (valenselektroner) samt hvordan atomerne deles om de fælles elektroner i de kovalente bindinger. Elektronerne deles, således at **ædelgasreglen** opfyldes for de nedenstående molekyler. Dvs. C har 4 valenselektroner, og mangler 4 i at få 8 elektroner omkring sig, så C får samme elektronstruktur som ædelgassen neon. Det kan opnås ved, at C danner 4 enkeltbindinger eller 2 enkeltbindinger og 1 dobbeltbinding eller 1 enkeltbinding og 1 tripelbinding. H har 1 valenselektron, og mangler derfor 1 elektron i at få samme elektronstruktur som ædelgassen helium. H danner derfor 1 enkeltbinding.

I en **stregformel** vises de fælles elektroner i de kovalente bindinger som streger – deraf navnet stregformel. En streg er en enkeltbinding (med 2 fælles elektroner i), to streger (dobbeltstreger) er en dobbeltbinding ("2-binding" med 4 fælles elektroner i) og tre (tri) streger angiver en tripelbinding ("3-binding" med 6 fælles elektroner i):

Prikformel	Prikformel med fælles elektroner i cirkler	Stregformel
methan		
ethan		
ethen		
ethyn		

Hvad er en strukturformel/stregformel? Giv et eksempel	**En strukturformel (stregformel)** er en tegning af molekylets struktur (deraf navnet *"strukturformel"*). Strukturen viser hvordan atomerne er bundet sammen via fælles elektronpar. De fælles elektronpar er vist som streger (deraf navnet *"stregformel"*). **Husketips:** *Strukturformlen/stregformlen viser formlens struktur vha. streger imellem atomerne.*
Hvad er en bindingsvinkel? Giv et eksempel	**Bindingsvinklen** angiver vinkelafstanden imellem "naboelektronerne" i et molekyle. Læs mere om bindingsvinkler på side 79-81.
Hvordan er ethan opbyggget?	**Ethan** har tetraederopbygning med en bindingsvinklen er 109,5°. **Husketips:** *Ethan har to C-atomer - ligesom et tag (lyder som ethan) har to sider.*
Hvordan er butan opbyggget?	**Butan** har tetraederopbygning (109,5°) omkring de 4 C-atomer. **Husketips:** *Buuhhhhh... koen har 4 patter (læs: Butan har 4 carbon).*
Hvordan er ethen opbyggget?	**En plan opbygning** ses ved et carbonatom med 1 dobbeltbinding og 2 enkeltbindinger. Bindingsvinklen er 120 grader (en cirkel på 360 grader delt i 3 stykker = 120 grader). Der er en stiv opbygning omkring dobbeltbindingen, dvs. der er IKKE fri drejelighed omkring C=C bindingen. Ses hos fx **ethen** ($H_2C=CH_2$). **120 grader** **Husketips:** *Ethen tilhører alkenerne, som er carbonhydrider med én C=C binding (dobbeltbinding) og som har endelsen **"en"** i navnet. Når ethan har to C-atomer, så har ethen det også, da de har samme forstavelse "eth". Ethen rimer også på "et tag" (har to sider - læs: to C-atomer)".*
Hvordan er ethyn opbyggget?	**Ethyn** har lineær opbygning. Bindingsvinklen er 180° (en halv cirkel, dvs. 360 grader delt med 2). Der er ikke fri drejelighed i en tripelbinding. Ethyn tilhører alkynerne, som er carbonhydrider med en C≡C binding (tripelbinding) og har endelsen **"yn"** i navnet. **180 grader** **Husketips:** *Når ethan og ethen har to C-atomer, så har ethyn det også, da de har samme forstavelse "eth".*

	Carbonhydrider (kulbrinter) er kemiske forbindelser indeholdende <u>carbon</u> (kulstof) og <u>hydro</u>gen (brint eller "hydrid"). Det kan du høre på navnet "carbonhydrid".

Alkaner er carbonhydrider, der kun indeholder enkeltbindinger, og som har endelsen **"an"**. Alkaner stammer fra olie. Her er de 12 første uforgrenede alkaner:

Navn	Molekylformel	Strukturformel
Methan	CH_4	
Ethan	C_2H_6	
Propan	C_3H_8	
Butan	C_4H_{10}	
Pentan	C_5H_{12}	
Hexan	C_6H_{14}	
Heptan	C_7H_{16}	
Oktan/octan	C_8H_{18}	
Nonan	C_9H_{20}	
Decan	$C_{10}H_{22}$	

Undecan	$C_{11}H_{24}$	$H-\overset{\displaystyle H}{\underset{\displaystyle H}{C}}-\overset{H}{\underset{H}{C}}-\overset{H}{\underset{H}{C}}-\overset{H}{\underset{H}{C}}-\overset{H}{\underset{H}{C}}-\overset{H}{\underset{H}{C}}-\overset{H}{\underset{H}{C}}-\overset{H}{\underset{H}{C}}-\overset{H}{\underset{H}{C}}-\overset{H}{\underset{H}{C}}-\overset{H}{\underset{H}{C}}-H$
Dodecan	$C_{12}H_{26}$	$H-\overset{\displaystyle H}{\underset{\displaystyle H}{C}}-\overset{H}{\underset{H}{C}}-\overset{H}{\underset{H}{C}}-\overset{H}{\underset{H}{C}}-\overset{H}{\underset{H}{C}}-\overset{H}{\underset{H}{C}}-\overset{H}{\underset{H}{C}}-\overset{H}{\underset{H}{C}}-\overset{H}{\underset{H}{C}}-\overset{H}{\underset{H}{C}}-\overset{H}{\underset{H}{C}}-\overset{H}{\underset{H}{C}}-H$

Den **generelle molekylformel** for en alkan er $C_nH_{2 \cdot n+2}$, hvor n er antallet af C atomer. Hvis fx n = 6 har vi $C_6H_{2\cdot6+2} = C_6H_{14}$. Som du kan se, så vokser antallet af H atomer med det dobbelte af antallet af C atomer plus 2. Årsag? Vi tilføjer 2 H på hvert C, og så sidder der et H i hver ende af C-kæden. Du skal kunne navnene på de 12 første alkaner udenad.

Husketips. *Der foreslås nu nogle **associationer** (dvs. man kæder ord og tanker sammen), der kan bruges til at huske de 12 første alkaner:*
** Methan (1C) = <u>én</u> mæt mave [du er jo ikke en ko og har kun én mave] eller Mette er den eneste <u>ene</u> [tænk på én Mette, som du er meget glad for!],*
** Ethan (2C) = et tag har 2 sider ["et tag" minder lydmæssigt om "ethan"],*
** Propan (3C) = propel med 3 vinger,*
** Butan (4C) = en ko siger buhhhhh….[koen har 4 patter = buuutan],*
** Pentan (5C) = pentagonbygningen [femkantet bygning, hvor det amerikanske forsvarsministerium har til sæde],*
** Hexan (6C) = heksen får sekslinger [ordet heks minder om talordet seks],*
** Heptan (7C) = danske cykelfans hepper på par nummer syv [68],*
** Octan (8C) = en octopus [ottearmet blæksprutte], [otte og octa starter begge med o],*
** Nonan (9C) = jeg har det "kanona", da jeg er blevet kæreste med en "9'er", [ni og nona starter begge med n],*
** Decan (10C) = tænk på det engelske ord decade, som betyder 10 år,*
** Undecan (11C) = tænk på en ond decan, som binder en studerende fast til togskinnerne (11 tal) eller en ond djævel ødelægger tvillingetårnene (11 tal). ["Onde" (ondecan) minder lydmæssigt om "ond djævel"],*
** Dodecan (12C) = tænk på, at du får dominobrikker i julegave [december = måned 12].*

Test nu dig selv. Kan du huske følgende:
1. Hvad er alkaner?
2. Hvad er den generelle molekylformel for alkaner?
3. Opskrive navne og formler for de 12 første alkaner?

---

[68] Seksdagesløb er cykelløb på bane, hvor man kører i par og udskifter hinanden ved at tage den andens hånd og "kaste" den anden frem. Før i tiden kørte man seks dage i træk, og derfor skulle man være to, men nu køres etaper over seks dage, hvor man kører nogle kilometer ad gangen. <u>Det forventeligt bedste danske cykelpar bærer per tradition nr. 7.</u>

Navngivning af forgrenede alkaner:

a) Den længste carbonkæde, **hovedcarbonkæden**, findes og navngives som det var en uforgrenet alkan. Hovedkædens navn skal sidst i det samlede navn. Det svarer til et **efternavn**; fx Hansen.

b) Hovedcarbonkæden nummereres sådan, at **sidegrenene/sidekæder/ substituenter** (fx alkylgrupperne) får de laveste numre. Sidegrene er det på hovedcarbonkæden, som ikke er hydrogenatomer.

c) **Alkyl**gruppernes navne (svarer til **fornavne**; fx Jan Ivan) opskrives alfabetisk og med numrene på deres placering. Er der mere end en alkylgruppe af samme slags angives det med talordene di, tri, tetra, osv. Talordene indgår ikke i den alfabetiske rækkefølge. Alkylgrupper forklares lige om lidt.

d) Navnet sættes sammen: "Jan Ivan Hansen".

Eksempler på brug af ovenstående navngivningsregler følger på de næste sider.

En **alkylgruppe** (også kaldet et *alkyl*) er den gruppe atomer, man har tilbage, når man har fjernet et hydrogenatom (H) fra en alkan. Nu er der plads til at sætte alkylgruppen fast på en kulstofkæde, som en *sidekæde* (en **substituent**). **Husketips:** *På engelsk betyder "substitude" erstatning. Så tænk: <u>Substituent</u>en har <u>substitue</u>ret (erstattet) et H-atom.*

Alkylernes navne er afledt fra alkanernes navne, hvor forstavelserne (som tæller antallet af carbonatomer) er ens, men endelsen "an" i alkanen erstattes med endelsen "yl" i alkylgruppen (alkylen). Se **eksempler** i tabellen:

Alkan	**Methan** CH_4	**Ethan** CH_3CH_3	**Propan** $CH_3CH_2CH_3$	**Butan** $CH_3CH_2CH_2CH_3$
Alkyl	**Methyl** CH_3-	**Ethyl** CH_3CH_2-	**Propyl** $CH_3CH_2CH_2-$	**Butyl** $CH_3CH_2CH_2CH_2-$
Alkyl som zigzag-formel	En CH_3 sidder på en C-kæde med en enkelt-binding	En CH_3CH_2 sidder på en C-kæde med en enkelt-binding	En $CH_3CH_2CH_2$ sidder på en C-kæde med en enkelt-binding	En $CH_3CH_2CH_2CH_2$ sidder på en C-kæde med en enkeltbinding

<table>
<tr>
<td>

Skriv **stregformler** for disse 4 alkaner: butan, 2-methylbutan, 2,3-dimethyl-butan, 3-ethyl-2,4-dimethylhexan

</td>
<td>

Eksempler på navngivning af alkaner:

butan:

H–C–C–C–C–H (med H-atomer)

> Forklaring: Den længste C-kæde er 4 carbon lang - og der er ingen alkylgrupper på 4-C-kæden; kun H-atomer. Det er en uforgrenet alkan med navnet butan.

2-methylbutan:

> Forklaring: Den længste C-kæde er 4 carbon lang (butan). Hovedkæden (butan) nummereres fra venstre mod højre, fordi hér støder vi først på en alkylgruppe – nemlig methyl (CH_3) på carbon nr. 2. Samlet navn: 2-metylbutan.

2,3-dimethylbutan:

CH_3

$CH_3CHCHCH_3$

CH_3

> Forklaring: Den længste C-kæde er 4 carbon lang (butan). Hovedkæden (butan) nummereres fra venstre mod højre, fordi her støder vi først på en alkylgruppe – nemlig methyl (CH_3) på carbon nr. 2. Der sidder også en alkylgruppe på carbon nr. 3, så vi har to (di) methyl på hhv. carbon 2 og 3 – deraf forstavelsen 2,3-dimethyl. Samlet navn: 2,3-dimethylbutan.

3-ethyl-2,4-dimethylhexan:

$$H_3C - CH_2 - CH - CH - CH - CH_3$$

med CH_3, CH_2, CH_3 grupper; carbonkæden nummereret 6 5 4 3 2 1

> Forklaring: Den længste C-kæde er 6 carbon lang (hexan). Hovedkæden (hexan) nummereres fra højre mod venstre, fordi hér støder vi først på en alkylgruppe. Der er 2 (di) methyl (CH_3) grupper, som sidder på carbon nr. 2 og 4 (2,4-dimethyl), og ethylgruppen (CH_3CH_2) sidder på C nr. 3 (3-ethyl). Og "e" for ethyl kommer før i alfabetet end "m" for methyl. Derfor forstavelsen "3-ethyl-2,4-dimethyl".
> Samlet navn: 3-ethyl-2,4-di-methylhexan.

</td>
</tr>
<tr>
<td>

Hvad er

</td>
<td>

I **zigzagformler** tegnes kun de kovalente bindinger mellem carbonatomerne. Atomsymbolerne for carbon (C)) og hydrogen (H) er underforstået. For enden af en streg er der altid et C-atom og resten af de kovalente bindinger går altid til hydrogen i et carbonhydrid. I et knæk er der et C-atom. Hvis der indgår andre atomer end C og H (fx O, N, S, Cl, Br osv.) skal de angives.

Eksempler:

Butan som zigzagformel

</td>
</tr>
</table>

<table>
<tr>
<td>

Skriv zigzagformler for disse 4 alkaner:
butan,
2-methyl-propan,
2-methylhexan,
5-ethyl-2,3-dimethyloktan

</td>
<td>

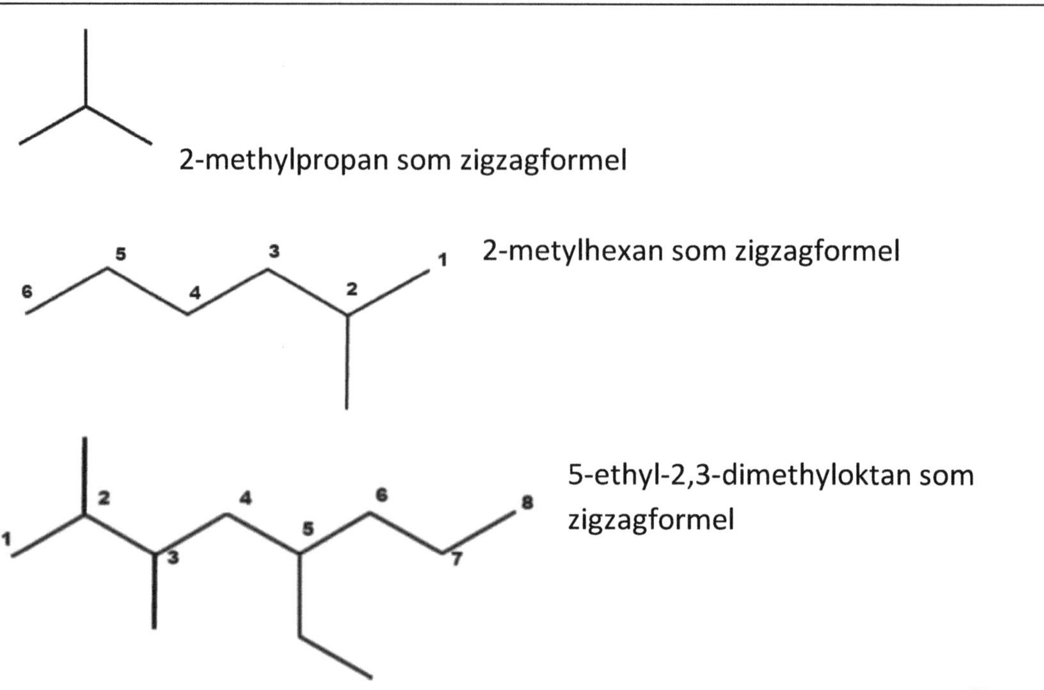

Husketips til zigzagformler: *C-kæden zigger og zagger i zigzagformler.*
Husketips til alkyler: *Som du kan se på zigzagformlerne, så stritter sidegrupperne (alkylerne) ud fra alkanernes hovedkæder – ligesom sylespidse nåle – og "syl" rimer på "yl".*

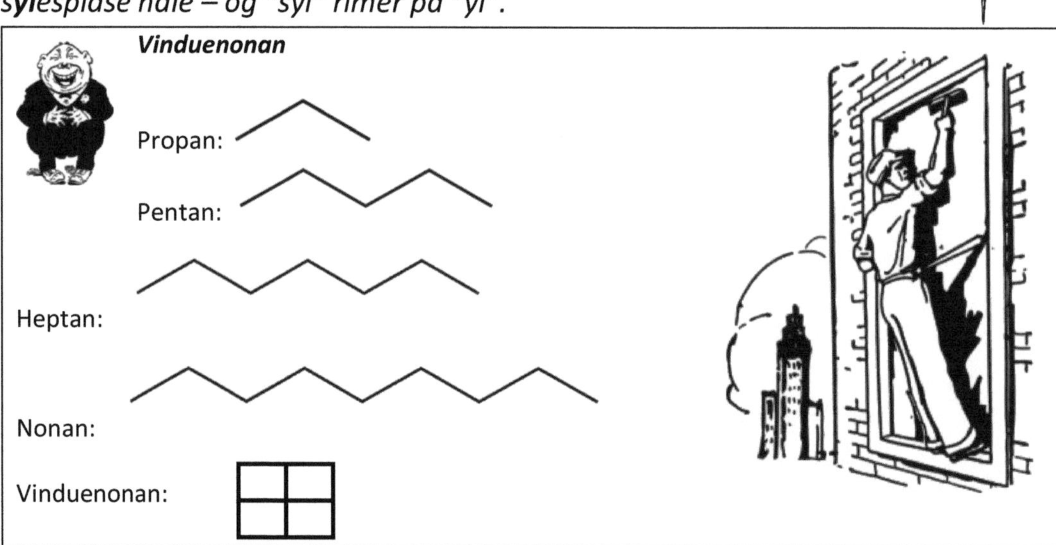

</td>
</tr>
<tr>
<td>

Hvad er isomeri? Giv et eksempel!

</td>
<td>

Isomere stoffer (isomeri) er stoffer med samme molekylformel,

men de har forskellige strukturformler. Dvs. isomere stoffer har de samme atomer i sig, men atomerne er sat sammen på forskellige måder. Fx er butan og 2-methylpropan isomere alkaner. Se oven over.
Husketips: *"Iso" betyder ens og rimer på ordet "ligeså", der også betyder ens. Eller tænk på at forskellige flødeis har stort set de samme atomer i sig, men de har forskellige strukturer – flødeisene er hinandens isomerer.*

</td>
</tr>
</table>

Forklar alkaners fysiske egenskaber: - Densitet? - Opløselighed? - Hvilken betydning har molekylers struktur har for alkaners smelte- og kogepunkter? Inddrag eksemplerne pentan og 2,2-dimethyl-propan!	**<u>Alkaners fysiske egenskaber</u>** omfatter densitet (massefylde), opløselighedsforhold, smeltepunkter og kogepunkter. <u>Densitet (massefylde):</u> Alkaner er lettere end vand og vil flyde oven på vand, da vand har højere densitet (vand er tungere end benzin). **Husketips:** *Du har måske set benzin (som er alkaner) flyde oven på vandet nede i en havn.* <u>Opløselighedsforhold:</u> Alkaner består af upolære bindinger og er derfor hydrofobe, dvs. ikke vandopløselige/vandskyende, men er benzinopløselige (benzin er upolært/hydrofobt). Læs mere på side 84-90. <u>Smeltepunkter og kogepunkter for alkanerne:</u> Jo længere et molekyle er, jo højere smeltepunkt og kogepunkt har det. Årsag: Molekylerne har større overflade, hvor de kan "klistre" til hinanden. Molekylerne klæber til hinanden vha. svage (ikke-kovalente) intermolekylære bindinger, som virker som en slags lim. Jo længere molekylerne er, jo større områder har de, hvor de kan klistre sammen, og des mere energi (jo højere temperatur) kræver det at smelte stoffet eller få det til at koge. Smelte- og kogepunktet falder ved forgrening af molekylet. Årsag? Når et molekyle forgrenes bliver det mere kugleformet, og molekylerne har mindre indbyrdes kontaktflade – de klistrer dårligere til hinanden end aflange molekyler. Fx er kogepunktet for det aflange molekyle pentan (se til venstre) 36 °C, mens den kugleformede isomer kaldet 2,2-dimethylpropan (se til højre) har et kogepunkt på kun 10 °C. 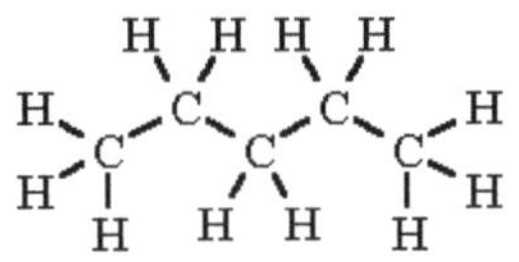 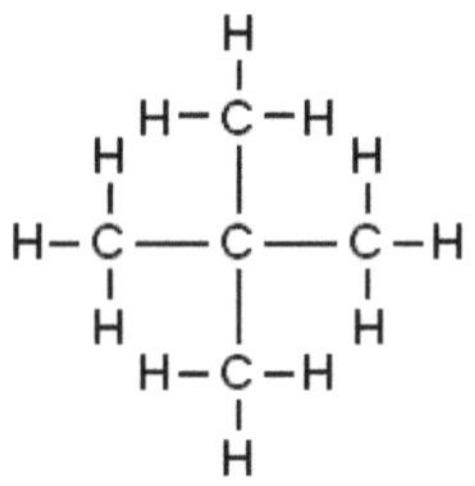
Tilstandsformer for uforgrenede alkaner ved 20 grader celsius?	Tilstandsformer for uforgrenede alkaner ved 20 grader celsius: **Gasser**: Methan, ethan, propan og butan er gasser. **Husketips:** *Tænk på ordet "butan-flaske-gas". Eller tænk på, at der er 4 kogeøer på et gaskomfur. Læs: C_4 alkan (butan) og mindre alkaner er gasser.* **Fast stof:** Når alkanen har 18 C-atomer; $C_{18}H_{38}$ (octadecan) eller mere. **Husketips:** *De 18 årige er "FASTE i kødet" (find selv på noget bedre).* **Væsker**: Må så være pentan (C_5H_{12}) til og med $C_{17}H_{36}$ (heptandecan) – altså midt imellem gasser og de faste stoffer.

<table>
<tr><td valign="top">

Hvad forstås ved et stofs kemiske egenskaber? Giv eksempler

Hvad menes der med, at alkaner er reaktions-træge? Giv et eksempel

Definer fuldstændig og ufuldstændig forbrændings-reaktion

Opskriv og afstem reaktionen for den fuldstændige forbrænding af methan

Opskriv og afstem en reaktion for den ufuldstændige forbrænding af methan

Hvad er en substitution? Giv et eksempel

</td><td valign="top">

Kemiske egenskaber omfatter et stofs kemiske reaktioner, produktionen af stoffet, stoffets omdannelse til andre stoffer samt stoffets egenskaber og anvendelser.

Alkaner er reaktionstræge. Dvs. de har svært ved at reagere medmindre man bruger energi på at starte en kemisk reaktion.

Husketips: *Træg betyder sløv, langsom og uvillig. Tænk på at der skal en varm flamme/gnist til før, at benzinen (benzin er alkaner) bryder i brand – altså før benzinen gider reagere med luftens iltmolekyler. Alkanerne bryder jo ikke i brand af sig selv - nede i bilens benzintank – vel!?*

Forbrændingsreaktion:[69] Alkaner kan reagere med ilt ved høj temperatur (energi tilføjes) og omdannes til energi og forbrændingsgasser. Fx $CH_4(g) + 2\ O_2(g) \rightarrow CO_2(g) + 2\ H_2O(g)$.

Ved en **fuldstændig forbrændingsreaktion** er der nok ilt til at brændstoffet omdannes fuldstændig til $CO_2(g) + H_2O(g)$ [carbondioxid og vanddamp]:
Fx $CH_4(g) + 2\ O_2(g) \rightarrow CO_2(g) +2\ H_2O(g)$.

Ved en **ufuldstændig forbrændingsreaktion** er der for lidt ilt til at brændstoffet kun omdannes til $CO_2(g) + H_2O(g)$. Der dannes også $CO(g)$ og sod ($C\ (s)$). Fx methan (CH_4) afbrænding

(kan afstemmes på forskellige måder afhængigt af, hvordan man fordeler kulstoffet som CO_2, CO og C. Jo mere O_2, der er til stede, desto mere CO_2 og jo mindre CO og C dannes der):
$6\ CH_4(g) + 9\ O_2(g) \rightarrow 2\ CO_2(g) + 2\ CO(g) + 2\ C(s) + 12\ H_2O(g)$.

Husketips: *Ved en <u>fuldstændig</u> forbrændingsreaktion er der en <u>fuldstændig</u> forsyning af ilt, så alt brændstoffets carbon får 2 iltatomer på sig og kun danner CO_2. Ved en <u>ufuldstændig</u> forbrændingsreaktion er der en <u>ufuldstændig</u> iltforsyning, så nogle af brændstoffets carbonatomer får kun 1 ilt på sig og danner CO, og nogle C atomer snydes helt for ilt og danner sod, C(s), som er faste kulpartikler.*

Substitution er en *"skifte-atomer-ud-reaktion"*. Fx udskiftes et H-atom fra heptan (C_7H_{16}) med et Br-atom fra dibrom (Br_2). Det sidste Br-atom fra dibrommolekylet går sammen med H-atomet og danner HBr:

</td></tr>
</table>

---

[69] Forbrændingsreaktioner er strengt taget ikke nævnt som et krav i 2017 læreplanen.

$$C_7H_{16} + Br_2 \rightarrow C_7H_{15}Br + HBr.$$

Da alkaner er reaktionstræge kræver substitutionsreaktionen kraftigt lys (ultraviolet lys, forkortet UV-lys) eller høj varme for at kunne køre.

Husketips: *Tænk på det engelske ord "substitution", som netop betyder udskiftning eller tænk på ordet substitut, dvs. erstatnings-person/udskiftningsspiller i sport.*

No reaction!

The teacher tells students a chemistry joke.

The students: No reaction! Then the chemistry teacher tries with another joke:

I would make another chemistry joke but all the good ones Argon!

The Students: Still no reaction!

Hvad sker ved olieraffinering?

Forklar figur 105 i Basiskemi C bogen (Råoliens gang i gennem et olie-raffinaderi):

Ved **olieraffinering** omdanner man ubrugeligt råolie til en masse raffinerede ("forfinede/forbedrede") og brugbare produkter, som vi er dybt afhængige af i det moderne samfund.

Forklaring af nogle processer på raffinaderiet (figur 105): Råolie består af forskellige carbonhydrider af varierende længde, størrelse og opbygning. Komponenterne adskilles ved destillation:

Destillation/destillere: Råolien opvarmes til gas, som afkøles gradvis i køletårnet. Når oliemolekyler afkøles til under kogepunktet, så bliver de til væske. De længste kulstofkæder (oliemolekyler) har de højeste kogepunkter, og de bliver til væsker ved høje temperaturer i bunden af køletårnet, og de mindre oliemolekyler har lave kogepunkter og bliver først til væske ved de lave temperaturer i toppen af køletårnet.

Når gas afkøles, så bremses molekylernes fart så meget, at de begynder, at "stå mere stille"*. "De stille" gasmolekyler klisterer nu til hinanden og bliver til væske. **Husketips:** **"Det står stille" lyder som "de-stille-(re)". Eller tænk på distilleret vand, dvs. vand opvarmes til vanddamp, afkøles så igen og bliver til rent vand uden salte i.*

Reforming: Omdannelse af råbenzin (ufærdig benzin) til benzin, der er færdig – blandt andet ved at uforgrenede alkaner omdannes til forgrenede alkaner. Den rå benzin vil give "bankning" i motoren, når den brænder. Bankning giver støj og kan ødelægge motoren. **Husketips:** *Råbenzin bliver efter en <u>reform</u> til brugbar benzin, som IKKE giver motoren en rå behandling.*

Cracking: Spaltning af lange carbonhydrider til gasser (fx methan, ethan, propan, butan, ethen), kortere alkaner og alkener samt andre forbindelser. **Husketips:** *Krakning kommer af det engelske ord "cracking", som betyder revnedannelse/at slå revner. Så ved cracking slår man revner i store carbonhydrider, så de går i stykker til mindre carbonhydrider.*

Afsvovling: Råolie indeholder mange svovlholdige molekyler. Ved forbrænding af råolie vil der dannes SO_2 gas, som er giftig. Desuden vil SO_2 reagere med luftens vanddamp og danne svovlsyrling og svovlsyre, der kan give alvorlige syreskader på maskiner, bygninger og natur. Derfor skal svovlen fjernes fra råolien! **Husketips:** *Afsvovling er "Af med svovlet!"*

Kan du huske mindst 10 af raffinerings- **produkterne? Test dig selv!**

Nu til de 11 raffineringsprodukter:

1) Raffineringsgas: Består mest af methan, ethan, brint (H_2) og ethyn ($H\text{-}C\equiv C\text{-}H$). Bruges i petrokemisk industri (petrokemi er "oliekemi"), se senere. **Husketips:** *De små carbonhydrider med op til 4 carbonatomer er gasser og er dannet ved raffinerede processer. Tænk: Der er 4 kogeøer (4 C) på et gaskomfur.*

2) Flaskegas: Består mest af propan, butan og 2-methylpropan (3 C og 4 C alkaner). Er brændstof i gaskomfurer i køkkener og gasblus i campingvogne. **Husketips:** *Tjek at der står en gasflaske ved gaskomfuret i køkkenet og i campingvognen. Når du oplever noget,*  *knytter du det til den episodiske langtidshukommelsen, og så husker du det bedre.*

3) Udgangsstoffer til petrokemisk industri: Ca. 10 % af råolien går til petrokemisk industri. Raffineringsprodukterne som udnyttes i den petrokemiske industri er fx ethen, propen og butener, butadiener (C_4 carbonhydrider med to dobbeltbindinger) samt benzen (C_6H_6) og benzenforbindelser, m.m. Disse stoffer laves i industrien om til en utrolig masse produkter, som du kender fra din hverdag – fx

* plastik- og gummiprodukter (fx afløbsrør, vandrør, gasrør, madkasser, legetøj, plastposer, plastfilm, kloakrør, tagrender, tagplader, gulvbelægninger, slanger, grammofonplader, flasker, regnfrakker, folie, kabelisolering, låg, kufferter, bildæk, reb, faldskærme, flamingo, køkkenskåle, skeer og andre køkkenting, drikkebægre, osv.)
* konserveringsmidler til kosmetik og fødevarer samt cremer og nogle typer medicin, maling, nogle rengøringsmidler (fx acetone) og opløsningsmidler
* billigt tøj og billige sko lavet af kunststoffer
* pesticider (midler der bruges i landbruget til at slå ukrudt og skadedyr ihjel på markerne), mm.

Husketips: *Prøv fx at lære 10 produkter udenad ved brug af visualisering og ruteplanmetoden. Se side 164 i noterne.*

4) <u>Benzin</u>: Er hovedsagelig alkaner med cirka 5 til 10 carbonatomer [pentan til decan]. Bruges som brændstof i benzinmotorer (biler, knallerter, motorcykler, m.m.) samt som affedtnings- og rensemiddel i form af rensebenzin. **Husketips:** *<u>Pen</u>dleren (læs: <u>pen</u>tan) pendler <u>tit</u> og bruger <u>ti</u> (læs: decan) liter benzin om dagen. [Du ved fra "1)", at alkaner med op til 4 carbonatomer er gasser. Dvs. den mindste alkan i flydende benzin er pentan].*

5) <u>Jetbenzin</u>: Er lidt større alkaner end der er i almindeligt benzin og minder om petroleum i kemisk sammensætning. Bruges i jetmotorer (fly). **Husketips:** *Jetflyet flyver på jetbenzin.*

6) <u>Petroleum</u>: Er primært alkaner med cirka 9 til cirka 16 carbonatomer. Bruges som brændstof og opløsningsmiddel. **Husketips:** *Petroleum, 9 bogstaver i ordet, dvs. 9 C atom alkaner (og længere) brænder i petroleumslamper.*

7) <u>Dieselolie</u>: Er mest alkaner med cirka 13 til cirka 25 carbonatomer. Bruges som brændstof i dieselmotorer (biler, lastbiler, mindre både og skibe, m.m.). **Husketips:** *Tænk på dieselbiler som kører galt. Ulykke forbindes med tallet 13. Læs: Alkaner med 13 eller flere C atomer opbygger dieselolie.*

8) <u>Let brændselsolie</u>: Er primært alkaner med cirka 12 til cirka 18 carbonatomer. Bruges som fyringsolie i oliefyr. Det giver varme i radiatorerne og varmt vand i hanerne. **Husketips:** *Du <u>afbrænder</u> <u>brændselsolie</u> i parcelhusets oliefyr. Ordet "brændselsolie" indeholder 13 bogstaver, altså cirka det antal C atomer (og mere), som er i let brændselsolie.*

9) <u>Smøreolie</u>: Er primært carbonhydrider med cirka 14 til 20 carbonatomer. Bruges til at smøre vitale dele i motorer. **Husketips:** *Ordet "motorsmøreolie" indeholder 14 bogstaver. Læs: Der er cirka 14 C atomer (og mere) i smøre-olie-molekyler.*

10) <u>Tung brændselsolie</u>: Udgøres af alkaner med mere end 25 carbonatomer. Bruges som brændstof (fremstiller strøm og varme) i større industrianlæg og store dieselmotorer (store skibe). **Husketips:** *<u>Tung</u> <u>brændselsolie</u> er <u>oliebrændstof</u> i <u>tunge</u> industrianlæg og <u>tunge</u> skibe. "Tung-brændsels-skibs-industri" indeholder 25 bogstaver. Læs: Det er 25 C alkaner (og mere) som findes i tung brændselsolie.*

11) <u>Asfalt</u>: Er især forgrenede carbonhydrider med 25-45 carbonatomer. Altså de helt lange alkaner, fordi kogepunktet/smeltepunktet stiger med molekyllængden. Og jo længere molekyler, jo mere tyktflydende er de. Asfalt er tykt! Bruges til tagpap og vejbelægninger. **Husketips:** *Der ligger asfalt på asfaltvejene.*

Husk forskel på alkaner, alkener og alkyner

Alkaner: Carbonhydrider der kun indeholder enkeltbindinger. Har endelsen **"an"** i navnet, men har de samme forstavelser som alkener og alkyner med det samme antal C-atomer i.

Alkener: Carbonhydrider der indeholder 1 carbon-carbon dobbeltbinding ($C=C$). Har endelsen **"en"** i navnet, men har de samme forstavelser som alkaner og alkyner med det samme antal C-atomer i.

Alkyner: Carbonhydrider der indeholder 1 carbon-carbon tripelbinding ($C{\equiv}C$). Har endelsen **"yn"** i navnet, men har de samme forstavelser som alkaner og alkener med det samme antal C-atomer i.

Eksempler:

Fx Ethan: $H_3C{-}CH_3$. Ethen: $H_2C{=}CH_2$. Ethyn: $HC{\equiv}CH$. Alle har 2 C-atomer og forstavelsen "Eth".

Fx Propan: $H_3C{-}CH_2{-}CH_3$. Propen: $H_2C{=}CH{-}CH_3$. Propyn: $HC{\equiv}C{-}CH_3$.

Alle har 3 C-atomer og forstavelsen "Prop".

Husketips: *Forskellen i alkan, alken og alkyn er "a", "e" og "y". Det svarer til den alfabetiske rækkefølge: Først (1) i alfabetet kommer a for alkan, dvs. 1 binding. Læs: Alkaner har kun "1" bindinger, dvs. enkeltbindinger. Som nummer 2 kommer "e" for alken, dvs. "2" binding, dvs. dobbeltbinding, og som nummer 3 kommer "y" for alkyn, dvs. "3" binding, dvs. tripelbinding.*

Gentager: Den **generelle molekylformel for en alkan** er $C_nH_{2\cdot n+2}$, hvor n er antallet af C atomer. Hvis fx n = 6, så har vi, at $C_6H_{2\cdot6+2} = C_6H_{14}$ (hexan). Som du kan se, så vokser antallet af H atomer med det dobbelte af antallet af C atomer plus 2. Årsag? Vi tilføjer 2 H på hvert C, og så sidder der et H i hver ende af C-kæden.

Eftersom carbon kun kan danne 4 bindinger, så skal vi fjerne yderligere 2 H atomer for at få plads til en dobbeltbinding ($C=C$), og yderligere 2 H atomer skal fjernes for at få plads til en tripelbinding ($C{\equiv}C$). Dvs. den **generelle molekylformel for en alken** bliver er $C_nH_{2\cdot n}$. Eksempel: hvis n = 6, så har vi, at $C_6H_{2\cdot6} = C_6H_{12}$ (hexen). Og den **generelle molekylformel for en alkyn** bliver $C_nH_{2\cdot n-2}$. **Eksempel:** hvis n = 6, så har vi, at $C_6H_{2\cdot6-2} = C_6H_{10}$ (hexyn).

Hvad er alkener? Giv eksempler	Carbonhydrider der indeholder 1 carbon-carbon dobbeltbinding (C=C) kaldes for **alkener**. Alkener navngives med udgangspunkt i de tilsvarende alkaners navne, idet endelsen "an" ændres til endelsen "en". Fx $H_2C{=}CH_2$ (ethen), $H_2C{=}CH{-}CH_3$ (propen), $H_2C{=}CH{-}CH_2{-}CH_3$ (but-1-en). Et-tallet i but-1-en viser, at dobbeltbindingen (C=C) udgår fra carbon nr. 1. Hvis der er **sidegrene/sidekæder/substituenter,** så skal nummereringen af dem have en lavere prioritet end nummereringen af C=C. Fx hedder molekylet til højre 3-methylbut-1-en og IKKE 2-methylbut-3-en. 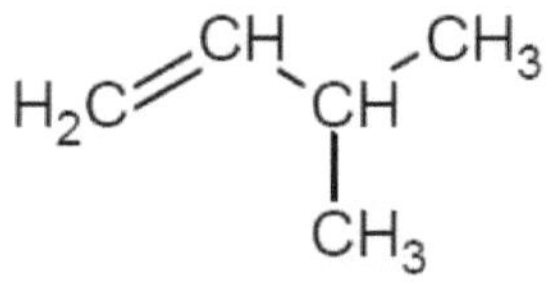
Hvad er cis og trans? Giv eksempler	Der er ikke fri drejelighed omkring C=C, hvorfor der opstår to forskellige molekyler, når C=C (carbon-carbon-dobbeltbindingen) sidder inde i molekylet. Fx findes der to udgaver af but-2-en. En udgave hvor H atomerne sidder på samme side af dobbeltbindingen, kaldet cis-but-2-en, og en udgave hvor H atomerne sidder på hver sin side af C=C, kaldet trans-but-2-en: 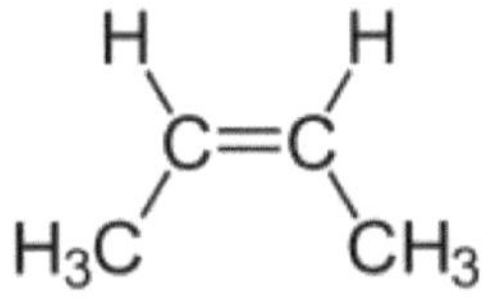 cis-but-2-en 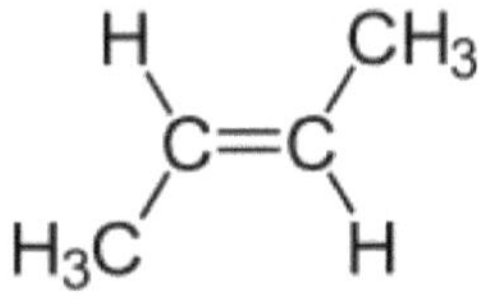 trans-but-2-en **Husketips:** *I cis-alkenen sidder H atomerne på samme "cide" (læs: side) af C=C. I trans-alkenen er det ene H atom <u>trans</u>porteret over på den anden side af C=C. Ved navngivning af forgrenede alkener skal navnet baseres på den længste carbonkæde, som indeholder dobbeltbindingen. C-atomerne nummereres fra den ende, som giver dobbeltbindingen et så lavt nummer som muligt.*
Tegn disse alkener – både som strukturformler hvor 1) alle atomerne er vist og 2) som zigzagformler: cis-pent-2-en, trans-pent-2-en, 2-ethylbut-1-en, 4,4-dimethyl-pent-1-en	**Eksempler** på navngivning: 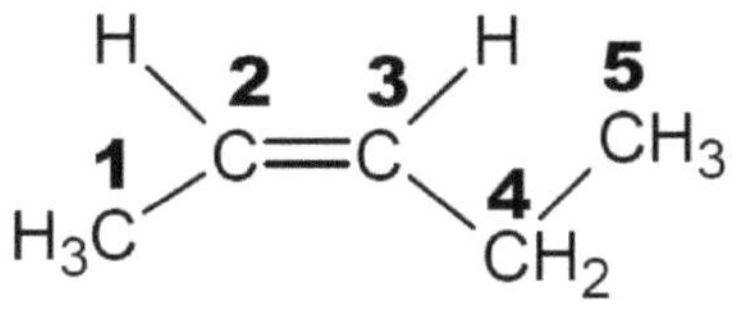 cis-pent-2-en 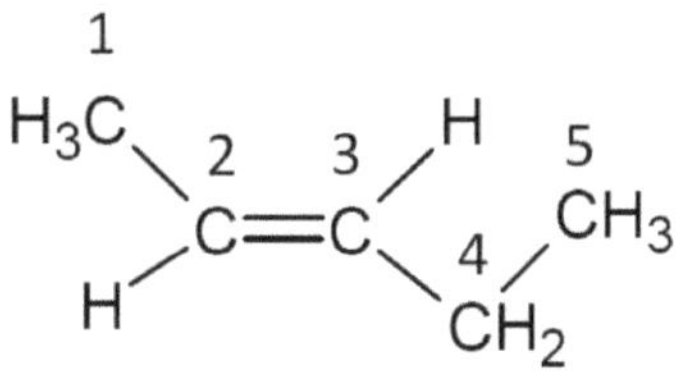 trans-pent-2-en 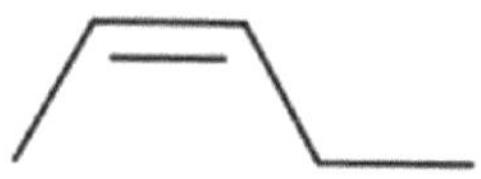 cis-pent-2-en (zigzagformel)

trans-pent-2-en (zigzagformel)

2-ethyl-but-1-en

2-ethyl-but-1-en (zigzagformel)

4,4-dimethyl-pent-1-en

4,4-dimethyl-pent-1-en (zigzagformel)

Alkener kan fremstilles ved en **eliminationsreaktion** ud fra de tilsvarende alkoholer, idet man laver fraspaltning/fjernelse/elimination af et vandmolekyle fra alkoholen. (**Husketips:** *Elimination betyder fraspalte eller fjerne noget – deraf navnet eliminationsreaktion*).

Til eliminationsreaktionen skal bruges koncentreret svovlsyre som **katalysator**. En katalysator er et stof, som får en reaktion til at gå meget hurtigt – altså sætter "fut" i tingene! Svovlsyren "suger" et vandmolekyle ud af alkoholen. **Husketips til katalysator (katalyse):** *En kat tager lyset og sætter "fut" i tingene.*

Hvordan kan alkener fremstilles?

<table>
<tr><td>

Giv et eksempel på en eliminations-reaktion

</td><td>

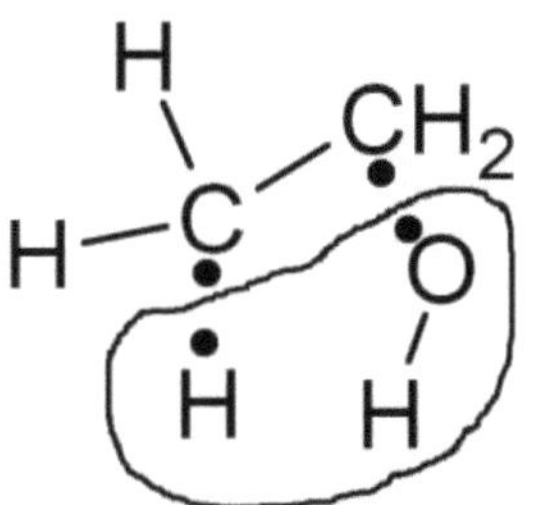

Lad os tage et eksempel. Elimination af vand fra ethanol under dannelse af ethen. C-H og O-H enkeltbindingerne brydes. Der er 2 elektroner i hver binding, der er vist som prikker i tegningen af ethanolmolekylet til venstre. De to elektroner på hvert carbon finder sammen og danner en binding til, så vi nu har en C=C binding (carboncarbon dobbeltbinding). De to elektroner fra H atomet og O-H gruppen danner en enkeltbinding mellem H og O, hvorved vi får dannet vand.

</td></tr>
</table>

$$H-\overset{H}{\underset{H}{C}}-\overset{CH_2}{\underset{H}{O}} \longrightarrow H_2O + H_2C=CH_2$$

De fysiske egenskaber for alkener minder meget om

alkanernes. Alkener har samme <u>densitet</u> som alkaner og vil flyde oven på vand. Alkener er <u>upolære</u> (ikke vandopløselige), da de jo består af upolære C-H, C=C, og C-C grupper. De har cirka de samme koge- og smeltepunkter som alkaner af tilsvarende størrelse. Det samme gælder for alkyner.

De kemiske egenskaber for alkener minder om alkanernes

mht. forbrændingsreaktioner. Alkener er reaktionstræge mht. forbrænding. Dvs. de har svært ved at reagere. Med mindre man bruger nok energi på at starte forbrændingen – fx vha. en gnist eller opvarmning. Ligesom det er tilfældet med alkaner. Dvs. alkener kan brænde ved hhv. en **fuldstændig forbrændingsreaktion** eller en **ufuldstændig forbrændingsreaktion** afhængig af den tilgængelige iltmængde.

Eksempler:

$H_2C=CH_2(g) + 3\ O_2(g) \rightarrow 2\ CO_2(g) +2\ H_2O(g)$ [ethen reagerer med dioxygen og danner carbondioxid og vand ved en **fuldstændig forbrændingsreaktion**. Der er ilt nok til, at alle C får to ilt på sig og danner CO_2].

$2\ H_2C=CH_2(g) + 4\ O_2(g) \rightarrow CO_2(g) + 2\ CO(g) + C(s) + 4\ H_2O(g)$ [ethen reagerer med dioxygen og danner carbondioxid (CO_2), carbonmonoxid/kulilte (CO), sod (C) og vand ved en **ufuldstændig forbrændingsreaktion**. Pga. iltmangel bliver nogle af C atomerne "snydt" og får kun én ilt på sig (og danner CO) - eller får ingen ilt og danner bare kulstofpartikler/sod (C). Reaktionen kan afstemmes på forskellige måder afhængigt af, hvordan man fordeler kulstoffet som CO_2, CO og C. Jo mere O_2 der er til stede, desto mere CO_2 og jo mindre CO og C dannes der].

Alkenerne afviger fra alkanerne mht. reaktivitet pga. carboncarbondobbelt-bindingen (C=C), som nemt brydes. Alkener er derfor meget villige til at lave

<table>
<tr><td valign="top">

</td><td valign="top">

additionsreaktioner, hvor et molekyle (fx Br_2, Cl_2, H_2, H_2O, HCl, HBr)

lægges til carboncarbondobbeltbindingen (bestående af 4 fælles elektroner). Herved brydes C=C og der dannes en carboncarbonenkeltbinding (C-C, med 2 fælles elektroner) med de nye atomer sat på de carbonatomer, som delte den nu brudte dobbeltbinding. Lad os tage et **eksempel:**

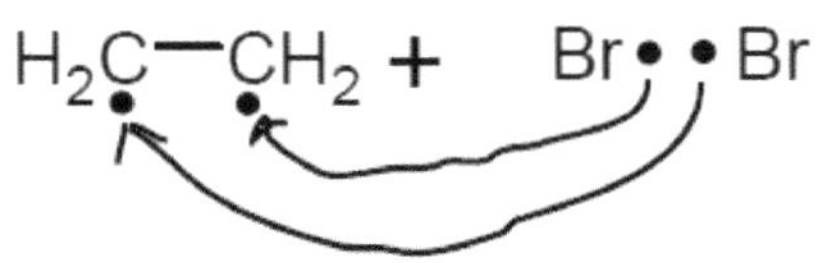

[dibrom adderes til ethen under dannelse af 1,2-dibromethan].

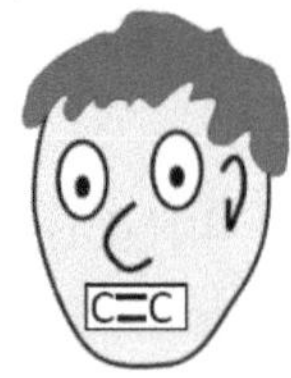

Forklaring: Carboncarbondobbeltbindingen i ethen og enkeltbindingen i dibrom brydes. Den ledige elektron på hvert carbon finder sammen med den ledige elektron på hvert brom, og to enkeltbindinger dannes mellem C og Br. At der sker en addition af dibrom til en alken er nemt at se ved forsøg. Dibrom er gulbrunt, og når dibrom nedbrydes til enkelte bromatomer ved additionen, så bliver bromen farveløs.

Husketips: *I matematik betyder addition at lægge sammen eller lægge til. Så vi lægger et molekyle til (eller sammen med) en C=C dobbeltbinding (eller en C≡C tripelbinding, se senere under alkyner) ved en additionsreaktion.*

Brom og brunt lyder ens og gør det nemmere at huske, at dibrom er brunt.

</td></tr>
<tr><td valign="top">

</td><td valign="top">

Et organisk stof kaldes **umættet**, hvis det kan indgå i en additionsreaktion. Stoffet må så indeholde en C=C (carboncarbondobbeltbinding) eller en C≡C (carboncarbontripelbinding, se under alkyner). Hvis stoffet ikke kan lave addtionsreaktion, så kaldes det **mættet**, og vil typisk kun indeholde C-C (carboncarbonenkeltbindinger).

Husketips: *C-C enkeltbindingen ligner en smal lukket mund, som har spist sig mæt. Munden (C-C) er mættet og derfor lukket (en smal streg). C=C dobbeltbindingen (eller C≡C tripelbindingen) ligner en åben mund (der er jo "mellemrum"), som er umæt (ikke mæt), og stadig spiser mad (læs: Adderer (spiser) fx Br_2).*

</td></tr>
<tr><td valign="top">

</td><td valign="top">

Alkener anvendes blandt andet til fremstilling af **plastic**. Ved en såkaldt

polymerisationsreaktion kobles mange små molekyler sammen til

et stort molekyle. Som **eksempel** tager vi polymerisationen af ethen:

$CH_2=CH_2 + CH_2=CH_2 + CH_2=CH_2 + \ldots \rightarrow -CH_2-CH_2-CH_2-CH_2-CH_2-CH_2-$

</td></tr>
</table>

<table>
<tr><td>

Kemiske egenskaber for polyethen?

</td><td>

Dvs. mange ethen adderes til hinanden, hvorved C=C dobbeltbindingerne brydes under dannelse af C-C enkeltbindinger i alkanen kaldet polyethen. Læg mærke til, at alkanen navngives ud fra det stof, som den dannes fra – nemlig ethen. Det dannede stof kaldes **polyethen** eller **polyethylen** (**ethylen** er et gammeldags navn for ethen). Kæden er meget lang. Den indeholder måske titusind carbonatomer. Kemisk set er polyethen en alkan.

Polyethen kan brænde (ligesom almindelige alkaner), men er ellers meget lidt reaktionsvilligt. Polyethen udgør knap halvdelen af den **plastic**, der bruges i Danmark, og stoffet anvendes fx til plasticposer, folier, flasker, spande, dunke osv.

Husketips: *Poly betyder mange. Tænk på ordet polyamorøs som betyder, at man har mange kærlighedspartnere. Så polymerisation betyder, at sætte mange (mere) sammen ("poly mere reaktion" = polymerisation). Polyethen er derfor dannet ud fra mange ethen. Ethylen er det samme som ethen. Tænk: "yl" er fyld i navnet eth(yl)en, og så har vi navnet ethen efter fyldet "yl" er fjernet.*

</td></tr>
<tr><td>

Hvad er alkyner og hvordan navngives de? Giv eksempler

Tegn disse alkyner – både som strukturformler hvor 1) alle atomerne er vist og 2) som zigzagformler: But-2-yn og 4-ethyl-4-methylhex-2-yn

</td><td>

En **alkyn** indeholder en carboncarbontripelbinding (C≡C). **Eksempler:**

H-C≡C-H (ethyn)

H-C≡C-CH₃ (propyn)

H-C≡C-CH₂-CH₃ (byt-1-yn).

Navnet for en alk**yn** ender på *"yn"*, og alkyner navngives efter de samme principper som alkener – bortset fra, at man ikke kan tale om cis- og trans. **Flere eksempler:**

H₃C—C≡C—CH₃ but-2-yn

but-2-yn (zigzagformel)

4-ethyl-4-methylhex-2-yn. Forklaring: Den længste kulstofkæde er 6 C lang (hexyn), og vi tæller fra venstre for at give C≡ lavest muligt nummer (nr. 2, derfor hex-2-yn). Der sidder en ethyl og en

</td></tr>
</table>

methylgruppe på C nr. 4. Ethyl kommer før i navnet en methyl, da "e" kommer før "m" i alfabetet.

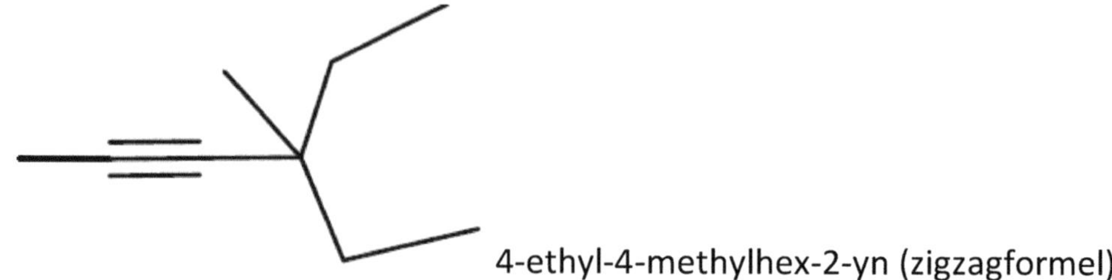

4-ethyl-4-methylhex-2-yn (zigzagformel)

Alkyner kan naturligvis **brænde** – ligesom alkaner og alkener. I atmosfærisk luft (har kun 21 % O_2) brænder **ethyn** med en sodende flamme. Der dannes altså kulstofsod, C(s), ved en **ufuldstændig forbrænding**. Men hvis ethyn blandes med ren dioxygen (O_2), forløber forbrændingen fuldstændigt:

$2\ C_2H_2 + 5\ O_2 \rightarrow 4\ CO_2 + 2\ H_2O$.

Blandingen af ethyn og dioxygen anvendes til **svejsning**, idet flammetemperaturen bliver meget høj. Ethyn kaldes også **acetylen**.

Husketips: *Tænk "ass" lyder som "ace" og ass betyder røv på engelsk. Vi har som bekendt 2 røvballer. Der er 2 carbon(røvballer) i "__ass__ethylen" (læs: acethylen).*

Alkyner er **umættede** stoffer. Der kan nemlig ske en **addition** af forskellige molekyler (fx H_2, Cl_2, Br_2) til tripelbindingen, som omdannes til en dobbeltbinding. Vi ser på additionen af dibrom til ethyn som **eksempel:**

$CH{\equiv}CH + Br_2 \rightarrow CHBr{=}CHBr$. Det dannede stof (1,2-dibromethen) kan addere mere Br_2 (da det jo er en alken) og danne 1,1,2,2-tetrabromethan:

$CHBr{=}CHBr + Br_2 \rightarrow CHBr_2\text{-}CHBr_2$.

[den første C≡C binding brydes og Br-Br bindingen brydes. Br atomerne sættes på C atomerne i C=C under dannelse af 1,2-dibromethen].

[C=C bindingen brydes i alkenen og Br-Br bindingen brydes. Br atomerne sættes på C atomerne i C-C under dannelse af 1,1,2,2-tetrabromethan].

Samlet reaktion: $CH{\equiv}CH + 2Br_2 \rightarrow CHBr_2\text{-}CHBr_2$

<table>
<tr><td>

En alifatisk alkan er? Giv et eksempel

Hvad er cycloalkaner og cycloalkener?

Opskriv strukturformler for disse cycloalkaner – både "almindelig" formel og zigzagformel: Cyclopropan, cyclobutan, methylcyclo-pantan

</td><td>

De tidligere omtalte "kædeformede" alkaner kaldes for **alifatiske alkaner**. Sjovt navn! Fx $CH_3CH_2CH_2CH_3$ (butan). C-atomerne er på en kæde (række) - deraf navnet "kædeformede" alkaner (læs mere på side 112-116).

Husketips: *Alifatisk lyder som "Ali fat", som leder tankerne hen på huskeremsen "Ali tager fat i tovet ved tovtrækningen". Ved tovtrækning[70] står folk (C atomerne) på række/i kæde. Så alifatisk alkan er lig med C-atomer på en række/i en kæde.*

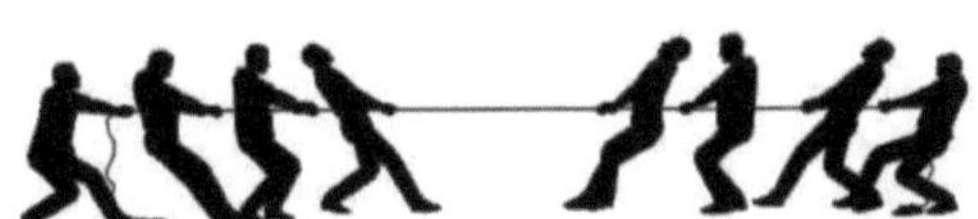

Et **cyclisk carbonhydrid** indeholder carbonatomer bundet sammen i en ring. En **cycloalkan** indeholder kun enkeltbindinger. En **cycloalken** indeholder en C=C (carboncarbondobbeltbinding).

Husketips: *C-atomerne cykler rundt i en (cykelhjul)ring i en cycloalkan og en cycloalken.*

Den simpleste cycloalkan er **cyclopropan**, hvis molekylformel er C_3H_6. Vi kan vise opbygningen af cyclopropan på tre måder:

Til venstre: Cyclopropan hvor alle atomer og bindinger er vist ("almindelig formel"). I midten: Bindinger mellem C og H er ikke vist. Til højre: Zigzagformel.

Cyclobutan (*"4-C-atom-alkan-ring"*) må derfor se således ud:

Og methylcyclopentan må se således ud:

</td></tr>
</table>

<table>
<tr><td>

Opskriv strukturformler (almindelig og zigzag) for 1-ethyl-3-methylcyclohexan

</td><td>

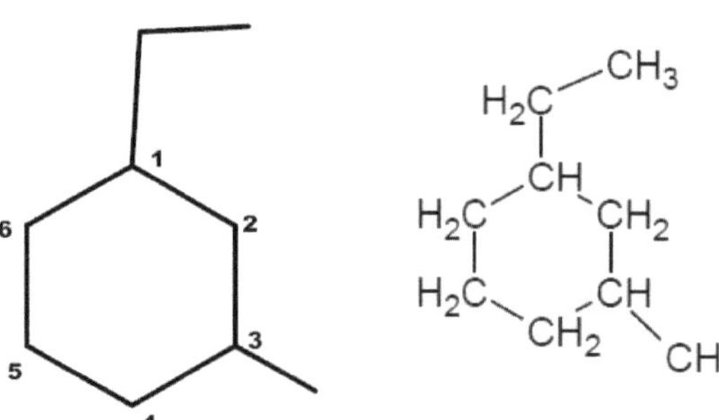

Dette eksempel viser navngivning af cycloalkaner med flere sidekæder. Sidekædernes placering angives ved nummerering af carbonatomerne i ringen. Nummereringen skal ske således, at tallene i navnet bliver så små som muligt. Og sidekædernes navne placeres i alfabetisk rækkefølge. Det hedder 1-**e**thyl-3-**m**ethylcyclohexan - og IKKE 1-ethyl-5-methylcyclohexan. Og det hedder IKKE 1-**m**ethyl-3-**e**thylcyclohexan, da "e" kommer før "m" i alfabetet.

Da carbon i cykloalkaner danner 4 enkeltbindinger for at opfylde ædelgasreglen – ligesom i alifatiske alkaner – så vil carbon gerne opnå sin optimale **bindingsvinkel** for en **tetraederstruktur** – nemlig cirka **109 grader**. Men det er ikke muligt i cyclopropan, hvor vinklen bliver 60 grader som i en trekant. Der er "spændinger" i ringen (ligesom ved en gren, som man bukker for meget), og carbon-carbon bindingen knækker derfor nemt. Cyclopropan er derfor meget reaktiv. Der sker en slags **"additionsreaktion"**, hvor fx Br$_2$ sættes på cyclopropan under dannelse af 1,2-dibromcycloalkan:

</td></tr>
<tr><td>

Cyklo-alkanernes bindingsvinkel og kemiske egenskaber? Giv eksempler

</td><td>

Forklaring: En af C-C bindinger i cyclopropantrekanten knækker, og de nu ledige elektroner på carbonatomerne binder et bromatom til sig fra Br-Br molekylet, som nu også får knækket/brudt sin enkeltbinding.

De større cycloalkaner har carbon-carbonbindingsvinkler, som er tættere på 109 grader, og de er derfor lige så lidt reaktive som de alifatiske alkaner.

</td></tr>
<tr><td>

Giv et eksempel på en cycloalken. Kemiske egenskaber?

</td><td>

En **cycloalken** indeholder én dobbeltbinding. Det kan vi høre på endelse "**en**", som betyder "**en** dobbeltbinding". **Eksempel**, cyclohexen:

Cyklohexen reagerer som en alken og lave **addition**. Fx med dibrom (Br$_2$):

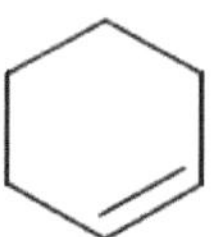

</td></tr>
</table>

| | [C=C dobbeltbindingen i cyclohexen brydes og Br-Br enkeltbindingen brydes, når dibrom adderes til C=C under dannelse af 1,2-dibromcyclohexan]. |

Aromater (kaldes også **arener**) er opbygget af en eller flere

benzenmolekyler. Benzen er en væske med molekylformlen C_6H_6. Molekylet kunne være opbygget som en seksleddet ring med skiftevis C-C enkeltbindinger og dobbeltbindinger (se figuren til højre). Men det er det IKKE. For så ville de tre C=C dobbeltbindinger kunne addere dibrom, ligesom alkener gør. Men det kan benzen ikke! Derfor kan benzen ikke indeholde rigtige dobbeltbindinger.

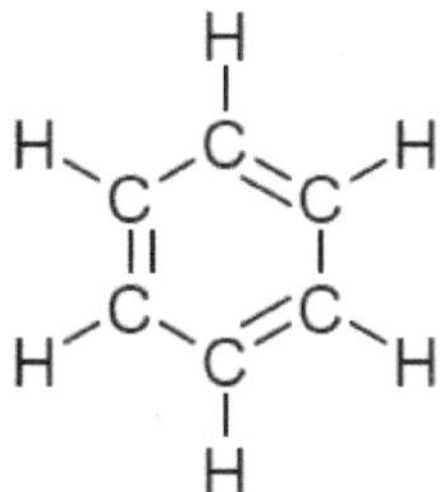

I stedet skriver vi en formel, hvor C-atomerne kun danner tre bindinger. Der bliver så en elektron tilovers på hvert C-atom (se figuren til højre). Dvs. der er 6 elektroner til overs i alt. Disse 6 elektroner opfører sig unormalt. De kan nemlig bevæge sig omkring alle benzenringens 6 carbonatomkerner – i en *elektronsky*. De 6 elektroner er

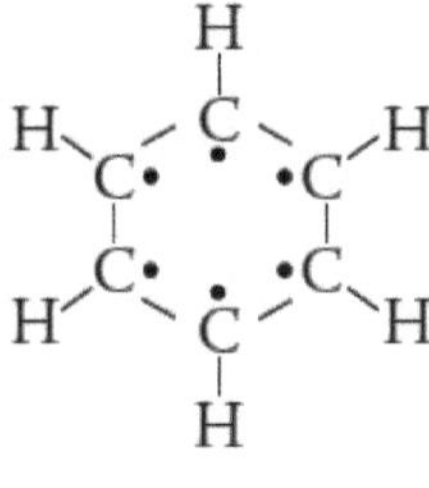

delokaliserede, dvs. de hører ikke til et bestemt sted. Benzenmolekylet er helt plant (fladt), og alle **bindingsvinkler er 120°** (en "lagkage" på 360 grader delt af 3 bindinger = 120 grader). Carbonatomerne er bundet sammen med normale enkeltbindinger, og desuden bindes de sammen af den delokaliserede elektronsky. Denne sammenbinding med delokaliserede elektroner kan ikke angives med bindingsstreger. Som regel gengiver man det delokaliserede elektronsystem med en cirkel, så benzens formel skrives:

eller skrevet kort som zigzagformel:

Alle aromatiske stoffer (arener) indeholder dette "ringformede" elektronsystem. Generelt er arener sundhedskadelige. Benzen er kræftfremkaldende.

Husketips: *Benzen lyder som bilmærket Mercedes-Benz. Og bilmærkets cirkelformede symbol ligner en elektronring. Det er en meget sexet bil (læs: Der er sex (6) carbon, og sex hydrogen i benzenringen, og sex elektroner i elektronringen).*

Arener lyder som (cirkus)arena - og den runde seks-elektron-ring ligner en rund cirkusarena.

<table>
<tr><td>

</td><td>

Tre andre aromatiske stoffer (toluen, napththalen, benzopyren):

Toluen (methylbenzen): Er en benzenring med en methylgruppe (CH_3-) bundet til.

Husketips: *Benz er benzen. CHopper er CH-gruppe. En chopper er en designermotorcykel. Tænk: "CHopper to`lur på en benz" (læs: CH_3 tog en lur oven på benzenringen).*

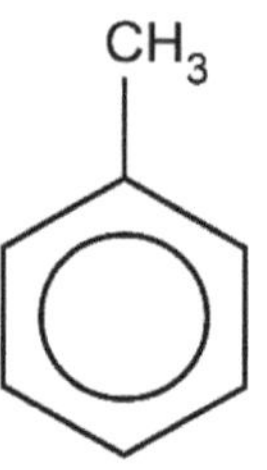

Naphthalen/naftalin er 2 benzenringe, som hænger sammen.

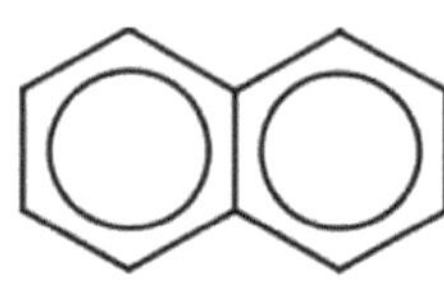

eller som zigzagformel:

Napththalen/naftalin har tidligere været brugt i mølkugler til bekæmpelse af møllarver. Larver fra møl kan æde huller tøjet.

Husketips: *Naphthalen er 2 gange (x) **hex** (fra carbonhydridnavngivning) = 2 x 6 C = 2 x benzen.*

Der er 10 bogstaver i "naphthalen" svarende til antal C atomer i to sammen<u>lim</u>ede benzenringe. Naphthalen kaldes også for naftalin, som rimer på <u>lim</u>!

Hjælp til at huske stavemåden "naphthalen": "ph" udtales som "f" og "th" udtales som "t" – så ordlyden "naftalen" staves naphthalen.

</td></tr>
<tr><td>

</td><td>

Ved ufuldstændig forbrænding af organiske stoffer dannes der små mængder af nogle stoffer, som består af tre eller flere seksleddede C-ringe. Disse stoffer omtales under et som **PAH** (engelsk: "**P**olycyclic **A**romatic **H**ydrocarbons"). PAH er typisk kræftfremkaldende. Det gælder fx **benzopyren,** $C_{20}H_{12}$, som fx findes i udstødningsgas fra biler og i tobaksrøg. Benzopyren (se zigzagformlen til højre) er en sammenkobling af 5 benzenringe:

Husketips: *Vi kan høre på stavelsen "benzo", at der er benzenringe i <u>benzo</u>pyren. Der er 5 bogstaver i "benzo" – dvs. der er 5 benzenringe i benzopyren.*

Stavelsen "pyren" minder om ordet "ren", som er et dyr (<u>ren</u>sdyr). Med lidt god vilje kan molekylet ligne et rensdyr. Kroppen er de 3 nederste benzenringe (én ring for hhv. bagkrop, "mellemkrop" og forkrop). Hovedet (én ring) med gevir (én ring) er de to øverste benzenringe.

</td></tr>
</table>

Oxygenforbindelser

Vi vil se på to organiske stofgrupper, som indeholder oxygen – nemlig alkoholer og carboxylsyrer.

En **alkohol** indeholder en OH-gruppe. **Eksempler:**

H–C–O–H (methanol)

H–C–C–O–H (ethanol)

De to alkoholer "opstår" fra carbonhydriderne methan og ethan ved udskiftning af et H-atom med en OH-gruppe (en hydroxygruppe). Indførelsen af en OH-gruppe i et carbonhydrid markeres ved tilføjelse af endelsen **-ol** til carbonhydridets navn. Derved får navnet samme endelse som ordet alkoh**ol**.

Ethanol kaldes i hverdagen for sprit eller alkohol. Man kan fremstille ethanol ved **gæring** af visse kulhydrater (sukkerstoffer). Det er en proces, hvor glucose (druesukker, $C_6H_{12}O_6$) optages og omsættes af gærceller, når der IKKE er ilt/dioxygen (O_2) til stede (kaldes **anaerobt**):

$C_6H_{12}O_6(aq) \rightarrow 2\ CH_3CH_2OH(aq) + 2\ CO_2(g)$ [vandopløst glucose forgæres til vandopløst ethanol og CO_2 gas].

Hvis der er ilt/dioxygen til stede (kaldes **aerobe forhold**), så omsættes glukosen til vand og CO_2 ved den såkaldte **respirationsproces**. Og så dannes der IKKE alkohol – øv, bøv:

$C_6H_{12}O_6(aq) + 6\ O_2(g) \rightarrow 6\ CO_2(g) + 6\ H_2O(l)$ [vandopløst glucose omsættes med dioxygengas til CO_2 gas og vand].

Husketips: *Tænk på det engelske ord "**aero**plane", som betyder flyvemaskine. Den flyver rundt i den iltholdige luft. Dvs. **aerob** betyder med ilt. "An" betyder "uden". Tænk på "**an**alfabet", som uden evnen til at læse/skrive. Analfabeter er uden alfabet. Så anaerob betyder uden ilt.*

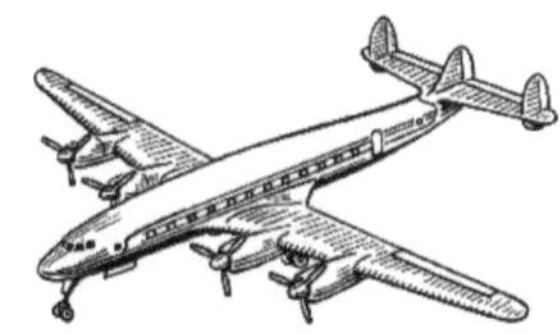

*Husk alkoholgæringsprocessen. Tænk "**g**ær bruger **g**lukose, $C_6H_{12}O_6$, og er i en gæringsbeholder (unden O_2), som står og bobler CO_2 gas og danner alkohol (CH_3CH_2OH)".*

*Husk respirationsprocessen. Tænk "**g**ær bruger **g**lukose, $C_6H_{12}O_6$, og O_2 (gæren respirerer/ånder ilt). Ilt (O) kommes på C (kulstof) i sukkeret og danner CO_2, og ilt kommes på H (hydrogen) i sukkeret og danner H_2O".*

Ved gæring kan alkoholindholdet ikke komme over **12 %** (volumenprocent), idet gærcellerne ikke kan tåle større ethanolkoncentrationer. Man kan få en højere ethanolkoncentration ved at **destillere** den opløsning, man har fremstillet ved gæringen. Destillere vil sige, at man "damper" ethanolen fra vandet, idet

---

Hvad er en alkohol? Giv eksempler!

Opskriv og afstem reaktionsskemaerne for alkoholgæring og respiration. Forklar processerne!

Hvad er den maksimale alkohol % ved gæring? Hvordan fås en højere %? Alkoholers kemiske egenskaber?	processen udnytter at ethanol har lavere kogepunkt end vand. Ethanolen fortættes ved afkøling til væske igen, og man har nu en væske med en højere alkoholprocent. **Husketips:** _Destillere er, når alkohol det stille (og roligt) adskilles fra vandet._ Alkoholer har noget højere kogepunkter end de carbonhydrider, som de er afledt af. Blandt andet fordi alkoholer er polære og carbonhydrider er upolære. Polære molekyler "klisterer" bedre til hinanden i væskefasen, og kræver derfor mere bevægelsesenergi (dvs. højere temperatur) før, at molkylerne "slipper taget i hinanden" og går på gasform. Da alkoholer er mere polære end carbonhydrider, har alkoholerne højere vandopløselighed (læs mere om polaritet og vandopløselighed på side 84-90).
Opskriv forbrændingsreaktionen for ethanol	Alkoholer kan brænde. Som eksempel tages forbrændingen af ethanol: $CH_3CH_2OH(l) + 3\ O_2 \rightarrow 2\ CO_2(g) + 3\ H_2O(g)$ [flydende ethanol reagerer med dioxygengas og danner CO_2 gas og vanddamp]. **Husketips:** _Der kommer ilt (O) på C og H i ethanolen og der dannes hhv. CO_2 og H_2O._
Opskriv og forklar reaktionen "eddikegæring"	Hvis man lader vin stå i en åben gæringsbeholder i længere tid, så kan man risikere, at vinen bliver sur. Det skyldes **eddikesyrebakterier**, som anvender dioxygen til ilte ethanol til ethansyre og vand: $CH_3CH_2OH(l) + O_2(g) \rightarrow CH_3COOH(aq) + H_2O(l)$ Ethansyre kaldes også eddikesyre (det indgår i husholdsningseddike og vineddike), og processen kaldes en **eddikegæring**. Det er et selvmodsigende ord. For gæring betyder jo normalt en omsætning UDEN O_2. Og ved eddikegæring bruges jo O_2?! <u>Forklaring:</u> Sammenlign de to formler CH_3CH_2OH og CH_3COOH. Hvis vi fjerner H_2 fra ethanol og indsætter O (fra O_2), så får vi ethansyre. Og det fjernede H_2 går sammen med det sidste O fra (O_2) og danner H_2O.
Hvad er en carboxylsyre?	Eddikesyre tilhører stofgruppen **carboxylsyrer.** De indeholder atomgruppen $-COOH$, dvs. der er et dobbelbundet O og en OH-gruppe på samme kulstofatom. Dvs. ethansyre får strukturfomlen til højre:

| Opskriv navne og strukturformler for de 4 mindste carboxylsyrer | De mest simple carboxylsyrer ses i tabellen nedenunder. |

Formel	HCOOH	CH_3COOH	CH_3CH_2COOH	$CH_3CH_2CH_2COOH$
systema-tisk navn	Methansyre	ethansyre	propansyre	butansyre
Forklaring	De systematiske navne er logiske. Det er alkannavnet med endelsen "syre" på. Fx CH_4 (methan) → HCOOH (methan<u>syre</u>)			
Hverdags-navn	myresyre tissemyrer danner syren	Eddikesyre findes i hus-holdnings-eddike, vineddike	propionsyre	smørsyre findes i harsk smør, parmesanost og opkast
Husketips	*Myresyre: Den <u>myre</u>lille (mindste) carboxyl<u>syre</u>. Ed**di**kesyre: Har **di** (to) carbon i sig. <u>Propion</u>syre: Har lige som mange kulstof, som er der vinger i en vindmølle<u>propel</u> (tre!). Smørsyre: Butter betyder smør på tysk og engelsk. Og <u>butter</u> og <u>butan</u> har samme forstavelse.*			

Carboxylsyrerne i tabellen er væsker. De lugter ikke godt. Det gælder specielt butansyre (smørsyre), som lugter som meget sure tæer.

Andre carboxylsyrer:

Opskriv formlerne for mælkesyre og citronsyre

<u>Mælkesyre:</u> Dannes i musklerne under anaerobe forhold. Findes også i surmælksprodukter som fx ymer, creme fraiche.

Husketips: *Endelsen "syre" fortæller, at der må være en carboxylsyregruppe (dvs. -COOH) i molekylet. Mælkesyre dannes i musklerne, når de bliver <u>træ</u>tte. Tænk træt = træ = tre = 3 carbon i stoffet. At der er OH i mælkesyre på det <u>midterste</u> kulstofatom huskes på, at mælken kommer ud fra <u>midten</u> af koen – ved yveret. Dette er en lang associationsrække – men prøv det af!*

<u>Citronsyre:</u> Giver citroner den sure smag og dannes i vores celler under stofskiftet.

Husketips: *Citronsyremolekylet ligner en 3-tandet gaffel (som stikkes ind i en citron). HO-gruppen er skaftet og de 3 CH-COOH grupper er tænderne. Du kan høre på navnet "syre", at der må være carboxylsyregrupper (COOH) i stoffet. Der er 3 COOH – én for hver tand. Tænderne (COOH) sidder fast på det lodrette "mellemstykke" (CH2-C-CH2).*

Kapitel 7: Syre-basereaktioner

Billedet er et advarselspiktogram, som viser at syrer og baser er ætsende.

Kemi på hjernen!

Konen råber til ægtemanden, som er en håbløs keminørd: "Skaaaatttt……. kommer du ikke snart ind i soveværelset - så vi kan EKSPERIMENTERE?!"

Kort tid efter indfinder manden sig i soveværelset med et minikemisæt, som kan bruges til hjemmeeksperimenter!

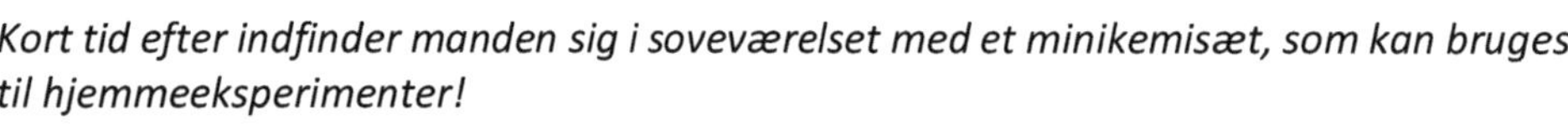

Spørgsmål	Forklaring/*husketips*
Hvad er en syre? Giv et eksempel	**En syre** er et stof, der kan afgive en H^+ -ion/proton/hydron. Derfor skal en syre have et "surt" H-atom. Et stof uden H-atomer i kan altså IKKE være en syre. Fx har HCl (saltsyre) et surt H-atom, men O^{2-} (oxid) har ikke noget H-atom og O^{2-} kan derfor ikke være en syre (men er en base). **Husketips:** *Hydronen <u>drog</u> afsted fra den sure syre!* *Tænk: "s" i afsted for "syre".*
Hvad er en base? Giv et eksempel	**En base** er et stof, der kan optage en H^+ -ion/proton/hydron. Basen skal have et ledigt elektronpar, der kan binde H^+-ionen/protonen/hydronen til basen. Fx har OH^- (hydroxid-ionen) 3 ledige elektronpar, hvoraf det ene ledige elektronpar kan optage/binde én H^+ - ion. $\left[:\ddot{O}-H\right]^-$ **Husketips:** *Hvis du kan huske, hvad en syre gør (brug huskeremsen: "Hydronen <u>drog</u> afsted") - så skal du bare tænke på, at basen gør lige det modsatte af syren. Eller tænk: "<u>Bas</u>en er landings<u>base</u> for hydronen" eller "hydronen kom til<u>bage</u> til <u>bas</u>en". Tænk: "b" i <u>base</u> for hydronen til<u>bage</u> til <u>bas</u>en.*
Hvad er en syre-basereaktion? Giv et eksempel	**Syre-base-reaktioner** er reaktioner hvor en H^+-ion/proton/hydron overføres fra en syre til en base. Fx $HCl(aq) + H_2O(l) \rightarrow Cl^-(aq) + H_3O^+(aq)$ [HCl afgiver en H^+ - ion/proton/hydron til vandet (som er base), og det sure H efterlader sin elektron på Cl-atomet, der omdannes til en chlorid-ion (Cl^-). H_2O får én H^+ på sig og omdannes til H_3O^+ ionen (oxoniumionen)]. Husk at et H-atom kun består af 1 elektron, som kredser rundt om 1 proton, der er i midten (kernen)! Når en syre afgiver en H^+ - ion/proton/hydron, så omdannes syren til den **korresponderende** (tilsvarende) base. Og omvendt: Når en base optager 1 H^+ - ion/proton/hydron, så omdannes basen til den tilsvarende (**korresponderende**) syre. Hvis en syre og en base hører sammen som et **korresponderende syre-basepar**, så er der <u>præcis</u> én H^+ - ion mere i syren end i basen. Det er den eneste forskel i sammensætningen.

<table>
<tr><td>Hvad er et korresponderende syre-basepar?
Giv eksempler

</td><td>Eksempler:

Syre	Korresponderende base
HCl (saltsyre)	Cl^- (chlorid-ion)
CH_3COOH (eddikesyre)	CH_3COO^- (acetat-ion)
H_2SO_4 (svovlsyre)	HSO_4^- (hydrogensulfat-ion)
NH_4^+ (ammonium-ion)	NH_3 (ammoniak)

Husketips: Det korresponderende syre-basepar er som et elskende par, der kun adskilles af den lille forskel[71]: 1 H$^+$ - ion. De tilhører hinanden og <u>korresponderer</u> (skriver) sammen via de sociale medier, når de ikke er fysisk sammen.</td></tr>
<tr><td>Hvad er en stærk syre?
Opskriv reaktionen mellem saltsyre og vand

Angiv navne og formler for de 4 stærke syrer!</td><td>En syre med stor tilbøjelighed til at afgive en H$^+$ - ion/proton/hydron kaldes en

stærk syre

. Man bruger enkeltpil (→) i reaktionsskemaet for syre-basereaktioner, hvor en stærk syre indgår. Hvis du fx har 100 saltsyremolekyler (HCl), så vil alle 100 HCl-molekyler afgive deres hydron:

$HCl(aq) + H_2O(l) \rightarrow Cl^-(aq) + H_3O^+(aq)$.

Den stærke syre (HCl) tvinger H$^+$ - ionen "ned i halsen" på basen (som er vand).

HCl tvinger altså alle vandmolekylerne til at optage én H$^+$.

Husketips: En <u>stærk</u> syre er <u>stærk</u> til at afgive en hydron (jævnfør "hydronen drog afsted").

Huskeremsen "<u>stærk</u> <u>okse</u> <u>salt</u>er med <u>salpeter</u> og <u>svovl</u>" kan bruges til at huske, at de 4 stærke syrer er <u>ox</u>onium (H$_3$O$^+$), <u>salt</u>syre (HCl), <u>salpeter</u>syre (HNO$_3$) og <u>svovl</u>syre (H$_2$SO$_4$).

Husketips til formler og navne for de 4 stærke syrer:
Salt er NaCl. Hvis "Na" ombyttes med "H" (dvs. "syre") får man saltsyre/HCl.

Svovlsyre må indeholde H (dvs. "syre") og svovl. Det kan vi høre på navnet. Hvis man kender formlen for sulfat (SO$_4$$^{2-}$), så kan man tænke på svovlsyre som sulfat, der har fået tilføjet to sure H$^+$-ioner, altså 2H$^+$ + SO$_4$$^{2-}$ → H$_2$SO$_4$. Det ville være mere logisk at kalde H$_2$SO$_4$ for sulfatsyre, men det gør man ikke!

Ordet "salpeter" kan betyde NO$_3$$^-$ (dvs. nitrat). Så hvis du sætter en sur H$^+$ på NO$_3$$^-$ (H$^+$ + NO$_3$$^-$ → HNO$_3$) får du salpetersyre (HNO$_3$). Det ville være mere logisk at kalde HNO$_3$ for nitratsyre, men det gør man ikke!

Navnet "<u>ox</u>onium" kan tænkes forkortet til "ox" plus "m". "Ox" betyder</td></tr>
</table>

---

[71] Nej. Skam dig – vi tænker ikke på tissemand og tissekone!

	oxygen, og det giver formlen "H_3O", fordi en syre må indeholde surt H og "m" har 3 streger ned, dvs. H_3. Da vandmolekylet er elektrisk neutralt[72], må oxoniumionen have ladningen +1: $H_2O + H^+ \rightarrow H_3O^+$. *[Måske er det nemmere bare at lære udenad, at oxonium er H_3O^+ - fx via vendekortmetoden].*
Hvad er en svag syre? Opskriv reaktionen mellem ethansyre og vand	**En svag syre** er en syre med lille/ringe tilbøjelighed til at afgive en H^+ -ion/proton/hydron. Man bruger dobbeltpil ($\rightleftharpoons$) i reaktionsskemaet for den syre-basereaktion, hvor den svage syre indgår. Tag fx eddikesyre, CH_3COOH. Ud af 100 eddikesyremolekyler er det kun 1, der gider at afgive én hydron. De 99 andre eddikesyremolekyler laver ingenting. De er gået i strejke. Hæ, hæ…! Reaktionsskemaet er: $CH_3COOH(aq) + H_2O(l) \rightleftharpoons CH_3COO^-(aq) + H_3O^+(aq)$ [Det sure H-atom i CH_3COOH afgiver en H^+ -ion/proton/hydron til vandet (som er base). Og det sure H efterlader sin elektron på CH_3COO, der omdannes til en acetat-ion (CH_3COO^-). H_2O får én H^+ på sig og omdannes til H_3O^+ ionen (oxonium). Husk at et H-atom kun består af 1 proton og 1 elektron]. **Husketips:** *En svag syre er svag til at afgive hydron ("hydronen drager sjældent afsted").*
Hvad er en dihydron syre? Færdiggør reaktionen: $H_2SO_4 + H_2O \rightarrow$? + ? og næste trin i reaktionen er?	**En dihydron syre** er en syre, der har to ("di") sure H-atomer. Den kan altså afgive 2 H^+-ioner/protoner/hydroner. Fx svovlsyre H_2SO_4: $H_2SO_4(aq) + H_2O(l) \rightarrow HSO_4^-(aq) + H_3O^+(aq)$ [Den første H^+ -ion/proton afgives fra H_2SO_4 (syren) til vandet (som er base). Og det sure H efterlader sin elektron på HSO_4, der omdannes til en hydrogensulfat-ion (HSO_4^-). H_2O får én H^+ på sig og omdannes til H_3O^+ ionen (oxonium)]. $HSO_4^-(aq) + H_2O(l) \rightleftharpoons SO_4^{2-}(aq) + H_3O^+(aq)$ [Den sidste H^+ -ion/proton/hydron afgives til vandet (som er base). Og det sure H efterlader sin elektron på SO_4^-, der omdannes til en sulfat-ion (SO_4^{2-}). H_2O får en H^+ på sig og omdannes til H_3O^+ ionen (oxonium)]. Læg mærke til at det "normalt" kun er den ene af svovlsyrens 2 sure H-atomer, som reagerer som en stærk syre (se enkeltpil i første reaktion). Det andet sure H er kun svagt (se dobbeltpil i reaktion 2).
Hvad er en middelstærk syre? Giv et eksempel!	## En middelstærk syre er en syre, der er svagere end en stærk syre, men stærkere end en svag syre. Man bruger dobbeltpil ($\rightleftharpoons$) i reaktionsskemaet. Phosphorsyre, H_3PO_4, og HSO_4^- (hydrogensulfat) er **eksempler** på middelstærke syrer.

---

[72] Har lige mange negative elektroner og positive protoner.

| Opskriv reaktionen mellem fosforsyre og vand | Fx $H_3PO_4(aq) + H_2O(l) \rightleftharpoons H_2PO_4^-(aq) + H_3O^+$ [H_3PO_4 afgivet 1 H^+ til vandet (som danner H_3O^+). Det sure H efterlader sin elektron på H_2PO_4, som bliver til ionen $H_2PO_4^-$].
 Husketips: Den <u>middel</u>stærke syre er altså <u>middel</u>god til at afgive en H^+-ion/proton/hydron. |

Alle børnene kom godt og sikkert igennem kemiforsøget – undtagen Myre – hun faldt ned i syre.

Hvad er koncentreret syre? Hvordan fortyndes koncentreret svovlsyre?	**<u>Koncentreret syre</u>** vil sige, at man har opløst så mange mol af syren i 1 liter vand, som der maksimalt kan opløses. Der kan ikke "proppes" mere syre ned i vandet. Vandet er mættet med syre. **Bøvs!!** **Husketips:** *Koncentreret betyder tætpakket. Tænk på koncentreret saftevand, som smager meget kraftigt af saft, da der er opløst alt det saft, der er plads til i vandet. Det er tætpakket med saftmolekyler og har en meget <u>koncentreret</u> smag. Nam, nam.....slik dig om munden.* Koncentreret svovlsyre fortyndes ved, at man forsigtigt hælder syren ned i vandet – ikke omvendt. Når syren reagerer med vandet, skabes varme (exoterm proces) og man får en lokal overophedning, så syren stødkoger ud til alle sider. **Husketips:** *Syre i vand, det går an. Vand i syre, gør gode råd dyre!*
Hvad er fortyndet syre?	**<u>Fortyndet syre:</u>** Dvs. der er opløst mindre syre i vandet end der maksimalt er plads til i vandet. **Husketips:** *Jævnfør fortyndet saftevand, der smager som "tungen ud af vinduet", da der ikke er ret mange saftmolekyler i. Det er <u>for tyndt</u> (læs: fortyndet).*
Hvad er en amfolyt? Opskriv reaktionen mellem a) saltsyre og vand samt b) oxid og vand	**<u>En amfolyt</u>** er et stof, som både kan optræde som base og som syre (det kan altså begge dele). Fx er vand en amfolyt. $H_2O + HCl \rightarrow H_3O^+ + Cl^-$ [vand er base, når det er sammen med en syre, fx HCl]. $H_2O + O^{2-} \rightarrow 2OH^-$ [vand er syre, når det er sammen med en base, fx O^{2-}]. **Husketips.** *Vi siger til vandet: "Beslut dig nu. Er du en syre eller en base?". Vandet er <u>am</u>bivalent og <u>ly</u>tter ikke (læs: amfolyt).* 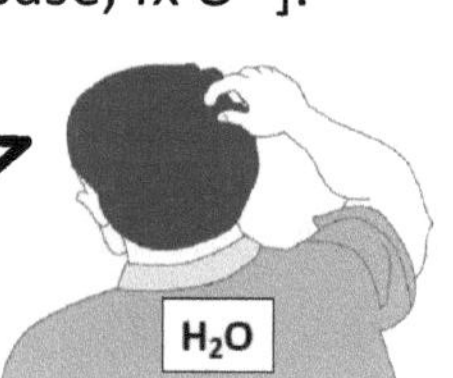

Hvad er en svag base? Opskriv reaktionen mellem ammoniak og vand	**En svag base** er en base med lille/svag tilbøjelighed til at optage én H^+-ion/proton/hydron. Man bruger dobbeltpil ($\rightleftharpoons$) i reaktionsskemaet for den syre-basereaktion, hvori basen indgår. Fx ammoniak, NH_3: $H_2O(l) + NH_3(aq) \rightleftharpoons OH^-(aq) + NH_4^+(aq)$ [NH_3 optager én H^+ ion fra H_2O, og NH_3 omdannes til NH_4^+. Tilbage af vandet er der OH^-, da OH har optaget den elektron, som det sure H har efterladt]. Hvis vi har 100 NH_3 molekyler, så er der kun 1, der gider optage en H^+-ion/proton/hydron. Resten – de 99 – laver ingenting! De strejker!!! **Husketips:** *En <u>svag</u> base er <u>svag</u> til at optage en H^+-ion/proton/hydron.*
Hvad er en stærk base? Opskriv reaktionen mellem hydroxid og vand	**En stærk base** er en base med stor/stærk tilbøjelighed til at optage én H^+-ion/proton/hydron. Man bruger så enkeltpil ($\rightarrow$) i reaktionsskemaet for den syre-basereaktion, hvori basen indgår. Fx hydroxid, OH^-: $OH^-(aq) + H_2O(l) \rightarrow H_2O(l) + OH^-(aq)$ [OH^- optager én H^+-ion/proton/hydron fra vandet og OH^- omdannes til H_2O ($OH^- + H^+ \rightarrow H_2O$). Vandet har afgivet en H^+ og tilbage er OH^-]. **Husketips:** *En <u>stærk</u> base er <u>stærk</u> til at optage én H^+-ion/proton/hydron.*
Hvad er neutralisation? Opskriv reaktionen mellem a) oxonium og hydroxid samt b) saltsyre og natriumhydroxid	Hvis lige store mængder af en stærk syre og en tilsvarende stærk base blandes med hinanden dannes salt og vand – og en opløsning med neutral pH (pH = 7) dannes. Heraf navnet **neutralisation**. Fx $H_3O^+(aq) + OH^-(aq) \rightarrow 2H_2O(l)$ [H_3O^+ afgiver en H^+-ion/proton/hydron til OH^-. Herved omdannes oxonium til vand. Hydroxid-ionen optager én H^+ og bliver også til vand]. Eller: $HCl(aq) + NaOH(aq) \rightarrow NaCl(aq) + H_2O(l)$ [syre plus base giver **salt** plus **vand**].

Spørgsmål: Hvad har pH 7 tilfælles med Sverige?
Svar: De er begge neutrale!

Spørgsmål: Hvad bruger militæret syre til?
Svar: Til at neutralisere fjendens baser!

Hvad er auto-hydronolyse? Opskriv reaktionen	**Autohydronolyse:** Dvs. at et stof laver en syre-basereaktion *"med sig selv"* – fx at et vandmolekyle overfører en H^+-ion/proton/hydron til et andet vandmolekyle. [Det er kun **amfolytter**, der kan gøre dette]: $H_2O(l) + H_2O(l) \rightleftharpoons H_3O^+(aq) + OH^-(aq)$. [Det ene vandmolekyle afgiver én H^+ og danner OH^- (elektronen fra det sure H optages af OH). Det andet vandmolekyle optager H^+ ionen og danner H_3O^+].

	**Husketips:** *Auto betyder selv (tænk på "autonom" = selvstændig). Tænk på ordet automobil, som betyder selvtransporterende ("mobil" betyder transport). Hydronolyse betyder overførsel af en hydron. Så autohydronolyse vil sige at lave en syre-basereaktion "med sig selv".*
Hvad er vandets ionprodukt? Opskriv ligningen Beregn $[H_3O^+]$ i en opløsning hvor $[OH^-] = 5 \cdot 10^{-3}$ M? Beregn $[OH^-]$ i en opløsning hvor $[H_3O^+] = 7{,}5 \cdot 10^{-4}$ M?	**Vandets ionprodukt** er produktet (dvs. gange) af de to aktuelle stofmængdekoncentrationer: $[H_3O^+(aq)]$ og $[OH^-(aq)]$. Gangestykket (produktet) giver altid samme tal (ved 25 grader Celsius) – nemlig $1{,}0 \cdot 10^{-14} M^2$. Dvs. $[H_3O^+(aq)] \cdot [OH^-(aq)] = 1{,}0 \cdot 10^{-14} M^2$. **Husketips:** *Ionernes koncentrationer ganges sammen (produkt betyder gange i matematik). Husk på at der er lige meget syre (H_3O^+) og base (OH^-) i rent vand, som derfor får pH = 7. Når pH = $-\log[H_3O^+]$ = 7 følger matematisk, at $[H_3O^+] = 1 \cdot 10^{-pH} = 1 \cdot 10^{-7} M = [OH^-]$ og det giver $[H_3O^+] \cdot [OH^-] = 1 \cdot 10^{-7} M \cdot 1 \cdot 10^{-7} M = 1 \cdot 10^{-14} M^2$.* **Eksempler** på brug af vandets ionprodukt: 1) Vi kender $[OH^-(aq)]$, som er $5 \cdot 10^{-3}$ M. Hvad er $[H_3O^+(aq)]$ i opløsningen? SVAR: $[H_3O^+(aq)] \cdot [OH^-(aq)] = 1{,}0 \cdot 10^{-14} M^2 \Leftrightarrow [H_3O^+(aq)] = 1{,}0 \cdot 10^{-14} M^2/[OH^-(aq)] = 1{,}0 \cdot 10^{-14} M^2/5 \cdot 10^{-3} M = \underline{\underline{2 \cdot 10^{-12} M}}$. Dvs. opløsningen er basisk, da hydroxidionkoncentrationen er større end oxoniumionkoncentrationen. 2) Vi kender $[H_3O^+(aq)]$, som er $7{,}5 \cdot 10^{-4}$ M. Hvad er $[OH^-(aq)]$ i opløsningen? SVAR: $[H_3O^+(aq)] \cdot [OH^-(aq)] = 1{,}0 \cdot 10^{-14} M^2 \Leftrightarrow [OH^-(aq)] = 1{,}0 \cdot 10^{-14} M^2/[H_3O^+(aq)] = 1{,}0 \cdot 10^{-14} M^2/7{,}5 \cdot 10^{-4} M = \underline{\underline{1{,}33 \cdot 10^{-11} M}}$. Dvs. opløsningen er sur, da hydroxidionkoncentrationen er mindre end oxoniumionkoncentrationen.
Definer sur, neutral og basisk opløsning ud fra pH og $[H_3O^+(aq)]$, $[OH^-(aq)]$	**Sur, neutral og basisk opløsning** **SUR:** Der er højere $[H_3O^+(aq)]$ end $[OH^-(aq)]$. pH er derfor under 7. **NEUTRAL:** Der er lige store $[H_3O^+(aq)]$ og $[OH^-(aq)]$. pH er derfor 7. **BASISK:** Der er lavere $[H_3O^+(aq)]$ end $[OH^-(aq)]$. pH er derfor over 7. Hvis du trænger til at arbejde mere med syre-baseopløsninger og syre-basereaktioner, så prøv disse interaktive øvelser: https://phet.colorado.edu/da/simulation/acid-base-solutions
Opskriv og forklar pH formlen!	**pH** er et tal for opløsningens surhedsgrad. pH beregnes vha. denne formel: $\mathbf{pH = -\log[H_3O^+(aq)]}$, hvor $[H_3O^+(aq)]$ måles i M (mol $H_3O^+(aq)$ per liter af opløsningen).

	Husketips: *"p" betyder "-log" i matematik og alle syrer indeholder et surt H-atom. Syrevirkningen skyldes i virkeligheden H_3O^+ ionerne. Så heraf følger, at pH = - $log[H_3O^+]$. Der er minus på, da tallet ellers bliver negativt.*
Beregn pH i disse opløsninger: 1) En opløsning hvor $[H_3O^+(aq)]$ er $7,5\cdot10^{-4}$ M? 2) En opløsning hvor $[OH^-(aq)]$ er $5\cdot10^{-3}$ M? 3) I en 0,15M HCl opløsning? 4) I en 0,10 M KOH opløsning?	*pH beregninger.* **Eksempler:** 1) Hvad er pH i en opløsning, hvor $[H_3O^+(aq)]$ er $7,5\cdot10^{-4}$ M? **Svar:** pH = - $log[H_3O^+]$ = - log $7,5\cdot10^{-4}$ = <u>3,1.</u> Dvs. oplæsningen er sur, da pH er under 7. 2) Hvad er pH i en opløsning, hvor $[OH^-(aq)]$ er $5\cdot10^{-3}$ M? **Svar:** $[H_3O^+(aq)]\cdot[OH^-(aq)]$ = $1,0\cdot10^{-14}$ M^2 ⇔ $[H_3O^+(aq)]$ = $1,0\cdot10^{-14}$ $M^2/[OH^-(aq)]$ = $1,0\cdot10^{-14}$ $M^2/5\cdot10^{-3}$ M = $2\cdot10^{-12}$ M. Og pH = - $log[H_3O^+]$ = - log $2\cdot10^{-12}$ = <u>11,7</u> (afrundes til pH = 12). Dvs. oplæsningen er basisk, da pH er over 7. 3) Hvad er pH i en 0,15M HCl opløsning? **Svar:** Da HCl (saltsyre) er en stærk syre, så vil al HCl omdannes til H_3O^+: HCl + H_2O → H_3O^+ + Cl^-. Dvs. vi får dannet lige så meget oxonium som vi har HCl, nemlig 0,15 M $H_3O^+(aq)$. Dvs. pH = - $log[H_3O^+]$ = - log 0,15 = <u>0,82</u>. 4) Hvad er pH i en 0,10 M KOH (kaliumhydroxidopløsning)? **Svar:** $[OH^-(aq)]$ = c(KOH) = 0,10 M. Og $[H_3O^+(aq)]\cdot[OH^-(aq)]$ = $1,0\cdot10^{-14}$ M^2 ⇔ $[H_3O^+(aq)]$ = $1,0\cdot10^{-14}$ $M^2/[OH^-(aq)]$ = $1,0\cdot10^{-14}$ $M^2/0,10$ M = $1,0\cdot10^{-13}$ M. Og pH = - $log[H_3O^+]$ = - log $1,0\cdot10^{-13}$ = <u>13</u>. Dvs. en basisk opløsning. Hvis du trænger til at arbejde mere med pH-skalaen, så prøv disse interaktive øvelser: https://phet.colorado.edu/da/simulation/ph-scale
Hvad er syre-base-indikator?	**En syre-base-indikator** er et stof, der laver farveændringer alt efter hvilke $[H_3O^+(aq)]$ og $[OH^-(aq)]$, der er i opløsningen. - Og som viser cirka pH-værdien i opløsningen. Dvs. syre-base indikatoren ændrer farve, når pH ændrer sig. Fx er phenolphthalein farveløs under pH 8,2 og rød over pH 10. Så hvis pH ændres fra under 8,2 til over 10, så skrifter farven fra farveløs til rød. **Husketips:** *pH indikatoren indikerer (viser) pH-værdien.*
Hvordan findes $[H_3O^+(aq)]$, når pH er kendt? Giv et eksempel	Hvis man kender pH i opløsningen, kan man udregne $[H_3O^+(aq)]$ vha. **$[H_3O^+(aq)]$ = 10^{-pH} M** **Husketips:** *Det følger af logaritmeregnereglerne, at når* *pH = - $log[H_3O^+(aq)]$, så er $[H_3O^+(aq)]$ = 10^{-pH}M (10 i minus pH).* **Eksempel:** Blodet har en pH værdi på 7,4. Dvs. i blodet er der denne koncentration af oxoniumioner: $[H_3O^+(aq)]$ = 10^{-pH}M = <u>$10^{-7,4}$ M</u> = <u>$4,0\cdot10^{-8}$ M</u>.

<table>
<tr><td>

Hvad er et pH-meter?

</td><td>

Et pH-meter er et apparat, der kan måle

opløsningens pH-værdi nøjagtigt ved hjælp af elektroder.

Husketips: *Meter betyder at måle. Tænk på speedometer, som måler hastigheden ("speed" på engelsk) i en bil, på en motorcykel eller et andet køretøj. Så pH-meter betyder pH-måler.*

</td></tr>
<tr><td>

Hvad er en syre-basetitrering?

Hvad er ækvivalens-punktet?

Hvad er kolorimetrisk titrering?

Opskriv reaktionen for titreringen af saltsyre med natriumhydroxid!

Hvorfor er pH = 7 i ækvivalens-punktet?

</td><td>

En syre-basetitrering er en kemisk tællemetode (læs på side 105-107 om chloridtitrering/fældningstitrering), hvor en ukendt koncentration af en syre (en titrand, fx HCl(aq)) bestemmes ved brug af en basisk titrervæske med en kendt koncentration (en titrator), fx 0,10 M natriumhydroxid (NaOH(aq)). Tilsvarende kan en bases ukendte koncentration (en titrand, fx NaOH(aq)) findes ved en titrering, hvor titrervæsken er en syre med en kendt koncentration (en titrator), fx 0,10 M saltsyre (HCl(aq)).

Ved syre-base-titreringen findes <u>ækvivalenspunktet</u> (omslagspunktet) ofte ved brug af en pH-følsom <u>farveindikator</u>, som giver et farveskift ved ækvivalenspunktet, hvor springet i pH er stort. Det kaldes for **kolorimetrisk** syre-basetitrering, idet *"kolor"* betyder farve.

Husketips: Tænk på *"colour"* betyder farve på engelsk og minder meget om det danske ord *"kulør"* (altså farve).

Eksempel 1: I kolben har vi 20,0 mL saltsyre (HCl(aq)) samt nogle dråber af syre-baseindikatoren phenolphthalein (som er farveløs under pH 8,2, men rød over pH 10). I buretten har vi 0,100 M natriumhydroxid (NaOH(aq)). I omslagspunktet (ækvivalens-punktet) sker der et stort pH spring, så phenolphthaleinindikatoren skifter farve (fra farveløs til rød). Årsag: Efterhånden som saltsyre og natriumhydroxid reagerer med hinanden, så omdannes de til salt plus vand: HCl(aq) + NaOH(aq) → NaCl(aq) + H_2O(l). Dvs. opløsningen i kolben skrifter fra at være sur (ved start er der kun HCl(aq) plus indikator i kolben), over neutral pH i ækvivalenspunktet

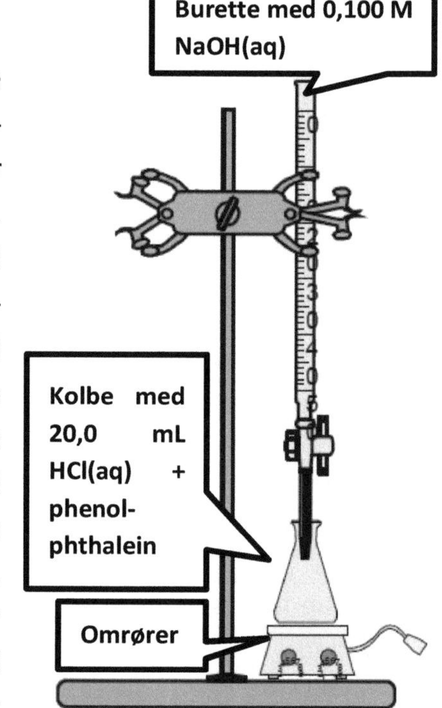

(saltsyren er omdannet til pH neutralt saltvand i kolben), og til basisk - lige så snart, der er lidt base i overskud fra den dåbe NaOH, som gav farveomslaget.

</td></tr>
</table>

Udregn c(HCl), hvis man bruger 8,5 mL 0,100 M NaOH til 20 mL syre?	Antag at vi brugte 8,5 mL 0,100 M NaOH(aq) til få farveomslag ved en titrering af saltsyre med ukendt koncentration. Hvad er så saltsyrens koncentration? **Svar:** Stofmængden af NaOH forbrugt er n(NaOH) = V·c = 0,0085 L · 0,100 M = 0,00085 mol. Da reaktionen mellem HCl og NaOH er en 1 til 1 reaktion, så skal der 0,00085 mol NaOH til at omsætte 0,00085 mol HCl. Så stofmængden af HCl er altså n(HCl) = n(NaOH) = 0,00085 mol. Den formelle koncentration af saltyren er så c(HCl) $= \frac{n}{V} = \frac{0,00085 \text{ mol}}{0,020 \text{ } L}$ = <u>0,0425 M</u> (afrundes til 0,043 M), da de 0,00085 mol HCl var i 20 mL væske.
Vi har 20 mL 0,0425 M HCl, som titreres med X mL 0,100 M NaOH. Hvad er X?	**Eksempel 2:** Vi har samme titrering som i eksempel 1. Men nu antager vi, at vi udregner hvor mange mL 0,100 M NaOH, vi skal titrere med, for at omsætte 20 mL 0,0425 M HCl? **Svar:** V(NaOH) $= \frac{n(NaOH)}{c(NaOH)} = \frac{0,00085 \text{ mol}}{0,100 \text{ } M}$ = 0,0085 L = 8,5 mL. Dvs. når vi har tilsat 8,5 mL 0,100 M NaOH til de 20 mL 0,0425 M HCl, så burde indikatoren slå om.
Opskriv reaktionen for titreringen af ethansyre med natriumhydroxid	Hvis vi titrerer en svag syre som eddikesyre (ethansyre, CH_3COOH) med NaOH, så ligger pH i ækvivalenspunktet ikke ved 7, som ved titrering af HCl med NaOH, men over pH 7. Hvorfor? <u>SVAR:</u> Fordi HCl + NaOH danner saltvand, som har pH 7, mens natriumhydroxid og ethansyre omdannes til basen natriumacetat (CH_3COONa) og vand: $CH_3COOH(aq) + HCl(aq) \rightarrow CH_3COONa(aq) + H_2O(l)$.
Hvorfor er pH i ækvivalens-punktet over 7?	I ækvivalenspunktet er pH altså over 7 (basisk), fordi der dannes en base kaldes natriumacetat.

Du kan evt. løse nano-opgave nr. 9 i **bilag 3** for at forstå syre-basetitrering bedre, hvis du har behov for det. Der er en facitliste til opgaven i bilaget.

Kapitel 8: Redoxreaktioner

I fyrværkeri foregår der redoxreaktioner. Så redoxkemi kan være meget flot![73]
Redoxkemi kan også være noget irriterende møg – fx når din cykel eller fars bil ruster - så er det også redoxreaktioner, der foregår.

---

[73] Figurkilde: https://commons.wikimedia.org/wiki/File:Mouse_fireworks_by_mimooh.svg

Spørgsmål	Forklaring/*husketips*
Hvad er en oxidation? Giv et eksempel	**En oxidation** af et stof er, når stoffet afgiver elektroner, e⁻ (og stiger i oxidationstal[74]). **Eksempel:** $Mg \rightarrow 2\ Mg^{2+} + 2\ e^-$ [magnesiummetal afgiver 2 elektroner og bliver til en magnesiumion med +2 i ladning. Mg^{2+} ligner ædelgassen neon i elektronstruktur, og derfor har magnesiumionen ladningen +2, og ikke en anden ladning]. **Husketips:** *At elektronafgivelse er knyttet til ordet "oxidation" kan være svært at huske pga. den sprogligt dårlige forbindelse. Man kan tænke på, at X'et i ordet "oXidation" ligner kanoner, der afgiver "elektronkugler".*
Hvad er reduktion? Giv et eksempel	**En reduktion** af et stof er, når stoffet optager elektroner (og falder i oxidationstal). **Eksempel:** $O_2 + 4\ e^- \rightarrow 2\ O^{2-}$ [dioxygen optager 4 elektroner og danner 2 oxidioner (O^{2-}). O^{2-} ligner ædelgassen neon i elektronstruktur, og derfor har oxidionen ladningen -2, og ikke en anden ladning]. **Husketips:** *"At redde elektroner ved reduktion". Dvs. når et stof optager elektroner (og stoffet så bliver **red**uceret), så bliver elektronerne **red**det af stoffet. Stoffet er en slags "elektron**red**ningsbåd", som **red**der /optager elektroner ude på havet.* *Eller tænk på denne måde: Når et stof optager elektroner, så reduceres det i ladning, fx $Fe^{3+} + 1\ e^- \rightarrow Fe^{2+}$ (dvs. reduktion er elektronoptagelse), og omvendt må oxidation være elektronafgivelse – det modsatte af reduktion.*
Hvad gør hhv. metaller og ikke-metaller i redoxreaktioner? Giv et eksempel	**Metaller og ikke-metaller i redoxkemi** **Metaller** afgiver elektroner (dvs. oxideres), og **ikke-metaller** optager elektroner (dvs. reduceres). Hvorfor? Fordi metaller har lavere elektronegativitet (er dårlige til at holde fast i elektroner) end ikke-metaller, så metaller mister elektroner til ikke-metaller. **Eksempler:** Magnesium (Mg) er et metal, som afgiver elektroner til ikke-metallet dioxygen (O_2) under dannelse af magnesiumoxid (MgO). Eller natrium (Na) er et metal, som afgiver elektroner til ikke-metallet dichlor (Cl_2) under dannelse af natriumchlorid (NaCl).

---

[74] Læs om oxidationstal på side 151-153.

<table>
<tr><td>

</td><td>

Husketips: *Tænk på en bowlingkugle af metal, hvor der er huller i, "fordi elektroner er blevet tabt fra kuglen (kuglen oxideres)".*

Eller: En dyne er klart nok ikke et metal. Tænk på at en dyne (ikke-metal) tiltrækker støvmider (læs: "elektroner") og dynen reduceres.

Eller: Tænk på en redoxreaktion du kender mellem et metal og et ikke-metal og udled den generelle regel derfra. Fx at metallet jern (Fe) afgiver elektroner til ikke-metallet dioxygen (O_2), når jern ruster.

</td></tr>
<tr><td>

Hvad sker når jern ruster?

</td><td>

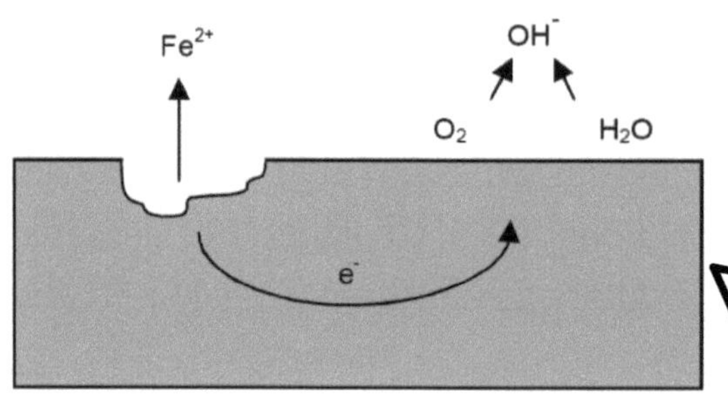

</td></tr>
<tr><td>

Opskriv og afstem reaktionerne for dannelsen af a) magnesiumoxid ud fra grundstofferne og b) natriumchlorid ud fra grundstofferne

</td><td>

Eksempler: $2\ Mg(s) + O_2(g) \rightarrow 2\ MgO(s)$ [magnesiummetal ($Mg(s)$) afgiver elektroner til dioxygen (O_2), som er et ikke-metal. Det kan man se, da der dannes saltet magnesiumoxid ($MgO(s)$). Saltet består af Mg^{2+} ioner og O^{2-} ioner. Dvs. $2\ Mg(s)$ har i alt afgivet 4 elektroner og O_2 har optaget elektronerne og danner $2\ O^{2-}$ ioner].

$2\ Na(s) + Cl_2(g) \rightarrow 2\ NaCl(s)$ [natriummetal ($Na(s)$) afgiver elektroner til dichlor (Cl_2), som er et ikke-metal. Det kan man se, da der dannes saltet natriumchlorid ($NaCl(s)$). Saltet består af Na^+ ioner (natriumioner) og Cl^- ioner (chloridioner). Dvs. $2\ Na(s)$ har i alt afgivet 2 elektroner og Cl_2 har optaget elektronerne og danner $2\ Cl^-$ ioner. Na^+ ionen har samme elektronstruktur som ædelgassen neon. Cl^- ionen har samme elektronstruktur som ædelgassen argon].

</td></tr>
<tr><td>

Hvad er en redoxreaktion? Giv et eksempel

</td><td>

<u>Redoxreaktion</u> er en forkortelse af ordet **<u>red</u>uktion-<u>ox</u>idation-reaktion.** Ved en redoxreaktion sker der (som ordet siger) både en reduktion og en oxidation. Man kunne have kaldt det en "oxred", men det lyder ikke så mundret som "redox", og derfor bruges betegnelsen "redoxreaktion".

</td></tr>
</table>

Spændingsrækken i gymnasieudgaven ser ofte sådan ud:

K Ba Ca Na Mg Al Zn Fe Pb **H₂** Cu Ag Pt Au.

Anvendelse af spændingsrækken: Et metal som står til venstre i spændingsrækken, kan afgive elektroner til en ion[75] der står til højre for metallet i spændingsrækken. Jo længere til venstre i spændingsrækken stoffet befinder sig, jo lettere har det ved at afgive elektroner. Og jo længere til højre at stoffet står i spændingsrækken, jo lettere har det ved at optage elektroner.

Husketips: *De venstreorienterede partier i Folketinget har lettere ved at afgive penge (læs: elektroner) end de højreorienterede partier, som sidder tungere på pengekassen (læs: elektron-kassen).*

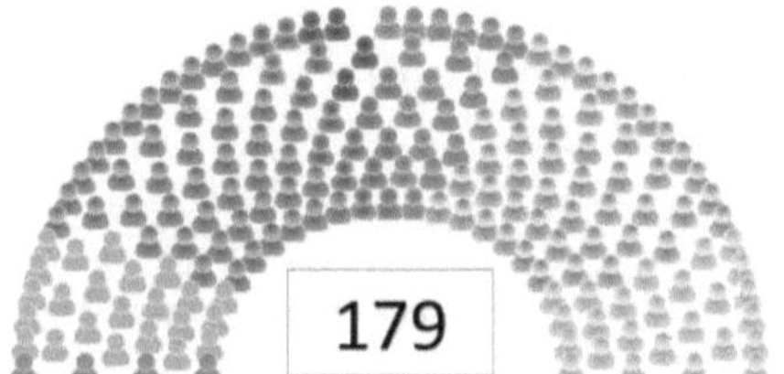

Eller: Venstre hånd er normalt svagere end højre hånd, så venstre hånd mister elektroner til højre hånd.

og forklar om der sker noget i disse 5 reaktioner. Hvis der sker en reaktion, så gør den færdig og afstem:

Cu(s) + 2 Ag⁺(aq) → ?

Cu²⁺(aq) + Ag(s) → ?

Mg(s) + 2H⁺(aq) → ?

Mg(s) + H₂(g) → ?

5 eksempler:

1) $Cu(s) + 2\,Ag^+(aq) \rightarrow Cu^{2+}(aq) + 2\,Ag(s)$ [Kobbermetal, Cu(s), står til venstre for sølvionen, Ag⁺(aq), i spændingsrækken og Cu(s) afgiver 2 elektroner til de 2 Ag⁺ ioner, som hver får 1 elektron, og omdannes til 2 sølvmetalatomer, 2 Ag(s)].

2) $Cu^{2+}(aq) + Ag(s) \rightarrow$ her sker intet [Kobber står til venstre for sølv i spændingsrækken, men kobber er på ionform, og har så afgivet alle de elektroner Cu²⁺ kan (2 styk). Desuden er sølv på metalform og kan ikke modtage flere elektroner. Ag(s) er *"mæt"*, mens Ag⁺(aq) i reaktion 1 stadig har plads til 1 elektron *"i maven"*].

3) $Mg(s) + 2H^+(aq) \rightarrow Mg^{2+}(aq) + H_2(g)$ [Magnesium står til venstre for hydrogen i spændingsrækken, og Mg(s) er på metalform. Mg(s) har 2 valenselektroner, der overføres til 2 H⁺ ioner. Hver H⁺ ion får 1 elektron og det giver 2 H-atomer, der slår sig sammen til H₂(g)].

4) $Mg(s) + H_2(g) \rightarrow$ her sker intet [Magnesium står til venstre for hydrogen i spændingsrækken, og Mg(s) er på metalform. Mg(s) har stadig 2 valenselektroner, men H₂ har *"maven fyldt op med elektroner"*. H₂ molekylet opfylder dubletreglen og har ikke plads til flere elektroner. I

---

[75] Hvorfor en ion? Fordi ionen har plads til at optage flere elektroner. Det har metallet ikke, da det er fyldt med elektroner.

Cu(s) + H⁺(aq) →?	reaktion 3 er hydrogen på en form med *"tom mave"*. H⁺ ionen har nemlig plads til 1 elektron!].  5) Cu(s) + H⁺(aq) → her sker intet [Kobber står til højre for hydrogen i spændingsrækken og vil ikke afgive elektroner til H⁺].
Forklar den redoxkemi, som ligger til grund for vands reaktion med de reaktive metaller natrium og kalium	På side 49 og 51 gennemgik vi blandt andet alkalimetallers kemi. Disse reaktioner blev præsenteret, men ikke forklaret: $2Na(s) + 2H_2O(l) → 2NaOH(aq) + H_2(g)$ $K(s) + 2H_2O(l) → 2KOH(aq) + H_2(g)$. Nu følger en forklaring af den redoxkemi, som ligger til grund for vands reaktion med de reaktive metaller natrium og kalium: Na og K metallerne er så reaktive (de står jo meget til venstre i spændingsrækken), at de kan få vand til at opføre sig som en syre, der afgiver en hydron (H^+) og danner en hydroxidion (OH^-): $H_2O(l) → H^+(aq) + OH^-(aq)$. Hydronerne "suger" elektroner ud af Na eller K metallet under dannelse af $Na^+(aq)$ og $K^+(aq)$ ioner samt hydrogenatomer. Hydrogenatomerne slår sig sammen til $H_2(g)$ molekyler. Natrium- og kaliumionerne danner natriumhydroxid og kaliumhydroxid sammen med de dannede hydroxidioner. Vandet optræder altså som hydrogens repræsentant i spændingsrækken og Na og K metallerne står til venstre for H i rækken og vil reagerer med vandet.
Hvad er ædle metaller og hvordan indgår de i spændingsrækkens kemi?	## Ædle metaller er metaller, der ikke kan opløses af "almindelig syre" (fx saltsyre, HCl(aq)). De ædle metaller (Cu, Ag, Pt, Au) står til højre for hydrogen i spændingsrækken og vil ikke afgive elektroner til $H^+(aq)$/"syre". **Husketips:** *Ordet "ædel" betyder fornem eller fin, så de ædle metaller er for fine/fornemme til at deltage i "beskidte" kemiske reaktioner.* *I **bilag 1** kan du lære at huske spændingsrækken udenad vha. ruteplanmetoden - bare for sjov! Du skal ikke kunne spændingsrækken udenad, men du skal forstå at bruge den. Du vil opdage hvor effektiv "ruteplanmetoden" er til at huske rækkefølger.*

Du kan evt. løse nano-opgave nr. 7 i **bilag 3** for at forstå spændingsrækkens kemi bedre, hvis du har behov for det. Der en en facitliste til opgaven i bilaget.

| Hvad er oxidationstal? | Simple redoxreaktioner som fx $Mg + O_2 \rightarrow MgO$ kan afstemmes ligesom almindelige reaktioner ved atomoptælling. Men redoxreaktioner kan være ret så indviklede. Og for at kunne afstemme de indviklede redoxreaktioner, er vi nødt til at indføre et begreb kaldet

 oxidationstal – forkortet **OT**. OT er en regnestørrelse, som holder styr på, om stoffet har optaget eller afgivet elektroner. Sådan lidt ligesom en **bankkonto** for dit visakort. 

 Der tages udgangspunkt i, at **grundstoffer** er "født" elektrisk neutrale, og har lige mange elektroner og protoner (minusladningerne ophæver plusladningerne). Det svarer til, at bankkontoen står på nul – er neutral. **Dvs. de frie grundstoffer har OT nul (0).** Men når det neutrale atom har afgivet negative elektroner (og derfor nu har positive protoner i overskud) opstår en positiv ion.

 Når det neutrale atom omvendt optager negative elektroner, som så er i overskud i forhold til antallet af protoner, opstår der en negativ ion. Når elektroner optages, bliver OT negativ, svarende til at der er sat negative elektroner ind på elektronbankkontoen. Når elektroner afgives, bliver OT positiv, da de negative ladninger fjernes fra elektronbankkontoen.

 Altså angiver OT om grundstoffet helt eller delvist har afgivet eller optaget elektroner i forhold til det frie atom.

 Der opsummeres og gives **eksempler** i nedenstående tabel. OT skriver med romertal (se husketips til romertal i **bilag 4**): |

Regel	OT	Forklaring/*husketips*
Frie grundstoffer, fx H_2, O_2, S_8, Cu, Mg, osv.	0 (nul)	De har en elektronbankkonto i balance, dvs. i nul, da de ikke har lavet kemi - og altså hverken har optaget eller afgivet elektroner siden de blev *"født"*

Tildel OT til atomerne i disse stoffer: H_2, O_2, S_8, Cu, Mg, NO_2, SO_2, CrO_4^{2-}, CrO_4^{2-}, NO_3^-	Oxygen i kemiske forbindelser (undtagen i peroxid [76]), fx NO_2, SO_2, CrO_4^{2-} osv.	-II (minus 2)	O (ilt) står i 6. hovedgruppe og har 6 valenselektroner - og vil gerne op på 8 (ædelgasreglen). Ilt får derfor sat 2 elektroner ind på kontoen, svarende til ladningen "−2" for oxidionen (O^{2-}): $O + 2e^- \rightarrow O^{2-}$.
	Hydrogen i kemiske forbindelser (undtagen i metalhydrider [77])	+I (plus 1)	H står i første hovedgruppe og har kun én elektron. Da H er dårlig til at tiltrække elektroner, så mister H nemt en elektron fra sin bankkonto, svarende til at der dannes H^+ ionen med OT (oxidationstal) på +1: $H \rightarrow H^+ + e^-$. Fx har hydrogen OT = + I (plus 1) i vand (H_2O). I metalhydridet NaH (natriumhydroxid) har H et OT på - 1 (minus 1) og Na har OT et på + I (plus 1), da natrium er mindre elektronegativ end hydrogen og derfor afgiver Na en elektron til H.
	Molekyl-forbindelser, fx NO_2, SO_2 osv.	Summen af OT = 0 (nul)	Molekyler er ikke ladede. De består af ikke-metal atomer og har lige mange protoner og elektroner. Så der må ikke være overskud eller underskud af elektroner. Derfor skal summen af OT være nul, når elektronbankkonti for atomerne i molekylet tælles sammen. Fx har svovl et OT på + IV (fire) og ilt har OT på - II (minus 2) i SO_2.
	Ionforbindelser, fx CrO_4^{2-}, NO_3^- osv.	Summen af OT = ionens ladning	Ioner har ikke det samme antal elektroner og protoner og har derfor en ydre ladning. Derfor skal summen give ionens ladning, når elektronbankkonti tælles sammen. Fx har nitrogen et OT på + V (plus 5) og

---

[76] Peroxider er fx H_2O_2 (brintoverilte, hydrogenperoxid) hvor ilt har OT på -1.

[77] Metalhydrider (fx NaH, MgH_2 osv.) er forbindelser mellem H og metaller, og da H har en højere elektronegativitet end metaller, vil H få en elektron fra metallet. H får derfor OT på minus 1.

		O har OT på - II (minus 2) i nitrationen (NO_3^-): Der er 3 ilt med hver – II i OT = - 6 tilsammen. Og den ydre ladning er minus 1 i ionen, dvs. der er + V tilbage til N i OT.
Hvordan afstemmes en redoxreaktion vha. oxidationstal? Afstem denne som foregår i sur opløsning: $MnO_4^- + SO_2 \rightarrow Mn^{2+} + SO_4^{2-}$		Proceduren i at **afstemme redoxreaktioner** skal trænes og forstås ved, at man løser en masse opgaver. Se fx denne video på frividen.dk: http://www.frividen.dk/afstem-reaktioner/#Video2 Afstemning af kemisk reaktion med oxidationstal (video nr. 2), hvor Bjørn fra frividen.dk afstemmer denne redoxreaktion, hvor grundelementerne er opskrevet: $MnO_4^- + SO_2 \rightarrow Mn^{2+} + SO_4^{2-}$ (reaktionen sker i sur opløsning). Tag evt. **Cornellnoter** (se side 17) til videoen. **Læg derefter dine noter væk og test dig selv i afstemningen.** Når du har trænet nok afstemninger, så kan man anvende **mnemoteknik til at huske rækkefølgen i fremgangsmåden**. Det kan være svært at huske rækkefølgen i alle procedurens trin - selv når afstemningen er forstået. Brug en **ruteplan på 8 punkter** (læs om ruteplanmetoden i **bilag 1**), og find på andre huskebilleder, hvis de forestående ikke dur for dig: • En byggegrund (læs *"grundelementer noteres"*) (1) • En Okse skriver Tal på en tavle (læs *"OT noteres"*) (2) • En okse vippes op og ned på en vippe (læs *"OT op- og nedgang optælles"*) (3) • En ko tæller tal på en kugleramme (læs *"koefficienter optælles"*) (4) • Det tordner og lyner i en kugleramme (læs *"ydre ladning optælles"*) (5) • En sur politiker[78] stemmer i Folketinget (læs *"H^+ afstemmer ydre ladning i sur opløsning"*) (6) • En (tyk) politiker stemmer i Folketinget og æder en masse basser (læs *"i basisk opløsning afstemmes ydre ladning med base"*) (7) • Folketingssalen oversvømmes med vand (læs *"H og O afstemmes med vand"*) (8)

---

[78] Tænk på en konkret person, der er sur!

En **redoxtitrering** bruges til at tælle på en kemisk reaktion vha. redoxkemi. Det kan du høre på navnet: "T" i Titrering betyder Tælle. For **eksempel** kan man tælle (og regne) sig frem til **koncentrationen af jern(II)ioner/jern(2+)ioner** i en opløsning vha. at titrere med en kendt koncentration af permanganationer. Opløsninger indeholdende permanganationer (MnO_4^-) har en kraftig rødviolet farve. Kaliumpermanganaten (kaliumionen i $KMnO_4$ er kun en tilskuerion) titrerer på jern(II)ionerne/jern(2+)ionerne, hvorved den violette permanganat omdannes til farveløse mangan(II)ioner/mangan(2+)ioner og jern(II)ionerne/jern(2+)ionerne omdannes til jern(III)ioner/jern(3+)ioner:

$$8\ H^+(aq) + 5\ Fe^{2+}(aq) + MnO_4^-(aq) \rightarrow 5\ Fe^{3+}(aq) + Mn^{2+}(aq) + 4\ H_2O(l).$$

I praksis:

Man afmåler et nøjagtigt volumen af jern(II)/jern(2+)opløsningen med pipette og kommer det ned i kolben. Der tilsættes svovlsyre til kolben for at gøre opløsningen sur. Herefter tildryppes der kaliumpermanganatopløsning ($KMnO_4(aq)$) fra buretten til kolben under omrøring. Omrøringen sikrer, at reaktanterne (MnO_4^- og Fe^{2+}) kommer i effektiv kontakt med hinanden og derfor hurtigt kan reagere.

I starten forsvinder permanganatdråbernes violette farve, så snart de kommer ned i jern(II)/jern(2+)

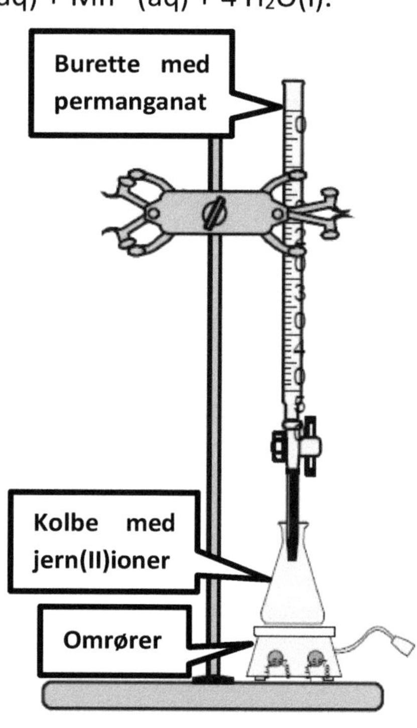

opløsningen, fordi MnO_4^- ionerne forbruges ved reaktion med Fe^{2+} ionerne, og reaktions-produkterne (Mn^{2+} og Fe^{3+}) er næsten farveløse.

Når **ækvivalenspunktet** nås, så vil en enkelt dråbe af de violette permanganationer give opløsningen i kolben et svagt rødligt skær. Der er jo ingen jern(II)/jern(2+) ioner tilbage i kolben til at omdanne permanganaten. Forbruget af permanganat aflæses på siden af buretten, og jern(II)/jern(2+) koncentrationen beregnes vha. mængdeberegninger.

Eksempel på beregning: 10,0 mL jern(II)/jern(2+) opløsning titreres med 6,60 mL 0,0200 M $KMnO_4$. Beregn den aktuelle koncentration af jern(II)/jern(2+) ioner i opløsningen?

Beregn c(Fe^{2+}) når 10,0 mL jern(II)/jern(2+) opløsning tiltreres med 6,60 mL 0,0200 M $KMnO_4$	Svar: Stofmængden af permanganat brugt til titreringen findes ved $n(KMnO_4) = V \cdot c = 0{,}00660$ L$\cdot 0{,}0200$ M $= 0{,}000132$ mol. Ifølge det afstemte reaktionskema, så er stofmængden af omsatte jern(II)/jern(2+) ioner 5 gange så stor som stofmængden af tilsatte permanganationer: 5 Fe^{2+}(aq) + MnO_4^-(aq). Dvs. $n(Fe^{2+}) = 5 \cdot n(KMnO_4) = 5 \cdot 0{,}000132$ mol $= 0{,}000660$ mol. Stofmængden af Fe^{2+} findes i et volumen på 10,0 mL. Dvs. den formelle koncentration af jern(II)/jern(2+) ioner er $c(Fe^{2+}(aq)) = \dfrac{0{,}000660 \ mol}{0{,}010 \ L} = \underline{0{,}066 \text{ M}}$.

BILAG 1: Ruteplanmetoden, del- og-hersk-princippet, papirtesten, vendekort samt lær at huske strukturformler og navne for nogle kulhydrater og fedtsyrer/fedtstoffer

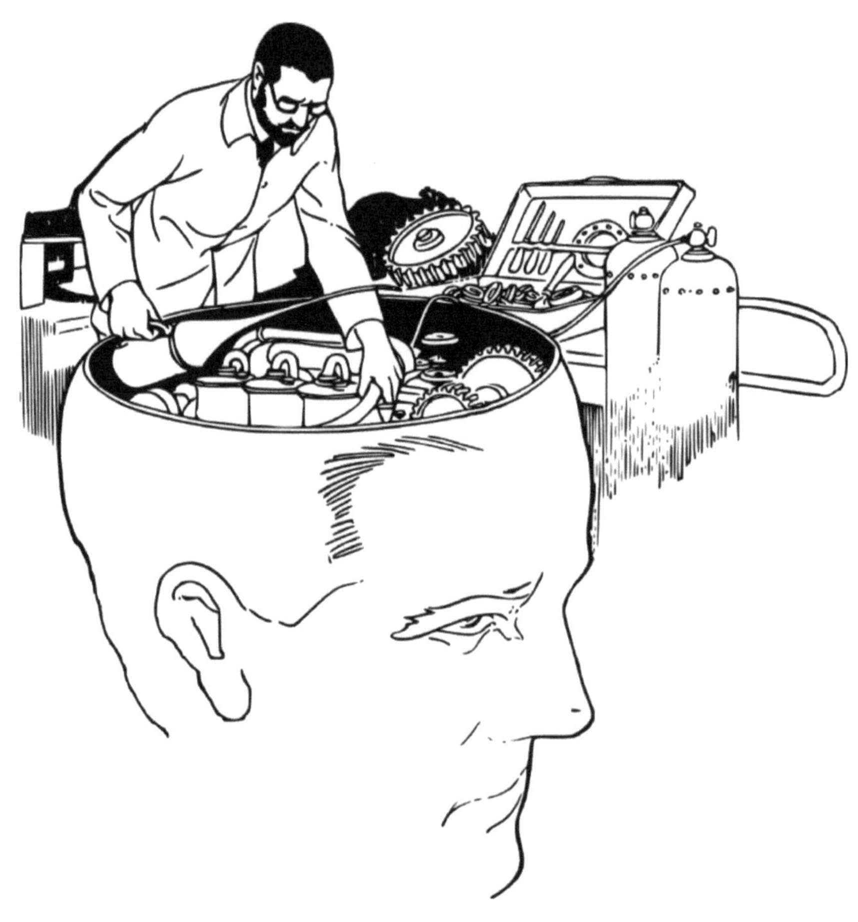

Vores hjerne er, biologisk set, dårlig til at huske det abstrakte: Fx ord, begreber, tal, symboler og formler og lignende. Altså det som skolefag består af. Derimod er hjernen naturligt god til at huske billeder. Hvis man - via **ruteplanmetoden** - forbinder det abstrakte til et billede, så huskes informationen særligt godt.

Ruteplanmetoden er formentlig den bedste teknik til at huske store mængder af informationer. Metoden snyder hjernen til at tro, at vi har oplevet noget, som er knyttet til et bestemt (fysisk) sted. Vi narrer hjernen til at huske noget, som om vi faktisk har oplevet det i den virkelige, fysiske verden. Der skabes falske erindringer i vores **episodiske langtidshukommelse**. Ting, vi har oplevet, som er knyttet til et fysisk sted, husker vi særlig godt! Den **episodiske langtidshukommelse** er et 400-500 millioner år gammelt hukommelsessystem, der stadig er vigtig for vores evne til at huske og lære nye ting.

Del-og-hersk-princippet

Del-og-hersk-princippet kan kort beskrives sådan: Udvælg alle **nøgleordene**[79] i én arbejdsgang, beslut dig for billeder af alle nøgleordene i én arbejdsgang, og placer alle billederne på **rutepunkter** i én arbejdsgang. Og repeter det hele. **Oddbjørn By** (norsk ekspert i husketeknik) anbefaler **del-og-hersk-princippet**, når man skal bruge **ruteplanmetoden** til at huske noget:

"Del-og-hersk handler om, hvordan du bør gå frem, når du vil huske så effektivt som muligt. Du bør nemlig dele din tilgang til huskeopgaven op: 1) Læs og Lær – 2) Brug nøgleord for det ikke-huskede – 3) Træk associationer til et nøgleord-billede – 4) Visualiser billederne ind i rutepunkter – 5) Repeter ruten og dens huskebilleder." [80]

Oddbjørn anbefaler altså, at du først (1) forsøger at få overblik over, hvad du vil investere **husketeknik** i at huske. – Derefter (2) vælger du alle dine **nøgleord** for de ikke-huskede ting (f.eks. vil du til et foredrag huske emnet "pH"). – Derefter (3) trækker du **associationer** til alle nøgleord-billederne (f.eks. PH-lampe, hvis du skal huske emnet "pH", da du for dit indre blik kan danne et billede af en PH-lampe, men derimod ikke let vil kunne lave et billede af begrebet "pH"). – Derefter (4) **visualiserer** du alle billederne ind i rutepunkter (f.eks. at PH-lampen ligger på et bestemt

---

[79] **Nøgleord** er ord, der er nøglen til at koble et mentalt billede og et ord sammen. Hvad er *nøgleord* inden for kemi? Det er de faglige ting. Det er fx definitioner, fagudtryk, formler, stofnavne, stoffernes egenskaber, stoffernes anvendelse og samfundsmæssige betydning, reaktionsskemaer og anden konkret faglig viden. Eksempler kan være:

- at en syre er et stof, der kan afgive en proton,
- at stofmængde (n) er lig med stofmængdekoncentration (c) gange volumen (V)
- at reaktionsskemaet for respiration af glukose er $C_6H_{12}O_6 + 6O_2 \rightarrow 6CO_2 + 6H_2O$,
- at formlen for svovlsyre er H_2SO_4

[80] Oddbjørn By: *Bedre hukommelse: BEST OF MEMO + meget nyt,* Olden Forlag, 2011, side 31.

rutepunkt, som i din **ruteplan** måske er lænestolen). – Derefter (5) **repeterer** du ruten og alle dens huskebilleder.

Dvs. rækkefølgen i **del og hersk princippet** er følgende:

(1) Først studerer du faget/emnet (indlæringsprocessen).

(2) Derefter finder du ud af, hvilke vigtige[81] ting, som du ikke kan huske. Det er de ting, du vil bruge **husketeknik** til at huske. Måske har du brug for at huske æblesyre, pH og tallet 6.

(3) Dernæst vælger du et egnet **huskebillede**, som erstatning for **nøgleord** til det, du ikke kan huske. **Huskebilledet** skal være konkret (i dette tilfælde f.eks. æble, PH-lampe, elefant).

(4) Så laver du egnede **visuelle associationer** til alle **nøgleord**, som du for dit indre blik ser i **ruteplanens rutepunkter**. Du har lavet **ruteplanen** på forhånd, og trænet den.

(5) Til sidst **repeterer** du dine **huskebilleder** indsat i dine **ruteplaner** - dvs. gentag ruten med billederne og deres **associationer**. **Repetitionen** laves for at huske selve husketeknik-forløbet.

Før du selv kaster dig over **ruteplanmetoden**, skal du øve din evne til **koncentration & visualisering** – to vigtige forudsætninger for at kunne bruge **ruteplanmetoden** med succes.

Hold koncentrationen – ellers går det galt!

Et ægtepar var kommet op med liften på skisportsstedet, da konen følte en voldsom trang til at tømme blæren. Men ak der var intet sted, hun kunne ty til i ensomhed.
Hendes mand sagde, at hun sagtens i sin hvide skidragt kunne sætte sig lidt afsides - ingen ville såmænd lægge mærke til hende. Som sagt så gjort. Men - det er vigtigt at stille sig, så skiene står fast under den ækvilibristiske handling. Konen havde ikke taget dette i betragtning. For bedst muligt at skjule sit forehavende havde hun stillet sig med ansigtet mod bjergtoppen. Pludselig - med bukserne nede om anklerne - gav skiene sig til at glide nedad i baglæns, hastig nedfart! Det endte med en gevaldig kolbøtte og brækkede ben.
*På hospitalet medens gipsen tørrede, traf hun en anden uheldig, en mand med armen i gips. Som man nu gør, begyndte de at underholde hinanden med småsnak om uheldene. Da damen spurgte, hvordan mandens uheld var sket lød svaret: - Ja, det var på en ret mærkelig måde. Tænk, lige inden min start nedad så jeg til min forbløffelse en charmerende kvinde, der med bar bagdel, var i fuld fart baglæns nedad. Jeg mistede totalt **koncentrationen**, skiene tog over, jeg gled og havnede i sneen med armen brækket.*
- Og hvordan kom De så til skade?
Kilde: http://viden.jp.dk/explorer/ekspeditioner/grinetsgraenser/vittigheder/default.asp?cid=145351

<u>**Koncentration.**</u> Sæt dig et sted, hvor der er fred og ro, og hvor du ikke bliver forstyrret af noget som helst, når du skal lave øvelse 1 (se side 159-160). Vær 100 % fokuseret på den opgave, der er foran

---

[81] Du skal ikke huske alt – kun det væsentlige!

158

dig og intet andet. Hvis du er dårlig til at koncentrere dig, skal du træne denne evne[82], da *husketeknik* (og alle andre former for indlæring) ellers ikke vil virke særligt godt for dig!

Visualisering. At skabe billeder for vores indre blik kender vi fra, når vi *dagdrømmer*. Nogle gange kan de indre billeder være så stærke, at de næsten kan flyde sammen med virkeligheden. Kender du det? Evnen til at skabe stærke indre **forestillingsbilleder** er helt afgørende for 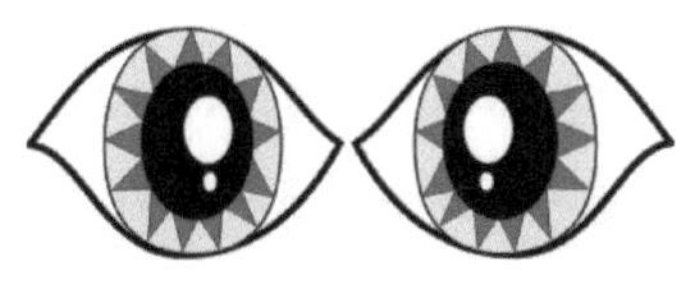 **ruteplanmetoden**. Det er ikke nødvendigt at lave *ultra-detaljerede billeder* for dit indre øje. Den danske ekspert i hukommelsessport, **Mark Aarøe Nissen**, skriver:

"Når jeg memorerer, skaber jeg for det meste hurtige mentale billeder, som ikke er specielt detaljerige. Det vigtigste er, at de har en krog, at de er stærke nok til, at jeg kan finde dem frem igen. Nogle gange kan det faktisk være nok bare med en løs skitse bestående af en farve og en bestemt form. Det er sjældent, at jeg producerer perfekte repræsentationer. For det meste er det bare ideer, scener eller optrin, der lige nøjagtig er tilstrækkelige til, at jeg kan lave forbindelser i min hjerne. Når du visualiserer for første gang, er det dog vigtigt, at du gør dit billede så klart som overhovedet muligt. Det får det til at sidde bedre fast i din hukommelse i starten. Når du først er blevet mere fortrolig med teknikken, kan du begynde at gøre dine billeder mere enkle."[83]

Derfor – kære læser – hvis du ikke er trænet i at lave **visualisering**, så skal du nu lave øvelse 1.

Øvelse 1. Styrk din visualiseringsevne: [84]

1) Sæt dig et roligt sted og luk øjnene.

2) Tænk på en genstand. Fx en elefant eller et andet dyr, en bestemt bil, en appelsin – det kan være hvad som helst. Det er dit valg.

3) Forestil dig, at du tager et mentalt billede af genstanden, idet dine øjne er et kamera. Husk at få så mange detaljer med som muligt; form, farve og så videre.

4) Åbn øjnene, og lad *billedet* forsvinde fra din bevidsthed.

5) Luk øjnene igen, og genskab det mentale billede af genstanden. Det er vigtigt, at du koncentrerer dig og prøver at genkalde dig så mange detaljer som muligt.

6) Rotér genstanden for dit indre blik, og prøv at se den fra alle mulige vinkler. Prøv også at forestille dig genstanden i forskellige omgivelser. For eksempel i et bur, i en garage, på et bord, i en reol eller i andre omgivelser. Hvordan ser genstanden ud i forskellige omgivelser?

7) Åbn øjnene. Prøv nu at forestille dig, at genstanden står foran dig i den virkelige verden. Forestil dig, at du bevæger den rundt i rummet.

---

[82] Koncentrationstræning er ikke et emne, som vi ellers behandler i bogen.
[83] Nissen, Mark Aarøe: *SUPERHUKOMMELSE,* Gyldendal, 2014, side 37.
[84] Omskrevet efter Nissen, Mark Aarøe: *SUPERHUKOMMELSE,* Gyldendal, 2014, side 38-39.

8) Skift sted ved at forestille dig, at du står på en strand, i din baghave, på torvet i din by eller et helt fjerde sted. Bring alle dine sanser i spil en efter en. Hvad kan du høre? Blæser det og kan du høre havets bølger? Er der mennesker, der snakker eller fugle som synger? Er der larm fra biler? Hvad kan du mærke? Er det koldt eller varmt? Kan du føle blæsten på din hud og mærke sandet imellem dine tæer? Hvad kan du lugte? Er der en distinkt odeur i luften? <u>Brug alle dine sanser!</u>
9) Lav din mentale video af genstanden så stærk og detaljeret som muligt, inden du igen åbner øjnene.

Hvorfor skal du involvere så mange sanser som muligt ved visualisering i øvelse 1? Fordi du husker bedre på den måde! Du aktiverer din **følelseshukommelse (amygdala-effekten)**. Du har sikkert prøvet, at en bestemt lugt pludselig kan sende dig tilbage i tiden til noget, du har oplevet for længe siden. Fx sender lugten af karamel mig (Jan Ivan) altid tilbage til Julen i barndomshjemmet, hvor familien ofte stod sammen i køkkenet og lavede hjemmelavede flødekarameller. En bestemt melodi kan sende dig tilbage til festen, hvor du kyssede første gang, osv., osv.

Din evne til at **visualisere** hænger sammen med, hvor veludviklet din fantasi og kreativitet er. Hvis du fandt øvelse 1 svær, er du sikkert en af dem, der vil have fordel af at arbejde mere med at udvikle lige netop de evner. Men bare rolig: Alle har evnen til at udvikle en god forestillingsevne. Det gælder bare om at vække din kreativitet til live igen. En god start kan være at gå tilbage til øvelse 1 igen og gentage den 3 gange med den samme genstand som før. Derefter kan du skifte genstanden ud og gennemgå øvelse 1 igen med ti forskellige genstande.

"Du vil allerede efter kort tid kunne mærke, at det bliver nemmere for dig at skabe billeder inde i dit hoved. Du vil hurtigt opleve, at din forestillingsevne bliver mere livlig og frugtbar end nogensinde før. Visualisering afhænger primært af dine evner til at danne dig visuelle billeder, men faktisk kan du gøre disse billeder mere levende, hvis du lærer at hænge dem op på dine følelser. Vores hukommelse er tæt knyttet til vores følelsesliv, og jo flere følelser vi investerer i en erindring, desto nemmere har vi ved at genkalde den", skriver **Mark Aarøe Nissen**.[85]

"11 september 2001: Hvad lavede du, lige da fly nr. 2 bragede ind i Twin Towers i New York? De fleste, der ellers er gamle nok, kan huske nøjagtigt, hvor de var, hvem de var sammen med - måske endda hvad de fik at spise den aften. 11 september 2016: Hvad lavede du den dag? Du husker formentlig ikke de samme detaljer som for 2001, som ellers ligger 15 år længere tilbage.
Eksemplerne viser, hvordan din hjerne fungerer, når det kommer til hukommelse: Du husker bedre, når du er bange - ja, <u>i det hele taget husker du bedre, når du samtidig føler</u>.

---

[85] Nissen, Mark Aarøe: *SUPERHUKOMMELSE,* Gyldendal, 2014, side 40-44.

*Ser man ind i hjernen viser det sig, at hjernecellerne danner særligt stærke og langvarende forbindelser til hinanden, når der er stærke følelser involveret. Gennem disse forbindelser kan hjernecellerne tale sammen ved at sende såkaldte signalstoffer som fx. **dopamin**. Og de stærke forbindelser forbliver potentielt mellem hjernecellerne i årevis. Derfor kan vi huske ting, der skete for mange år siden.*"[86]

Involvering af mange **sanser og følelser** ved **visualisering** skaber et netværk af ledetråde i hjernen, som får billedet til at sidde bedre fast i hukommelsen!

Nu til 2 eksempler på brug af **ruteplanmetoden** ift. at huske kemi: Spændingsrækken og 10 petrokemiske produkter. Der gives i de 2 eksempler forslag til **visualiserbare associationer**. Du kan også selv finde på noget.

*Det er vigtigt, at dine **associationer** er noget konkret, som du kan se for dit indre blik, og som du forbinder på entydig måde. Den første indskydelse du får vil ofte virke bedst! Spild ikke tiden på at finde **perfekte associationer**. Brug det første, der popper op i dit hoved, som du kan danne et tydeligt billede af.*[87]

Eksempel 1: Spændingsrækken[88] er en rækkefølge af grundstoffer[89]. I gymnasie-sammenhæng kan man lære sig 14 grundstoffer i rækkefølge[90]. Det kan gøres ved at bruge huskebilleder i 14 rutepunkter. [Når du laver huskebilleder, skal du se tingene for dit indre øje. Du skal dagdrømme og forestille dig huskebillederne så farverige, detaljerede og livagtige som muligt. Det kan være en fordel at lukke øjnene. Prøv det af!]. Tænk på et hus[91] og se disse ting for dit indre øje, idet du kun skal visualisere det, som er skrevet med *kursiv*. Resten af teksten er forklaringer: Rutepunkt 1 er en lygtepæl foran huset (lygtepælen ligner tallet 1).

---

[86]   Aagaard, Emile: *Du huske bedre når du er bange.* [Besøgt 23-5-17]: http://www.dr.dk/nyheder/viden/naturvidenskab/du-husker-bedre-naar-du-er-bange.

[87] Så selv om din første tanke er noget meget frækt eller politisk ukorrekt - så brug det!!!! Du behøver jo ikke fortælle nogen om, hvordan du husker ting!

[88] Gymnasieudgaven af spændingsrækken: K Ba Ca Na Mg Al Zn Fe Pb H Cu Ag Pt Au.

[89] Læs om spændingsrækkens kemi på side 149-150 i bogen.

[90] **NB!** I gymnasiet skal du kun kunne bruge spændingsrækken på anvendelsesniveau. Dvs. du skal kunne bruge spændingsrækken til at forudsige kemien i simple redoxreaktioner. Du skal ikke kunne spændingsrækken udenad! Opgave er bare en god og sjov demonstration, der viser at noget kemi, som er ganske svært at huske (spændingsrækkens 14 elementer), ikke tager ret lang tid at lære, hvis man kan simpel mnemoteknik.

[91] Vælg et sted, som du naturligt forbinder med spændingsrækken, så husker du bedre, at den pågældende ruteplan er brugt til at huske spændingsrækken. Fx et "spændende rækkehus", nær kemilaboratoriet i gymnasiet, i Tivoli (fx "det spændende, mystiske kemihus"), en maskinfabrik der forarbejder metaller, osv.

Rutepunkt 2 er to løver ved indgangen til huset. Der er jo to, og de siddende løver har også lidt form som 2-taller. [Der er to huller i Ø, og tallet 2 hedder "deux" (hvilket udtales "dø" uden det danske tryk, altså nærmest som bøh!)].

Rutepunkt 3 er et gammelt, tre-stammet træ foran huset (ordet "træ" lyder som tre/3). Vis tre-fingre-tegnet og tænk på et trestammet træ. "Three" (3 på engelsk) ligner det danske ord "tre".

Rutepunkt 4 er en fire-trin-trappe med gelænder op til huset (trappegelænderet ligner tallet 4, som du kan kure ned ad). Bemærk også at begge ord i "fire trin" har fire bogstaver.

Rutepunkt 5 er håndtaget (et kroget håndtag kan ligne tallet 5, og i øvrigt har en hånd 5 fingre).

Rutepunkt 6 er en elefantskulptur i husets entré (en elefant har en snabel, der ligner tallet 6).

Rutepunkt 7 er søm i entréen til at hænge tøj på (et bøjet søm ligner tallet 7).

Rutepunkt 8 er toilettet med dryppende vandhane med koldt vand (en snemand ligner 8-tallet, og en smeltende snemand kan dryppe, ligesom en vandhane på toilettet, og de faldende dråber kan ligne tallet 8).

Rutepunkt 9 er køkkenet med en slagterøkse (en økse ligner tallet 9).

Rutepunkt 10 er døren ind til dagligstuen. (Det er fordi, der er en særlig berømt dør i London, Downing Street 10, hvor Storbritanniens premierminister bor).

Rutepunkt 11 er en stigereol i dagligstuen (som tallet "11"). Bøgerne ligner også 1-taller.

Rutepunkt 12 er et gammelt, fint bornholmerur i dagligstuen (uret larmer, når det slår 12 slag, fordi klokken er 12).

Rutepunkt 13 er en lænestol. (Lænestolen er meget gammel. Den har en høj, lige ryg - som tallet "1", og to runde armlæn, som tallet "3", dvs. "13". Når man sætter sig i den, får man en fjeder i enden [13 betyder uheld]).

Rutepunkt 14 er en kommode (som er opret som tallet "1" og med fire skuffer, dvs. "14").

Rutepunkt 15 er et garderobeskab (som har en stang som tallet "1", og bøjler med kroge, der hænger på stangen og ligner 5-taller, dvs. "15").

Rutepunkt 16 er en liggestol med fodskammel (liggestolen er som tallet "1", der dog ligger ned, og fødderne hviler på en skammel med en blød pude, tallet "6", dvs. "16"). Man ligger på liggestolen, når man har mistet gejsten ("gejsten" rimer på "seksten").

Rutepunkt 17 er et chatol (altså et gammelt, opret møbel ("1-tallet"), hvor en klap kan trækkes ned og fungere som skrivepult, "7-tallet").

Rutepunkt 18 er et gammelt, opretstående radiomøbel (radioen er rund og ligner "8"-tallet, altså "18").

Rutepunkt 19 er et klaver (tangenterne ligner "1-taller", og hamrene inde i klaveret ligner "9-taller", altså "19").

Rutepunkt 20 er en hund i sin hundekurv (hunden kikker op og ligner "2-tallet", kurven er rund og ligner 0-tallet).

Hov, vi kom til at lave 20 rutepunkter. Vi skulle egentlig bare bruge 14, men det var så sjovt at fortsætte med at finde på.

Nu er vi halvvejs: Vi har oprettet en række rutepunkter, og skal nu knytte hvert af de 14 grundstoffer til disse rutepunkter i rækkefølge.

K (kalium) = rutepunkt 1 (lygtepæl): *En kalkun (kalium!) står bundet til en lygtepæl (og spiser kali-kunstgødning).*

Ba (barium) = rutepunkt 2 (to løver ved indgangen til huset): *De to løver har bar røv (*bar-i-rumpen = barium!) *og fryser i rumpen.*

Ca (calcium) = rutepunkt 3 (et tre-stammet træ foran huset): *Træet er hvidt* (calcium = kridt!) *og der er kridtstreger på grenene, og tavlekridt ser du fra grenene som hængende frugter.*

Na (natrium) = rutepunkt 4 (firetrins-trappe op til huset): *En saltbøsse strøer salt på trappen* (som frostsikring, salt = natrium(klorid). *I øvrigt har ejeren tabt sin nathue på trappen (natrium!)).*

Mg (magnesium) = rutepunkt 5 (Se for dig et dørhåndtag, der er formet som et 5-tal på hoveddøren til huset): *Håndtaget er magnetisk* [lidt dårligt, men tænk på "magnesium"]. *Og hvis man kommer til at sætte ild til det, lyser det op* (magnesium giver et ekstremt kraftigt lys, når det antændes, og i gamle dage brugte fotografer at afbrænde magnesium for at tage blitzlys-billeder!).

Al (aluminium) = rutepunkt 6 (elefantskulptur i husets entré): *Elefant-skulpturen står på hjul med aluminiumfælge* (aluminium!).

Zn (zink) = rutepunkt 7 (tøj-søm i væggen af entréen. *Man kan hænge sit tøj på de 7-tal-formede søm*: Zinksøm (forzinkede søm).

Fe (jern) = rutepunkt 8 (toilet med dryppende vandhane med koldt vand (snemand/vanddryp begge disse ligner 8-tallet): *Rust i WC'et* (jern → rust!). Rust dannes ofte, når en vandhane drypper eller hvis toilettet løber.

Pb (bly) = rutepunkt 9 (køkken med slagterøkse, jf. at 9-tallet ligner en økse): *En skudt fasan med blyhagl i ligger på en gammel køkkenvægt med blylodder* (Pb = bly!).

H (brint, hydrogen) = rutepunkt 10 (døren ind til dagligstuen; jf. Downing Street 10 i London): *Det brintfyldte Hindenburg-luftskib svæver over døren, og der er risiko for, at brinten i den antændes, jvf. den kendte Hindenburg-ulykke med brint, hvor luftskibet brød i brand.*

Cu (kobber) = rutepunkt 11 (en stigereol med kobberbøger ("kogebøger") *og antikke kobberting (vaser, kar, krus osv.) oven på reolen* (for hvor skulle man ellers anbringe sådanne ting?)).

Ag (sølv) = rutepunkt 12 (meget, meget fint bornholmerur i dagligstuen slår 12 slag): *Urskiven er af sølv* (Ag = sølv!).

Pt (platin) = rutepunkt 13 (lænestol foran TV-apparat, der kun viser ulykker: *Michael Jackson er i TV og han viser sine platinplader frem* (Pt = platin!), *straks efter dør han pludselig* (jf. 13 = ulykker).

Au (guld) = rutepunkt 14 (kommode med fire skuffer med guldsmykker). [Rent guld er 24 karat, men til smykker benyttes ofte mindre, og her i huset er smykkerne altså trods alt kun 14-karat, dvs. smykkekarat].

Gå nu igennem din ruteplan både forlæns og baglæns, så du er sikker på, at du kan den. Ok, skriv så lige de 14 grundstoffer op i rækkefølge (**spændingsrækken**)! Hvis du ikke fik metoden til at virke, så er det fordi du skal træne mere i brugen af **visualisering & ruteplanmetoden**. Derfor må du ikke tabe modet – det er helt normalt! Det er jo første gang, at du skal bruge metoden til at huske noget. [Du behøver ikke at lave tal-billeder (lygtepæl = 1 tal, 2 løver = 2 tal, osv.) i ruteplanen medmindre det er vigtigt for dig at kunne identificere rutepunktnummeret hurtigt. Du kan bare tælle dig frem].

Eksempel 2: Husk minimum 10 nyttige produkter fra den petrokemiske industri[92].

Se tabellen. Du skal bruge en ny ruteplan med 10 rutepunkter.

Produkt	Forslag til association og dannelse af billede for det indre blik[93]
Ethen bliver til plasticposer, vandrør, skjorter og LP-plader [4 produkter]	Rutepunkt 1: Et te(brev) [læs: ethen] eksploderer i en plasticpose [smag og duft teen, hør braget]. Rutepunkt 2: Et te(brev) [læs: ethen] skydes ud af et vandrør [smag og duft teen, hør braget, mærk vandet]. Rutepunkt 3: Et te(brev) [læs: ethen] tager en skjorte på [smag teen og duft, mærk det bløde stof imod din hud]. Rutepunkt 4: Et te(brev) [læs: ethen] spiller LP-plader og danser til musikken [hør den fede musik, mærk din krop danse]
Propen bliver til ølkasser, T-shirts og motorkøle-middel [3 produkter]	Rutepunkt 5: En masse propper [læs: propen] hopper op af en ølkasse [hør poppelyden, smag og duft øllet]. Rutepunkt 6: En stor prop [læs: propen] tager en T-shirt på [mærk stoffet imod din bløde hud]. Rutepunkt 7: En stor prop [læs: propen] køler en motor ned med isterningevand [mærk kulden, smag isterningerne].
Buten bliver til bildæk, cykelslanger og cykeldæk [3 produkter]	Rutepunkt 8: En buttet teenager [læs: buten] spiser bildæk [smag og duft gummiet]. Rutepunkt 9: En buttet teenager [læs: buten] spiser cykelslanger [smag og duft gummiet]. Rutepunkt 10: En buttet teenager [læs: buten] spiser cykeldæk [smag og duft gummiet].

Gå nu igennem din **ruteplan** både forlæns og baglæns, så du er sikker på, at du kan den. Ok, skriv så lige de 10 produkter op og hvilke kemikalier, de laves ud fra. Hvis du ikke fik metoden til at virke, så er det fordi du skal træne mere i brugen af **visualisering & ruteplanmetoden**. Derfor må du ikke tabe modet – det er helt normalt! Det er jo kun anden gang, at du skal bruge metoden til at huske noget.

---

[92] Læs om **petrokemiske produkter** på side 120-121 i bogen.
[93] Find selv på noget bedre.

164

Oddbjørn By har indført begrebet **papirtesten** (man kunne også kalde det for **"det virtuelle snydepapir"**). Hensigten med "at lave papirtesten" er nemlig at finde frem til de **nøgleord**, som man om muligt gerne ville have med ved **eksamen**. Men det må man ikke, så i stedet husker vi disse **nøgleord**. Vi laver **"et virtuelt snydepapir"**. Det er fuldt lovligt! Gode **nøgleord** findes ved at tænke: "Hvilke **nøgleord** ville du have skrevet ned på et papir til **eksamen**?"[94] At bruge **"det virtuelle snydepapir"** til eksamen føles lidt ligesom at have et ark papir med gode **nøgleord** foran sig.

Hvis du skal til **eksamen** i kemi, må du gøre dig klart, hvad du kan huske af pensummet, og hvad du ikke kan huske. Dernæst skal du undersøge, hvilke dele af det, du ikke kan huske, som der faktisk er et konkret krav om, at du skal kunne huske ved det "grønne" eksamensbord. Disse huller i din viden noterer du ned som stikord (dvs. du laver **papirtesten**/"snydepapiret") på et stykke papir eller på din PC. Disse noter udgør netop det papir, du meget gerne ville have med som hjælp ved **eksamen**, men det må du jo ikke (for så ville det virkelig være et **snydepapir**)! Du skal kunne tingene uden hjælpemidler. Så bruger du **husketeknik** til at huske det (**nøgleordene** fra papirtesten/"snydepapiret"), som du umiddelbart ikke kunne huske. Du lapper hullerne i din viden (hukommelse) vha. **husketeknik**. Udvælg, ud fra **papirtesten**, de **nøgleord** (de faglige ting i kemi), du skal bruge **husketeknik** til *at lære. Hvis du kan huske det uden brug af husketeknik, så hører det ikke med på "snydepapiret".*

Typiske fejl ved brug af ruteplanmetoden, og hvordan fejlene undgås:
1. Når du for dit indre blik danner dig **billeder** på **rutepunkterne** i din **ruteplan** må du ikke danne dig billeder af for mange ting i samme **rutepunkt**, fx otte ting på ét punkt i din **ruteplan**. Du mister den største fordel, nemlig at holde det, du skal huske, fysisk adskilt. Brug længere **ruteplaner** og se kun 1 – 2 ting for dit indre blik i hvert punkt. Måske 3-4 ting, hvis det fungerer for dig?
2. Vælg ikke ubrugelige **nøgleord.** Nogle studerende bruger overskrifterne fra deres bøger. Men overskrifterne i bøgerne er ofte ubrugelige. Lav **papirtesten** (altså hvad-ville-jeg-gerne-kunne-have-med-på-papir-til-eksamen) og brug den til at lave **nøgleord** ud fra. Dan **billeder** af **nøgleordene**. Placer dem i **ruteplaner** for dit indre blik.
3. **Dårlige ruteplaner** er ruter, hvor du glemmer mange punkter. Drop de bøvlede rutepunkter. Brug ruteplaner du kender i forvejen. Det tager tid at lære nye ruteplaner at kende. Træn dem indtil de virker, inden du bruger dem til eksamen i skolefag.

---

[94] Oddbjørn By: *Bedre hukommelse: BEST OF MEMO + meget nyt,* Olden Forlag, 2011, side 31-32.

4. Brug ikke for mange **nøgleord**. Vær ikke bange for at reducere. Din logiske sans hjælper din hukommelse på vej. Intet kan som **papirtesten** (altså hvad-ville-jeg-gerne-kunne-have-med-på-papir-til-eksamen) hjælpe dig med at finde det relevante antal **nøgleord**.

5. Brug altid **del-og-hersk-princippet**, når du skal huske mange ting (dvs. udvælg alle nøgleordene i én arbejdsgang, beslut dig for billeder af alle nøgleordene i én arbejdsgang, placer alle **billederne** på rutepunkter i én arbejdsgang – og repeter det hele).

6. Undgå **robotfælden** (se nedenunder) og vær ikke perfektionist og undgå dobbeltarbejde. Lad være med at bruge **mnemoteknik** på at huske det, du kan i forvejen. Lad **papirtesten** (altså hvad-ville-jeg-gerne-kunne-have-med-på-papir-til-eksamen) fortælle dig, hvad det er, du skal bruge teknik til at huske.

7. Vær ikke bange for at bruge **mnemoteknik**. Nogle studerende er bange for at bruge mnemoteknik, fordi de synes, at de ikke har tid til at bruge teknikkerne, og ikke har tid til at træne dem nok inden de bruger dem. Spring ud i det. Du vil opleve, at du sparer tid i forhold til **traditionel terperi**!

8. Vær ikke **perfektionist**. Nogle studerende bruger alt for meget tid på at finde perfekte **nøgleord** og **billede-associationer**. Tid sluger koncentration og motivation. Tag **papirtesten** (altså hvad-ville-jeg-gerne-kunne-have-med-på-papir-til-eksamen) og vælg **nøgleord**. Vælg den første **association**, som kommer til dig, gå videre og se dig ikke tilbage. Nogle er også perfektionister, når de skal danne sig billeder for deres indre blik. De dvæler for længe ved hvert billede og taber fokus.[95]

Studerende, der bruger **mnemoteknik** for første gang, kan nemt falde i det, som memoristen Oddbjørn By kalder for **"robotfælden"**. Dvs. de skriver alt ned, som de skal huske - ligesom en robot:

"En eksamen er en test i hukommelse, men det er også en test i, at du er i stand til at udvælge det, der er relevant. Du kan undgå **robotfælden** *ved at stille dig selv dette spørgsmål: Er det relevant for besvarelsen? Ved VM i hukommelse i 2004 sad Oddbjørn By foran* **Astrid Plessl**, *som blev nummer to. Hun huskede på femten minutter 188 tilfældige ord uden en eneste fejl. I topform kunne hun huske 1824 cifre på en time. Astrid læste medicin. Men selv ikke hun, verdens næstbedste i hukommelse, kunne huske alt fra pensum. Du kan ikke huske alt. Du bør altså være realistisk og fokusere på det vigtigste først."[96]*

---

[95] Kilde til de 8 typiske fejl der ses ved brug af ruteplanmetoden, og hvordan fejlene undgås er Oddbjørn By, *Bedre hukommelse: BEST OF MEMO + meget nyt,* Olden Forlag, 2011, side 77-80.

[96] Oddbjørn By: *Bedre hukommelse: BEST OF MEMO + meget nyt,* Olden Forlag, 2011, side 76-77.

 Denne bekymring[97] er meget almindelig første gang folk[98] støder på **husketeknik**:

"Nu skal jeg jo både huske husketeknikkerne og huske det faglige. Dvs. jeg har mere at huske end før – så jeg gider ikke lære husketeknik, for jeg tror ikke på, at det virker".

Men en ekspert i hukommelse og **husketeknik**, psykologiprofessor **Kenneth L. Higbee**, har skrevet en hel bog[99], som dokumenterer, at husketeknikker ikke belaster hukommelsen, men tværtimod giver hukommelsen hjælpemidler, så meget mere kan indlæres og huskes i lang tid. Man kan bare dukke op til et mesterskab i **hukommelsessport**. Så bliver man overbevist om, at teknikkerne virker. Eller endnu bedre: Lær husketeknik - så du kan mærke på din egen hjerne, at det virker. <u>Men hav noget tålmodighed. Rom blev ikke bygget på en dag!</u> Men uanset hvad, så er der ingen lette genveje til det at huske. Så hvis kritikken går på, at mnemoteknik er besværligt, og at det ikke bare er som at stikke et kabel fra en bog ind i hjernen og downloade det hele i et snuptag – ja, så må man give kritikerne ret. **Mnemoteknik** er en teknik, der skal læres, og man kommer ikke sovende til det. Men hvad er alternativet? Ingen anden metode har vist sig mere effektiv, når betingelsen er, at vi kun har relativ kort tid til rådighed til indlæring[100]. I givet fald: Vis disse metoder!

Brug vendekort (flashcards) og en lærekasse

Når man ikke kan finde på en god **husketeknik**, der kan bruges til at huske noget, som man har svært ved at huske, så kan man med fordel bruge **vendekort** og en **lærekasse**[101]. Forestil dig en skotøjsæske inddelt i fem rum, nr. 1-5. Det er din "lærekasse". Man kan nemlig repetere mere eller mindre effektivt. Facts (eller forståelse) repeteres særlig effektivt med **"vendekortmetoden"**. Kortene har spørgsmål på ene side - og svar på anden side af kortet. Lav dine egne vendekort.

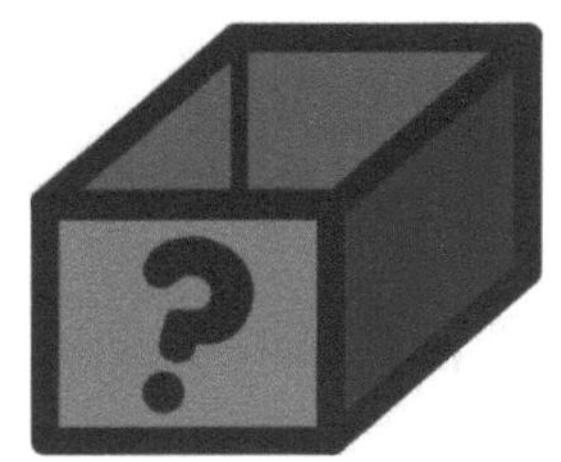

Mest effektivt repeteres, hvis vendekortene lægges i en *"lærekasse"* med fx 5 rum. Den første dag placerer man en mindre bunke kort i det forreste rum. Inden de placeres i kassen, indlæres sammenhængen imellem forsiden og bagsiden, spørgsmål og svar. Næste dag tager man kortene

---

[97] Andre reaktioner: *"Husketeknik er mærkeligt og barnligt. Du skal ikke huske, men kun forstå...."* og lignende kommentarer, som viser at mange ofte ikke ved ret meget om hukommelse.

[98] "Man" kan være elever, men også lærere eller andre, som ikke ved nok om husketeknik og hukommelse.

[99] Higbee, Kenneth, professor i psykologi: *Your memory, How It Works & How to Improve It*, DA CAPO PRESS LIFELONG BOOKS, 2001. – Og man kan finde mange andre videnskabelige kilder, som bekræfter at husketeknikker virker, hvis man gør sig den ulejlighed, at opsøge og læse disse kilder.

[100] Lærerne klager generelt over, at der er for lidt undervisningstid til rådighed – set i forhold til de ambitiøse krav, der stilles i fagenes læreplaner!

[101] Lærekassen kaldes også for en **Leitner boks** efter dens opfinder. Wikipedia [besøgt 29-6-2019]: https://en.wikipedia.org/wiki/Leitner_system

fra det forreste rum som en test. Man læser spørgsmålene og skal nu gengive det indlærte svar (dvs. du bruger **aktiv genkaldelse/repetition**). Svarer man rigtigt, lægges kortet ned i rum nr. 2. Svarer man forkert, lægges kortet tilbage i det forreste rum nr. 1. Efter at have gennemgået alle kort i det første rum, tager man en håndfuld nye kort, som indlæres ganske som på den første dag, inden de lægges ned sammen med de øvrige kort i det forreste rum. Dette bliver man ved med hver dag, indtil der ikke er flere nye kort at komme ned i kassen. Mens man gennemgår kortene i det forreste rum hver dag, gennemgås det næste rum (nr. 2) med lidt større mellemrum. De gennemgås på samme måde, ved at man læser spørgsmålet og skal gengive svaret. Svarer man rigtigt, flyttes kortet til det tredje rum. Svarer man forkert, flyttes kortet derimod tilbage til det forreste rum (nr. 1). På samme måde gøres nu med kortene i det tredje rum, blot med større tidsinterval og så fremdeles for de øvrige rum i kassen. Hver gang man svarer rigtigt, flyttes kortet til det næste rum. Svarer man forkert, flyttes kortet tilbage til det forreste rum (nr. 1). Kortene, der er nået til rum 2-3-4-5 repeteres med stigende tidsinterval, fx ½ dag (rum 2), 2 dage (rum 3), 1 uge (rum 4), 3 måneder (rum 5). Efter et stykke tid vil alle kortene forhåbentligt være endt i det sidste rum nr. 5.

Måske kan du bruge vendekort hver eneste gang, hvor du støder på et emne, et begreb, en formel eller en anden ting, du har svært ved at huske (og som du skal kunne i hovedet), selv om du har arbejdet seriøst med det. Så laver du et vendekort med det faglige emne, begrebet, formlen, m.m. på den ene side og svaret på den anden side, og placerer det i din *lærekasse*. Du behøver ikke at bruge en kasse. <u>Du kan også bruge konvolutter (fx 5 styk) – i stedet for en kasse - hvor du placerer dine vendekort i.</u>

***NB!** Noternes kemidel er organiseret som en slags lærekasse, idet der i den venstre kolonne er spørgsmål - og i den højre kolonne er tilhørende svar! Så de kemiske emner der er i bogen behøver du ikke lave vendekort til. Men det er en god metode at kende.*

 Lærekassemetoden har den kæmpe fordel, at den begrænser repetitionstiden ved kun at spørge om det, man er ved at glemme!

Hørt i fysiktimen

Læreren: Lyden forplanter sig med stor hastighed. Kan du nævne en ting, der forplanter sig endnu hurtigere, Peter?
Peter: Ja, kaniner!

Kilde: <u>https://www.j4u.dk/skole-jokes.asp</u>

Metoden kræver, at du behersker **zigzagformler** samt, at du kan huske, hvor mange bindinger de mest almindelige atomer i organiske stoffer danner - så dette ser vi på først:

Atom	Antal bindinger	Mnemoteknikforslag
Carbon (C)	4 – da C står i 4. hovedgruppe, dvs. har 4 valenselektroner (dvs. elektroner i yderste skal) og gerne vil op på 8 elekroner i yderste skal (oktetreglen). C mangler 8-4 = 4 elektroner = 4 bindinger dannes. Fx som $-\overset{\vert}{\underset{\vert}{C}}-$ (4 enkeltbindinger), $\diagdown \!\!\!\diagup C =$ (2 enkeltbindinger og en dobbeltbinding), $-C\equiv$ (1 enkeltbinding og 1 tripelbinding)	*Tænk på butan (CH$_4$), som har 4 enkeltbindinger. "Buuuuuthan – buuhhkoen har 4 patter!"*
Hydrogen (H)	1 – da H står i 1. hovedgruppe, dvs. har 1 valenselektron og gerne vil op på 2 elektroner i den yderste skal (dubletreglen). Dvs. H danner kun 1 enkeltbinding	*H er det mindste atom og må stå i 1. hovedgruppe = kun 1 valenselektron*
Oxygen (O) og svovl (S)	2 - da O står i 6. hovedgruppe, dvs. har 6 valenselektroner og gerne vil op på 8 elekroner i yderste skal (oktetreglen). O mangler 8-6 = 2 elektroner, dvs. 2 bindinger dannes. Fx som 2 enkeltbindinger (-O-) eller som en dobbeltbinding (=O). Præcis det samme gælder for svovl (S)	*Du har 2 lunger, som indånder dioxygen; O$_2$ (læs: Oxygen danner 2 bindinger)*
Nitrogen (N) og phosphor (P)	3 - da N står i 5. hovedgruppe, dvs. har 5 valenselektroner og gerne vil op på 8 elekroner i yderste skal (oktetreglen). N mangler 8-5 = 3 elektroner, dvs. 3 bindinger dannes. Fx som 3 enkeltbindinger $:\overset{\vert}{\underset{\vert}{N}}-$ eller som 1 enkeltbinding og 1 dobbeltbinding $-\overset{..}{N}=$ eller som 1 tripelbinding $:N\equiv$. Præcis det samme gælder for phosphor (P)	*Der er 3 streger i et stort N (læs: N danner 3 bindinger)* *Du kan lave et stort P af 3 tændstikker eller 3 streger:*
Halogen – atomer fra 7 hoved-gruppe: F, Cl, Br, I....	1 – da halogenerne står i 7. hovedgruppe, dvs. har 7 valenselektroner og gerne vil op på 8 elektroner i den yderste skal (oktetreglen). Halogenatomet mangler 8-7 = 1 elektron, dvs. kun 1 binding dannes	*Der er 7 bogstaver i "halogen" = 7. hovedgruppe = 7 valenselektroner*

Gentagelse fra tidligere i bogen: I **zigzagformler** tegnes kun de kovalente bindinger mellem carbonatomerne. Atomsymbolerne for carbon (C)) og hydrogen (H) er underforstået. For enden af en streg er der altid et C-atom, og resten af de kovalente bindinger går altid til hydrogen i et carbonhydrid. I et knæk er der et C-atom. Hvis der indgår andre atomer end C og H (fx O, N, S, Cl, Br osv.) skal de angives.

Lær at huske strukturformler og navne for nogle kulhydrater og fedtsyrer/fedtstoffer

Nu gennemgås en række vanskelige molekyler, som findes i nogle af de mest brugte kemi C bøger. Der bruges **associationsmetoden** til både at huske strukturformlen og navnet. Navnene er nemlig oftest usystematiske (er **"trivialnavne"**), hvilket gør det vanskeligt at huske dem, da et usystematisk navn jo ikke giver information om strukturformlen:

Molekyle/bog	Forslag til mnemoteknik
I bogen *Aurum – kemi for gymnasiet 1* (*"Aurum 1"*) gennemgås sukkerkemi i kapitel 9 ("Sød kemi"). I bogen *Kend Kemien 1, 2. udgave* er sakkarose (sukrose) molekylet gennemgået på side 142-143 under emnet *"Molekylforbindelser opløst i vand"*. I 5. udgave (den nye) af *ISIS Kemi C* gennemgås noget sukkerkemi på side 291-292 (glukose og fruktose). På side 164-165 i den gamle udgave af *ISIS Kemi C* er der også lidt sukkerkemi (cellulose). <u>Sukkerkemi er svært stof, selv for dygtige kemi C elever.</u> Der gennemgås først 3 **monosakkarider** (én (mono) sukkerring sukkerstoffer). C atomerne er ikke vist. De sidder i "knæk/hjørner". **Glukose/druesukker ($C_6H_{12}O_6$).** Det viste 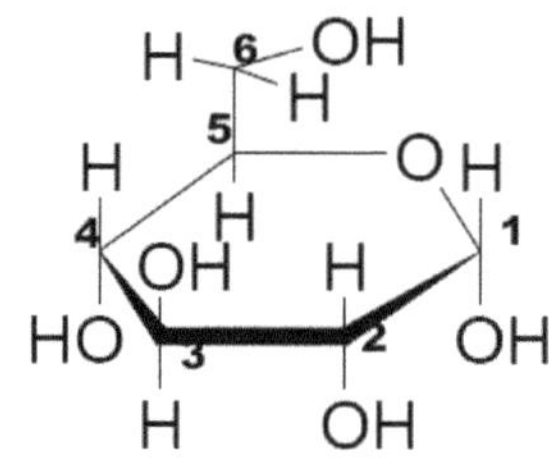 glukose er såkaldt **alfa (α)-glukose.** Dvs. C^6H_2OH gruppen er oppe over ringen, mens C^1 OH gruppen er nede under ringen.	Formlen for **glukose/druesukker**, $C_6H_{12}O_6$, husker mange dygtige elever fra **fotosyntesen** eller **respirationsprocessen**. Så langt, så godt. Nu skal strukturformlen for glukose huskes vha. disse **husketips**[102]: Et stort G ligner et 6 tal, hvilket skal minde dig om, at Glukoseringen består af 6 atomer (1 ilt og 5 kulstof), C nr. 6-OH (det <u>højeste</u> tal) er placeret <u>højest</u> (over ringen). I modsatte side har vi C nr. 1-OH, OH grupperne på C nr. 2 og 4 er under ringen, mens OH på C nr. "træ" (3) er <u>oppe</u> over ringen, fordi <u>træet gror op</u> ad, C nr. 5 har ingen OH, da dens O atom bruges til at binde sig til (<u>gribe fat i</u>) C nr. 1. Tænk: C nr. 5 har 5 fingre (en hånd), som <u>griber fat</u>. Sæt nu det hele sammen til et **alfa (α)-glukosemolekyle:** α-tegnet ligner en ring med C^6H_2OH ved den øverste streg, og C1-OH ved den nederste streg i α-tegnet. Altså oppe og nede har vi: $α^{C6OH}{}_{C1OH}$. Man kan også tænke på, at "6 er over 1 i talrækken", dvs. $α^{C6OH}{}_{C1OH}$.

---

[102] Det ville være nemmere, hvis vi i kemi C havde noget mere kulhydratkemi at bygge på, men dette er kemi B eller A niveau. Bilaget gennemgår IKKE D- og L-navngivning for sukkerstoffer, da det kræver kendskab til spejlbilledisomeri.

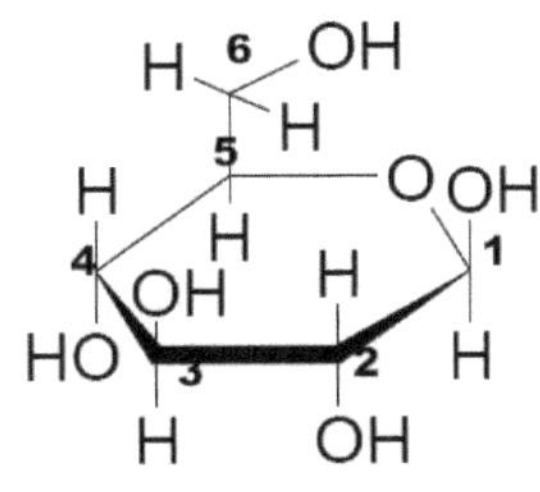

Den anden udgave af glukose er **beta (β)-glukose**. Beta betyder, at C1-OH er på den samme side af ringen som C^6H_2OH gruppen.

Fruktose/frugtsukker ($C_6H_{12}O_6$). Det til venstre viste fruktose er såkaldt **Beta (β)-fruktose**. Dvs. C^6H_2OH gruppen er på samme side af ringen som C2-OH gruppen.

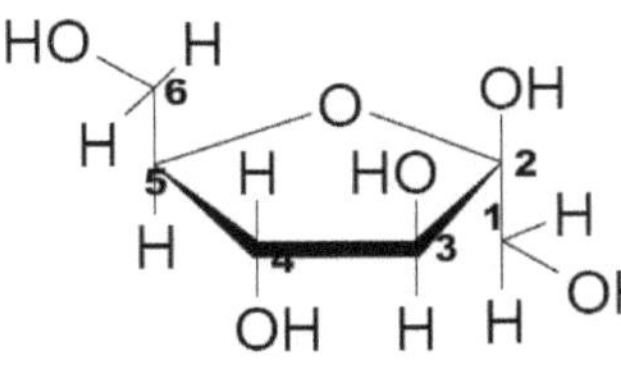

Den anden udgave af fruktose er **alfa (α)-fruktose** (se nedenunder). Alfa betyder, at C2-OH er på modsat side af ringen i forhold til C^6H_2OH gruppen:

Galaktose ($C_6H_{12}O_6$). Er næsten det samme molekyle som glukose, bortset fra at C4-OH vender samme vej som C^6H_2OH gruppen i galaktose, mens i glukose vender C4-OH modsat vej ift. C^6H_2OH gruppen.

Til venstre er vist **Beta (β)-galaktose:** Beta betyder, at C1-OH er på den samme side af ringen som C^6H_2OH gruppen. Nedenunder er vist **alfa (α)-galaktose.** Dvs. C^6H_2OH gruppen er på modsatte side ringen i forhold til C1-OH gruppen:

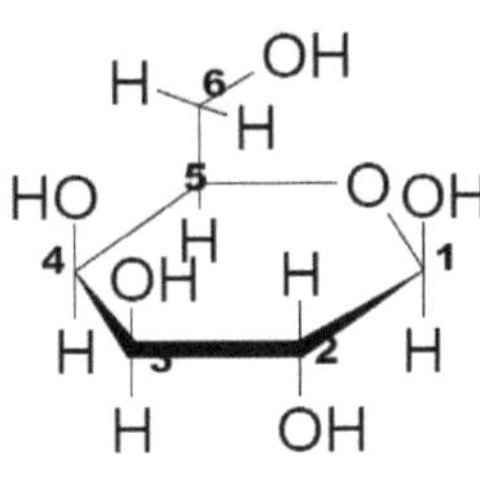

Maltose er et disakkarid (to (di) sukkerringe sukkerstof) bestående af 2 alfa-glukose, som er koblet sammen mellem C1 og C4 via et iltatom (se nedenunder):

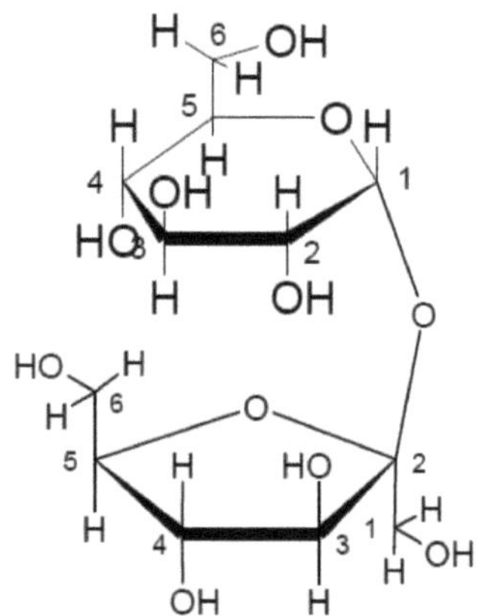

Sakkarose/sukrose/sukkerskålsukker er et disakkarid (to (di) sukkerring sukkerstof) bestående af alfa-glukose og Beta-fruktose, som er koblet sammen mellem C1-OH fra glukose og C2-OH fra fruktosen via et iltatom (se nedenunder):

Laktose/mælkesukker er et disakkarid (to (di) sukkerringe sukkerstof) bestående af Beta-galaktose og alfa-glukose, som er koblet sammen mellem C1-OH fra galaktose og C4-OH fra glukose via et iltatom (se nedenunder):

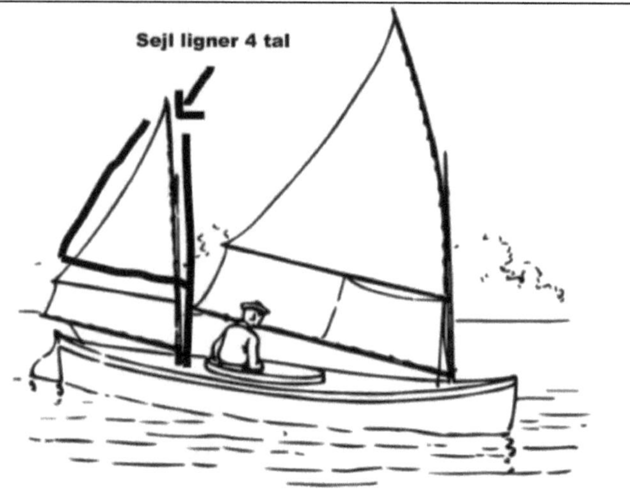

Husketips til maltose:
Opskriv to alfa-glukosemolekyler ved siden af hinanden, så C1-OH fra det ene glukose vender ind mod C4-OH fra det andet glukose. Sæt dem sammen via et O atom (-O-) fra C1 til C4 (sker under vandfraspaltning: OH + OH giver H_2O + -O-). Tænk: C1-OH er ud for C4-OH ligesom to munde i samme højde, som er klar til at kysse.
***Husk** C1-O-C4 ("14") i <u>mal</u>tose: Måske fik du dit første "<u>mal</u>placerede" kys som 14 årig?*

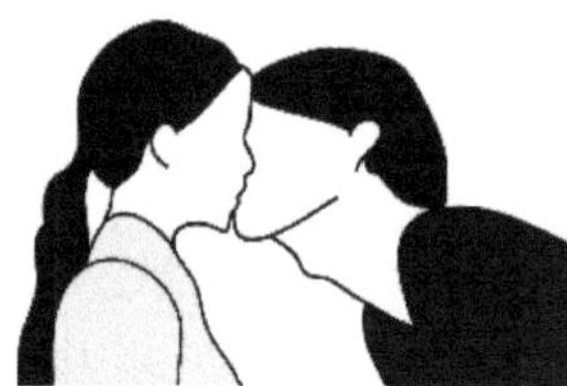

*Husketips til **sakkarose/sukrose/sukkerskål-sukker:***
*Opskriv Beta-fruktosen for neden med alfa-glukosen ovenover, så C1-OH (stikker ned ad) fra glukosen er lige over C2-OH (stikker op ad) fra fruktosen. Sæt dem sammen via et O atom (-O-) fra C1 til C2 (sker under vandfraspaltning: OH + OH giver H_2O + -O-). Tænk: **B**eta-fruktosen strækker armene (C6-OH og C2-OH) i vejret og **B**ærer glukosen op i **sukker**skålen.*

*Husketips til **laktose/mælkesukker:***
Opskriv Beta-galaktosen for neden med alfa-glukosen ovenover, så C4-OH (stikker ned ad) fra glukosen er lige over C1-OH (stikker op ad) fra galaktosen. Sæt dem sammen via et O atom (-O-) fra C1 til C4 (sker under vandfraspaltning: OH + OH

Nu tager vi to **polysakkarider** (mange (poly) sukkerringe sukkerstoffer) – stivelse og cellulose:

Stivelse er meget lange "perlekæder" af **alfa-glukose**. Der er to slags "perlekæder" i stivelsen: **amylose** og **amylopektin**. Amylose er "lige" kæder, mens amylopektin er mere forgrenet.

Cellulose er meget lange, uforgrenede "perlekæder" af **Beta-glukose**.

Sorbitol er en sukkeralkohol – et kunstigt sødemiddel:

$$CH_2OH$$
$$H\!-\!\!-OH$$
$$HO\!-\!\!-H$$
$$H\!-\!\!-OH$$
$$H\!-\!\!-OH$$
$$CH_2OH$$

NB! Der sidder C-atomer i alle kryds.

*giver H_2O + -O-). Tænk: **Beta-galaktose** er blevet godt gal, strækker armene (C6-OH og C1-OH) i vejret og løfter/kaster glukosen. Da a i galaktose kommer før i alfabetet end l i glukose, så er det C1 fra galaktosen som bindes til C4 i glukosen (via ilt), da 1 kommer før i talrækken end 4. Ja, det er en lang **associationsrække**. Men prøv!*

Husk disakkariderne vha. engelske huskeremser:
***GGM: Go Grand Ma!** - Glucose + Glucose --> **Ma**ltose*
***GFS: Go Father Son!** - Glucose + Fructose --> **S**ucrose*
***GGL: Go Good Luck!** - Glucose + Galactose --> Lactose[103].*

Eller prøv disse remser, idet du tænker på, at der er glukose med i alle 3 disakkarider, så det gælder om at huske, hvad glukose er sammen med:
***GooGLe = G**lucose + **G**alaktose = **L**aktose*
[tænk: laktose og galaktose har begge stavelsen "lak", dvs. laktose = galaktose + glukose]
***G**irls **F**riend**S**hip = **G**lucose + **F**ructose = **S**ucrose*
[tænk: Frugter smager sødt, ligesom sukkerskålsukker/sukrose, så fruktose + glukose = sukrose]
***G**an**G**a**M** = **G**lucose + **G**lucose = **M**altose[104]*
[tænk: malTOse = TO glukose].

Husketips til stivelse: *Både alfa-glukose og **a**my**l**ose og **a**my**l**opectin starter med **a** (læs: alfa-glukose indgår i stivelse – ikke Beta-glukose). "**Amyl**" lyder som noget, man kan blive meget stiv (syg) af at drikke (læs: Amylose + amylopektin = stivelse).*

---

[103] http://sciencebiorawks.blogspot.com/2009/03/mneumonics-to-remember-monosaccharides.html
[104] https://www.youtube.com/watch?v=59iQyvp_ESU

<table>
<tr><td></td><td>

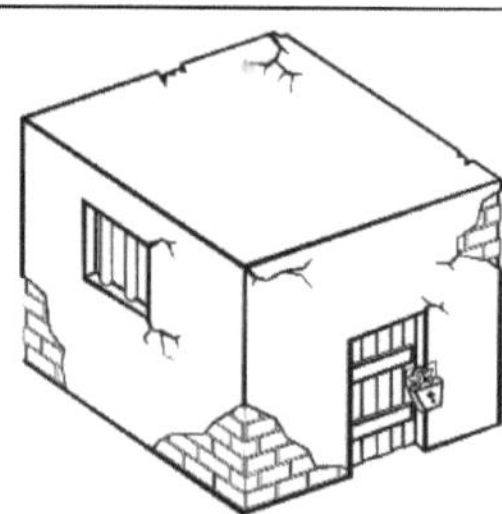

Husketips til sorbitol: *Endelsen "ol" fortæller, det er en alkohol. Der er 6 bogstaver i "sorbit", hvilket skal minde dig om, at der er 6 OH i sorbitol – én på hver C atom. Sukkerkemi er slut. Det var en hård omgang. Men forhåbentlig lærerigt!*

</td></tr>
</table>

Test nu dig selv.

Kan du huske strukturformlerne for disse stoffer: alfa(α)-glukose, Beta(β)-glukose, Beta(β)-fruktose, alfa(α)-fruktose, Beta(β)-galaktose, alfa(α)-galaktose, maltose, sakkarose/sukrose /sukkerskålsukker, laktose/mælkesukker, sorbitol?

Kan du beskrive opbygningen af stivelse og cellulose?

ISIS Kemi C samt *Kend Kemien 1, 2.* udgave har kapitler om **fedtkemi**. Hvordan husker man de vigtigste fedtstoffer og fedtkemibegreber? Det ser vi på i det nedenstående.

Molekyle	Forslag til mnemoteknik
Fedtsyrer er byggesten i **sæber** og i den mest almindelige type af **fedtstoffer** – **triglycerider**. Eksempel på en fedtsyre: 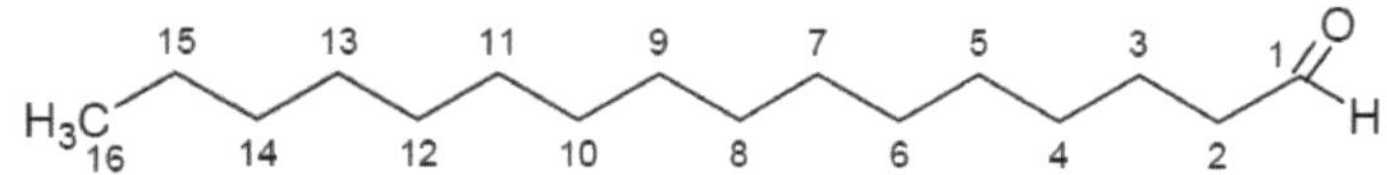 Ved nummerering af C-atomerne har carboxylsyre-kulstoffet normalt nr. 1. Hvis der er dobbeltbindinger mellem nogle af C-atomerne i fedtsyren (C=C), så siges fedtsyren at være **umættet**: 1 (mono) dobbeltbinding giver en **monoumættet fedtsyre**, mens 2 eller flere C=C dobbeltbindinger giver en **polyumættet fedtsyre**. "Poly" betyder mange og her er mange mere end 1 C=C. Hvis der kun er enkeltbindinger imellem C-atomerne i fedtsyren (C-C), så siges fedtsyren at være **mættet**. Kemisk set stammer ordene mættet og umættet fra om dihydrogen (H_2) eller tilsvarende små molekyler (fx I_2) kan **adderes** (dvs. "lægges til") C=C i et umættet fedtstof. Ved **additionen** optager/"spiser" C=C et H_2, hvorved dobbeltbindingen brydes og omdannes til en enkeltbinding. Dvs. fedtstoffet bliver mættet: C=C + H_2 → H-C=C-H.	*Du kan næsten høre på navnet* ***"fedtsyre",*** *at det må være en* ***carboxylsyre*** ***(-COOH)*** *med en* *fedtopløselig – dvs. upolær - kulstofkæde koblet på.* ***Husketips til nogle fedtstofbegreber:*** ***Mono*** *= 1. Tænk: <u>Mono</u>game personer har kun 1 partner.* ***Poly*** *= mange, dvs. mere end 1. Tænk: <u>Poly</u>amorøse personer har mere end 1 partner.* ***Mættet fedtsyre.*** *Tænk: C-C enkeltbindingen ligner en smal, lukket mund, som har spist sig mæt. Munden (C-C) er mættet og derfor lukket (en smal streg)!*  ***Umættet fedtsyre.*** *Tænk: C=C dobbeltbindingen ligner en åben mund, som er umæt (ikke mæt), og stadig spiser mad. Eller mere kemisk korrekt: Det* 

Lad os se på nogle fedtsyrers opbygning og navngivning:

Hexadecansyre (palmitinsyre). 16 C atomer lang (hexadecan) fedtsyre, og er en mættet fedtsyre:

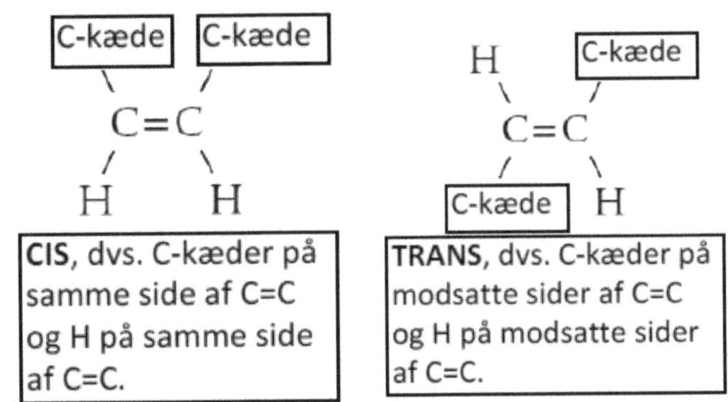

Octadecansyre (stearinsyre). 18 C atomer lang (octadecan) fedtsyre, og er en mættet fedtsyre:

Oliesyre. 18 C atomer og 1 C=C dobbeltbindinger, som starter ved C nr. 9. Dvs. det er en monoumættet fedtsyre:

Det er en **cis**-dobbeltbinding, der er i oliesyre. Dvs. de 2 H-atomer sidder på samme side af dobbeltbindingen, og de 2 C-kæder sidder derfor også på samme side af dobbeltbindingen.

C-kæde C-kæde	H C-kæde
C=C	C=C
H H	C-kæde H
CIS, dvs. C-kæder på samme side af C=C og H på samme side af C=C.	**TRANS**, dvs. C-kæder på modsatte sider af C=C og H på modsatte sider af C=C.

I en **trans**fedtsyrer sidder H og C-kæde på samme side af C=C.

Linolsyre. 18 C atomer og to C=C dobbeltbindinger, som starter med ved hhv. C nr. 9 og C nr. 12. Dvs. en polyumættet fedtsyre:

Læg mærke til, at det er altid er præcis én -CH_2- gruppe imellem dobbeltbindingerne i en polyumættet fedtsyre! (Læs: 18 C lang fedtsyre, stearinsyre, mættet

umættede fedtstofs C=C optager/ "spiser" H_2 molekylet og bliver til et mættet fedtstof (H-C-C-H).

Husketips til palmitinsyre: _16_ årige er _mætte_ af skolen (læs: 16 C lang mættet fedtsyre), og hellere vil slappe af under _palmerne_ (læs: _palmitinsyre_).

Husketips til stearinsyre: En dum _18_ årig knægt får den "lyse" ide, at spise sig _mæt_ i _stearinlys_ på sin fødselsdag, fordi han har indgået et væddemål med gutterne til fødselsdagsfesten: "Du tør ikke æde lys!" (Læs: 18 C lang fedtsyre, stearinsyre, mættet fedtsyre).

Husketips til oliesyre: Den _18_ årige knægt får den tåbelige ide, at æde _olie-balloner_ (en ballon i snor ligner et _9 tal_, se senere), fordi han har indgået et væddemål med gutterne til fødselsdagsfesten: Du tør ikke! (Læs: 18 C lang fedtsyre, oliesyre, C=C starter ved C nr.9).

Husketips til linolsyre: Linolsyre er en udvidelse af oliesyre, idet _linoleum_ laves ud fra lin_olie_ (læs: linolsyre). Så oliesyre udvides med en C=C dobbeltbinding ved C nr. 12.

Husketips til linolensyre: Linolensyre er en udvidelse af linolsyre. Det kan du høre på stavelsen "en", som betyder dobbeltbinding i "alkensprog". Så linolsyre udvides med én C=C dobbeltbinding ved C nr. 15.

Alternativ til overstående: Visualiser de 3 første fedtsyrer på følgende måde i en ruteplan (brug personer/ting du kender):

fedtsyre). Dvs. linolsyre er en udvidelse af "umættetheden" i oliesyre med én C=C, som må være i position 12.

Linolensyre. 18 C atomer og 3 C=C dobbeltbindinger, idet linolsyre er en udvidelse af "umættetheden" i linolsyre med én C=C, som må være i position 15:

Fedtstoffer kaldet **triglycerider** er opbygget af et glycerolmolekyle og 3 fedtsyrer. Fedtsyrerne kobles på glycerolen ved OH-grupperne i glycerolen. Se nedenstående triglycerid:

Som det ses, så består ovenstående triglycerid af fedtsyrerne palmitinsyre (øverst), oliesyre (i midten) og linolensyre for neden.

**Husketips til triglycerider:** Fedtstoffet kaldes for et **triglycerid**, fordi der er 3 (**tri**) fedtsyrer koblet på glycerolen. Og glycerol kaldes også for glycerin – heraf navnet "triglycerid" - dvs. "tri-fedtsyrer-koblet-på-glycerin". Triglyceridet ligner et stort bogstav "E". De 3 C-atomer i glycerolen udgør den lodrette rygrad i "E`et", og de 3 fedtsyrer udgør de 3 vandrette streger i "E`et".

At glycerolen og fedtsyren kobles til hinanden via en C-O-C(=O)-C gruppe, kan huskes ved, at C-OH fra glycerolen reagerer med H-O-C(=O)-C fra fedtsyren under fraspaltning af vand:

$$C\text{-}OH + H\text{-}O\text{-}C(=O)\text{-}C \rightarrow -O\text{-}C(=O)\text{-}C + H_2O$$

Test nu dig selv. **Kan du huske strukturformlerne for disse stoffer**: Palmitinsyre, stearinsyre, oliesyre, linolsyre, linolensyre og triglycerid?

Kan du definere disse begreber: Umættet, mættet, monoumættet, polyumættet, addition, cis og trans?

BILAG 2: HUSK HVAD APPARATURET HEDDER og bruges til vha. *husketeknikkerne i parenteserne*

Principperne bag husketeknikkerne: Der prøves på at skabe en sammenhæng imellem apparaturets udseende/navn og noget, som er alment kendt - og som huskes i forvejen. Principperne kaldes **association** ("skab forbindelse") og **elaborering** ("skab mening") i indlæringspsykologien. Husketeknikkerne er skrevet i parenteserne. Mange af billederne er kopieret fra firmaet *Frederiksen Scientific A/S*, som venligt at stillet disse til rådighed – kvit og frit. Frederiksen takkes for hjælpsomheden. Resten af illustrationerne er public domain, som frit kan benyttes.

Anbefalet **METODE til indlæring *(aktiv genkaldelse)*:** Læs om det apparatur du skal kunne i den venstre kolonne. Dæk venstre kolonne til, og test så dig selv via den højre kolonne. Øv dig ind til du umiddelbart kan huske det. Repeter engang imellem (udnyt *"fordelingseffekten"*, se side 22-24).

Apparaturforklaring/*(husketeknik)*	Test-dig-selv
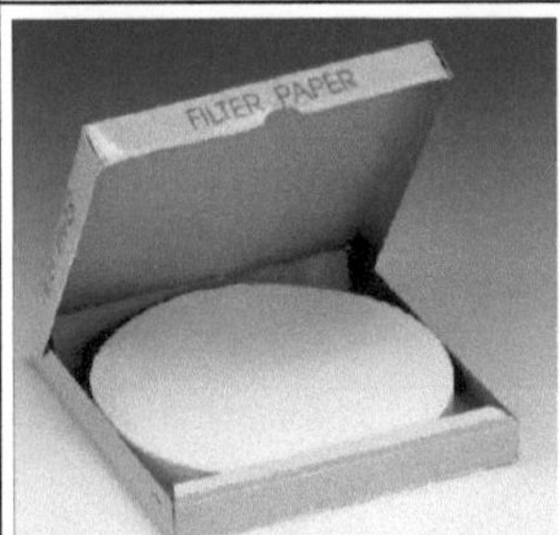 1) **Filterpapir** (papir til filtrering af et fast stof fra en væske. Det ligner lidt et kaffefilterpapir, som man kan bruge til at lave kaffe på den gammeldags måde).	
 2) **Konisk kolbe.** (Den koniske kolbe er bred for neden – ligesom en bredrøvet kone, hæ, hæ....).	

<table>
<tr>
<td>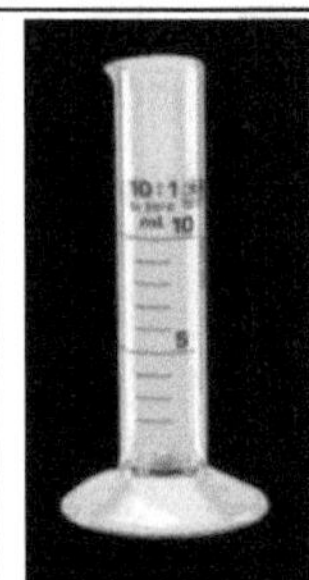</td>
<td>3) Et måleglas er et <u>glas</u> til præcis af<u>mål</u>ing af væske vha. tallene på siden af glasset. (Måleglasset Ligner lidt en <u>mål</u>stolpe).</td>
<td>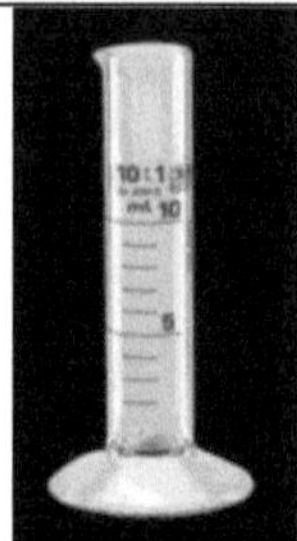</td>
</tr>
<tr>
<td>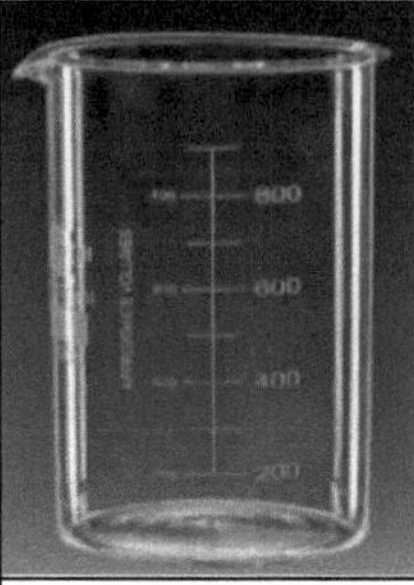</td>
<td>4) <u>Bægerglas</u>. Bægerglasset er for upræcist til nøjagtig afmåling af væske, selv om der er tal på siden. (Et <u>bære</u>-væsk-i-<u>glas</u>, som ligner et <u>bæger</u>). </td>
<td>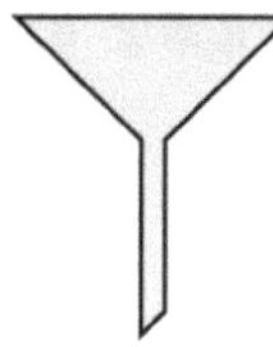</td>
</tr>
<tr>
<td>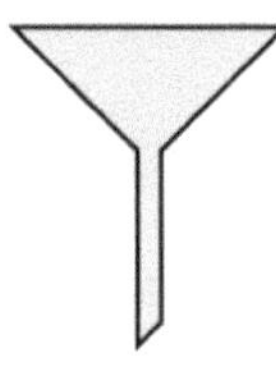</td>
<td>5) <u>Tragt</u>. Bruges til filTrering eller til at hælde væske op med. (Tragten ligner en kaffetragt (til gammeldags kaffebrygning), og tragten er T-formet ("T" for Tragt). 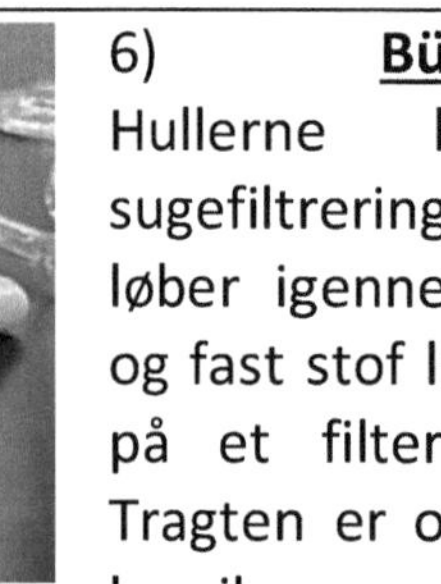</td>
<td></td>
</tr>
<tr>
<td>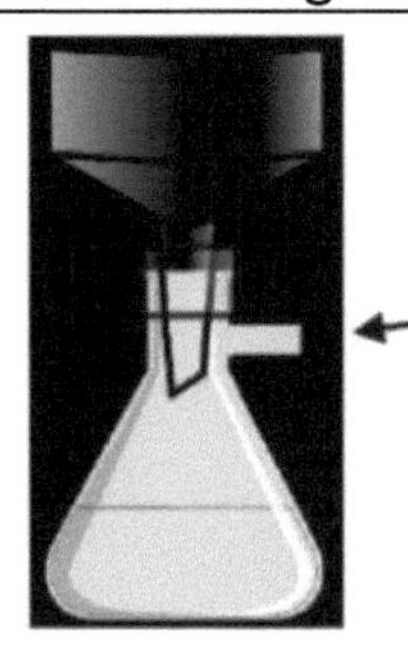</td>
<td>6) <u>Büchner-tragt</u>. Hullerne bruges til sugefiltrering. Væsken løber igennem hullerne, og fast stof ligger tilbage på et filter i tragten. Tragten er opkaldt efter kemikeren Ernst Büchner.
(Regn<u>byge</u> (rimer på <u>Büch</u>ner) kan løbe igennem hullerne i tragten).</td>
<td>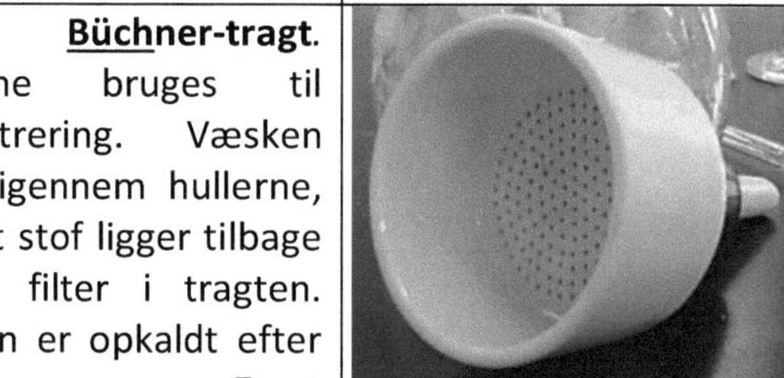</td>
</tr>
<tr>
<td></td>
<td>7) <u>Sugekolbe</u>. (En <u>suge</u>-væske-ud-af-fast-stof-<u>kolbe</u>). Luft <u>suge</u>s ud af det lille rør ved pilen (ligner et lille <u>sugerør</u> – læs: "suge-(rør)-kolbe"). Bruges sammen med en Büchner-tragt og et filterpapir til sugefiltrering, hvor et fugtigt fast stof suges tørt.</td>
<td></td>
</tr>
</table>

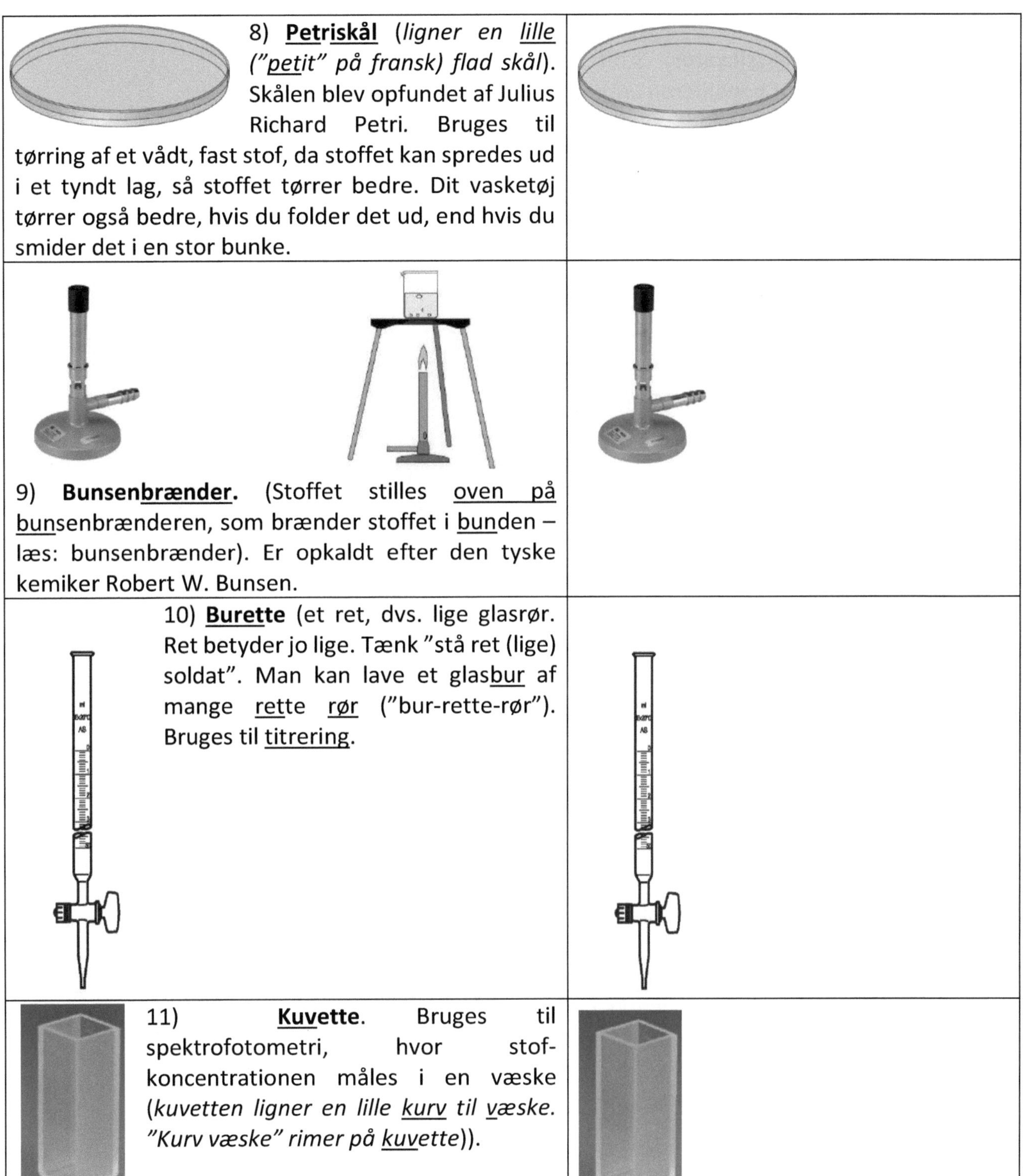

8) **Petriskål** (*ligner en lille* (*"petit" på fransk) flad skål*). Skålen blev opfundet af Julius Richard Petri. Bruges til tørring af et vådt, fast stof, da stoffet kan spredes ud i et tyndt lag, så stoffet tørrer bedre. Dit vasketøj tørrer også bedre, hvis du folder det ud, end hvis du smider det i en stor bunke.	
9) **Bunsenbrænder.** (Stoffet stilles <u>oven på</u> <u>bun</u>senbrænderen, som brænder stoffet i <u>bunden</u> – læs: bunsenbrænder). Er opkaldt efter den tyske kemiker Robert W. Bunsen.	
10) **Burette** (et ret, dvs. lige glasrør. Ret betyder jo lige. Tænk "stå ret (lige) soldat". Man kan lave et glas<u>bur</u> af mange <u>rette</u> <u>rør</u> ("bur-rette-rør"). Bruges til <u>titrering</u>.	
11) **Kuvette**. Bruges til spektrofotometri, hvor stof-koncentrationen måles i en væske (*kuvetten ligner en lille <u>kurv</u> til <u>væske</u>. "Kurv væske" rimer på <u>kuvette</u>*)).	

 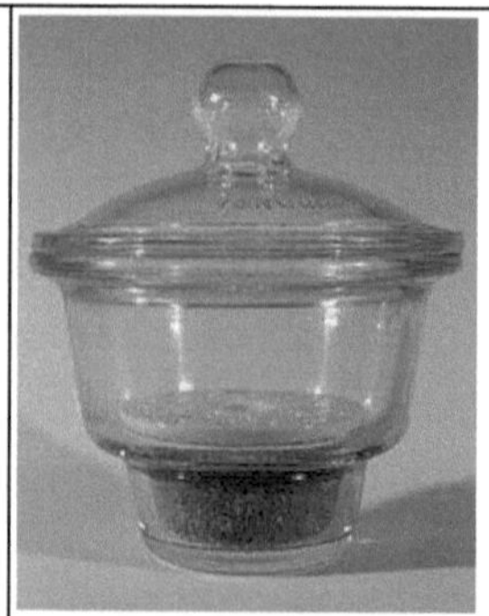

12) **Ekssikator** (eller **ekssikkator**). Stoffet i bunden af beholderen bruges til at suge fugt (vand) ud af det faste stof, som placeres oven over det vandsugende stof i bunden. (*Vandet laver _exit_ – altså kommer ud af det faste stof. Ekssikator rimer på exit*).

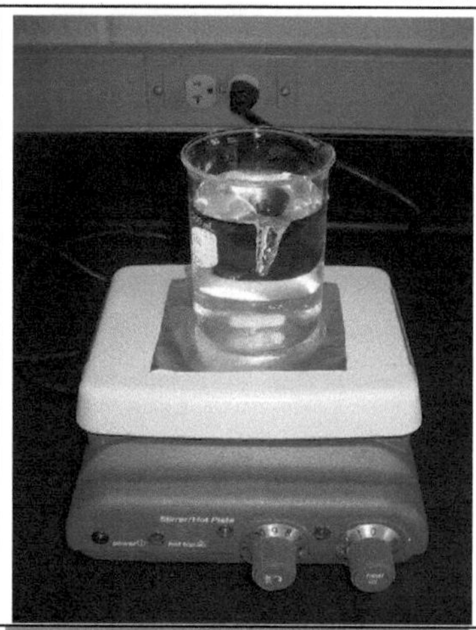 

13) **Magnet<u>omrører</u>**. Bruges til at <u>omrøre</u> en væske vha. en <u>magnet</u>. Godt navn!

14) **<u>Mor</u>terskålen med pistil (den aflange ting i skålen er en pistil).** Bruges til at mose/ /findele/ "dræbe" et fast stof til et pulver (*<u>mor</u>deren myrder det faste stof*).
Pistil? Tænk: "En pi<u>sti</u>l er en slags pi<u>sto</u>l, som "<u>mor</u>deren" (læs: morteren) bruger". Med lidt god vilje ligner en pi<u>st</u>el et lille **p** eller et <u>pistol</u>løb).

15) **<u>pip</u>ette.** Kan suge væske op (<u>pip</u>etten ligner et langt, spids næb på en vadehavs-<u>pip</u>-fugl, som suger væske op af sandet. <u>Pip</u>fugl rimer på <u>pip</u>ette).

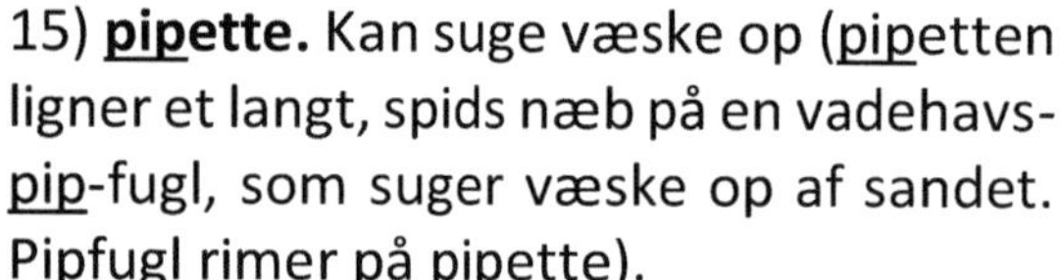

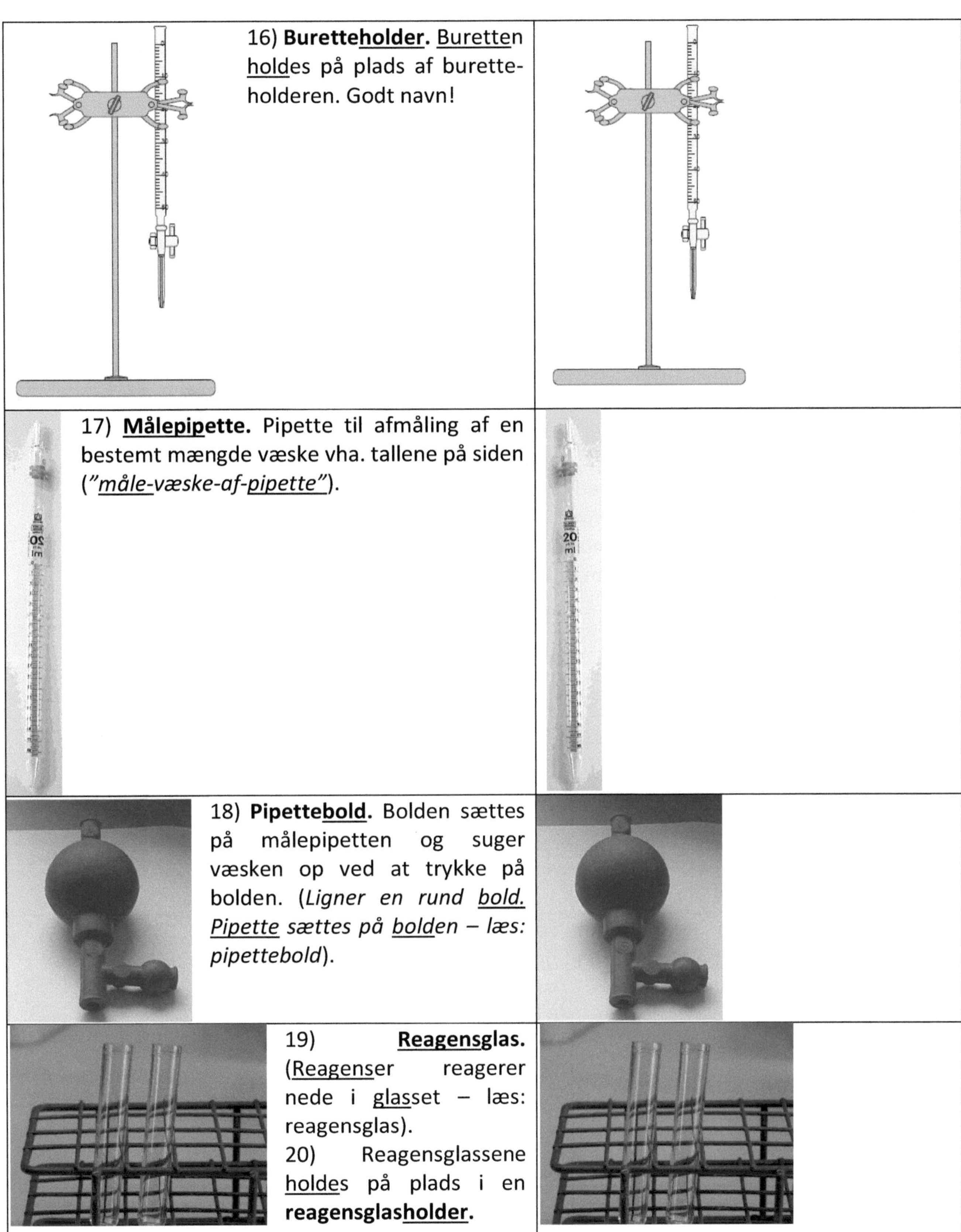

16) **Buretteholder**. <u>Buretten</u> <u>hold</u>es på plads af burette-holderen. Godt navn!

17) **Målepipette**. Pipette til afmåling af en bestemt mængde væske vha. tallene på siden (*"måle-væske-af-pipette"*).

18) **Pipettebold**. Bolden sættes på målepipetten og suger væsken op ved at trykke på bolden. (*Ligner en rund bold. Pipette sættes på bolden – læs: pipettebold*).

19) **Reagensglas**. (<u>Reagens</u>er reagerer nede i <u>glas</u>set – læs: reagensglas).
20) Reagensglassene <u>hold</u>es på plads i en **reagensglasholder**.

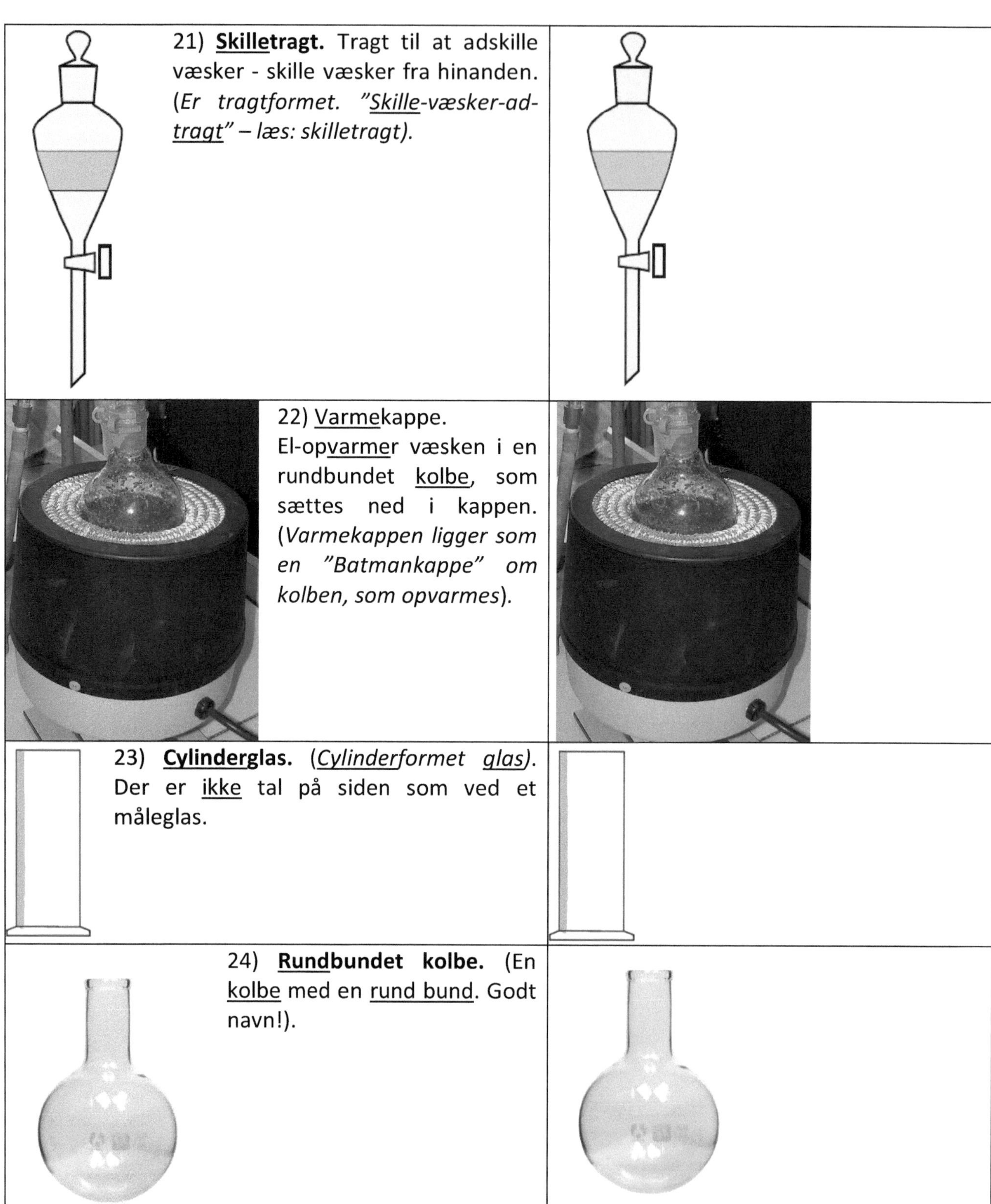

21) **Skilletragt.** Tragt til at adskille væsker - skille væsker fra hinanden. (*Er tragtformet. "Skille-væsker-ad-tragt" – læs: skilletragt*).

22) Varmekappe. El-opvarmer væsken i en rundbundet kolbe, som sættes ned i kappen. (*Varmekappen ligger som en "Batmankappe" om kolben, som opvarmes*).

23) **Cylinderglas.** (*Cylinderformet glas*). Der er ikke tal på siden som ved et måleglas.

24) **Rundbundet kolbe.** (En kolbe med en rund bund. Godt navn!).

<table>
<tr><td>

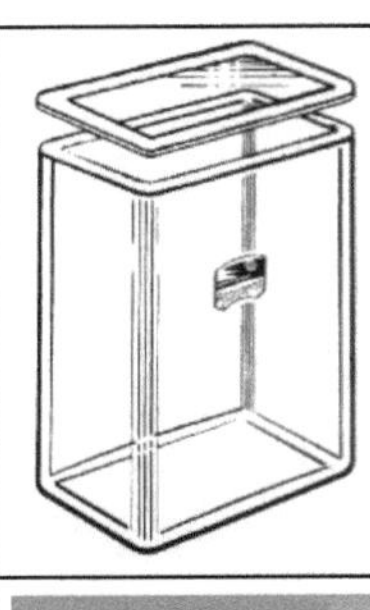

</td><td>

25) **Kromatografikar med låg.** (*Kar til kromatografi. Ligner et firkantet badekar*). Bruges til at sætte en kromatografiplade ned i. Pladen bruges så til at adskille stoffer fra hinanden.

</td><td>

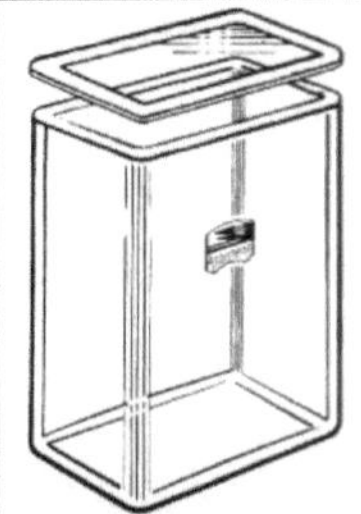

</td></tr>
<tr><td>

</td><td>

26) **Målekolbe.** Kolbe som bruges til præcis afmåling af et bestemt volumen (mængde) af en væske - her præcis 10 mL. (*Måle-væske-nøjagtigt-af-kolbe* – læs: *målekolbe*).

</td><td>

</td></tr>
<tr><td>

</td><td>

27) **Niveaubord.** Bord som kan stilles op og ned i niveau (højde) - deraf navnet *niveaubord*. Det ligner også et bord.

</td><td>

</td></tr>
<tr><td>

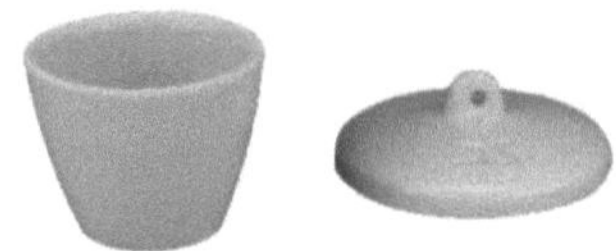

læs: "det-gløder-digel").

</td><td>

28) **Digel med låg.** Er lavet af porcelæn, som tåler glødende opvarmning med en bunsenbrænder. (*Det gløder rimer på digel* –

</td><td>

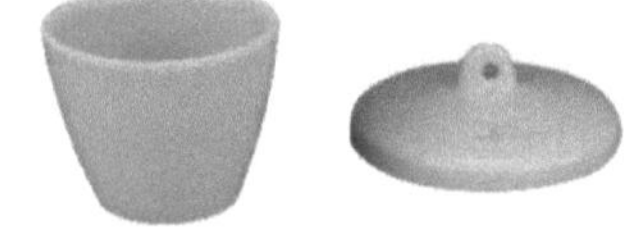

</td></tr>
<tr><td>

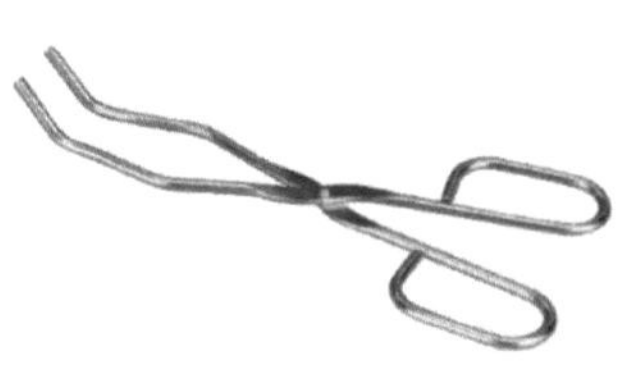

navn!

</td><td>

29) **Digeltang.** For ikke at brænde fingrene på den varme digel, kan man tage den med en tang, læs: digeltang. Godt

</td><td>

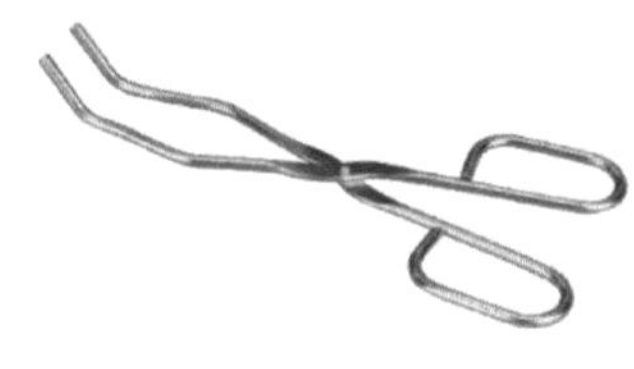

</td></tr>
<tr><td>

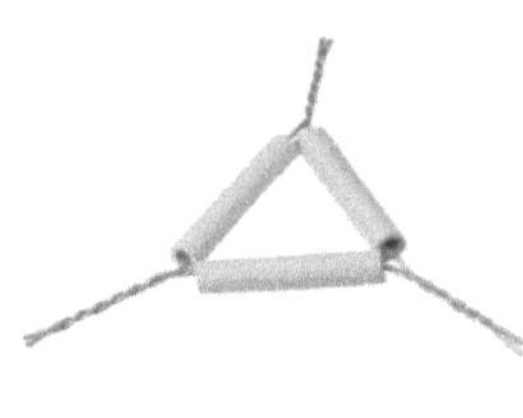

Godt navn!

</td><td>

30) **Digeltrekant.** Af porcelæn. Trekant til at sætte diglen fast i under opvarmning med bunsenbrænder (*diglens trekant – læs: digeltrekant*).

</td><td>

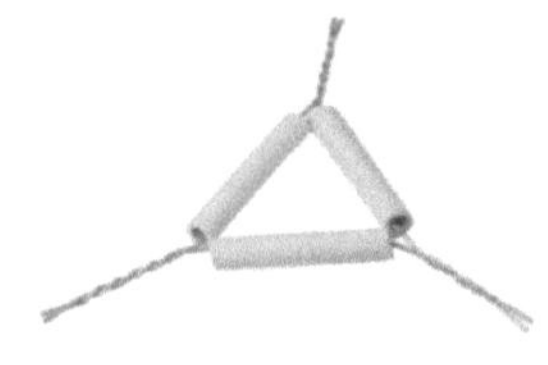

</td></tr>
</table>

31) **Trefod**. (*Den har tre fødder – læs: trefod*). Bruges til at stille en digeltrekant med digel på under opvarmning med bunsenbrænder.

32) **Keramisk trådnet**. (*Rund keramik på trådnet (net med tråde i og keramik på)*). Til at stille glasvarer på, som opvarmes med flamme. Glas holder nemlig ikke til direkte flammevarme. Keramikken beskytter glasset imod at få for meget varme.

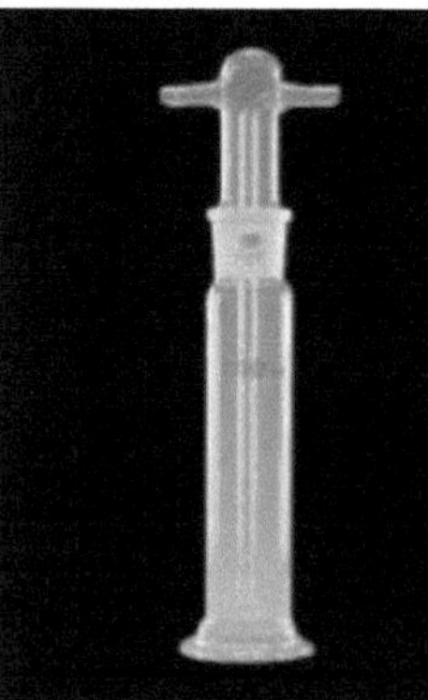

33) **Vaskeflaske med indsats**. Bruges til at vaske gasser ud af den væske, som er i flasken – fx fjernes CO_2 gas fra cola i en vaskeflaske. (*Vaske-gas-ud-af-væske-flaske*). Den ligner lidt en aflang shampoo-flaske, man kan bruge til at vaske hår med.

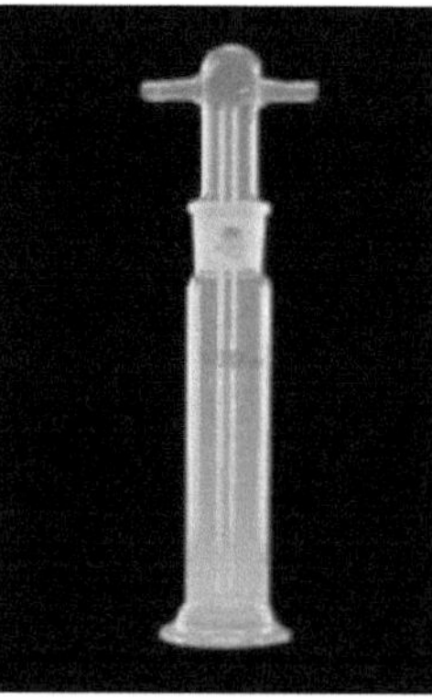

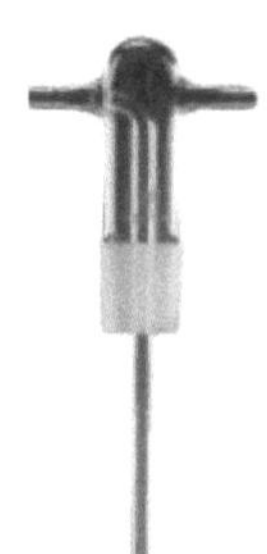

34) **Indsats til vaskeflaske**. (Indsatsen er indsat i vaskeflasken, deraf navnet indsats).

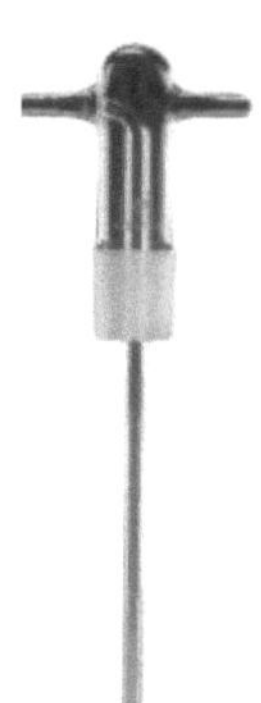

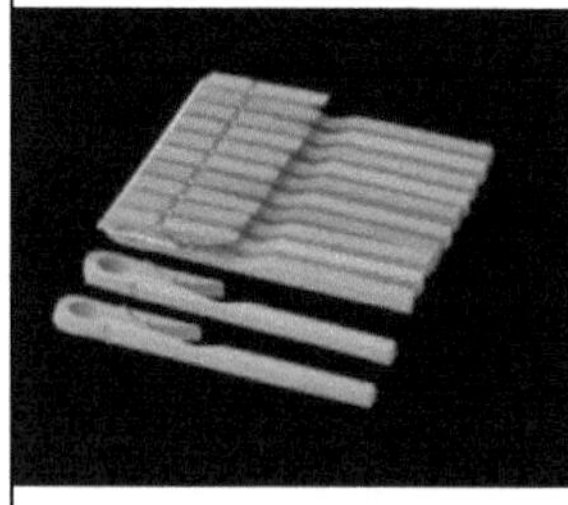

35) **Reagensglasklemmer**. Kan sættes om reagensglas, imens man varmer glasset op - uden man brænder fingrene. (*Klemme til reagensglas, læs: reagensglasklemme. De ligner tøjklemmer. Er bare til reagensglas - og ikke til tøj*).

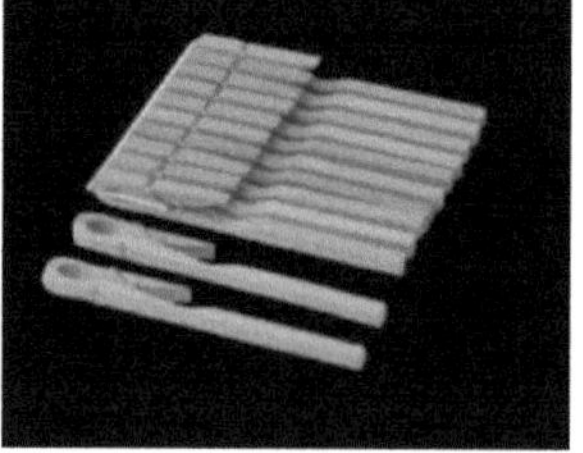

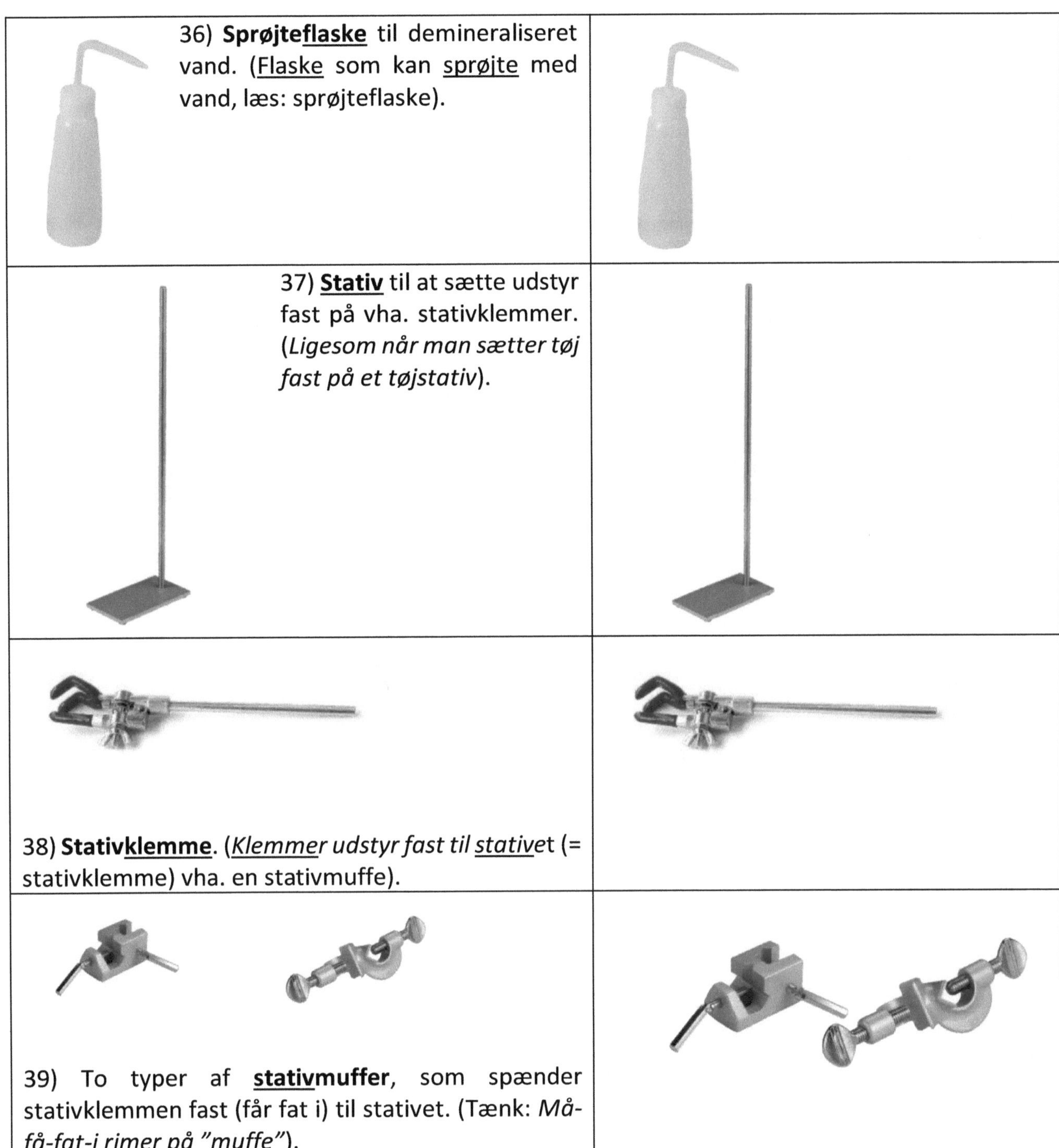

36) **Sprøjteflaske** til demineraliseret vand. (<u>Flaske</u> som kan <u>sprøjte</u> med vand, læs: sprøjteflaske).	
37) **Stativ** til at sætte udstyr fast på vha. stativklemmer. (*Ligesom når man sætter tøj fast på et tøjstativ*).	
38) **Stativklemme**. (<u>*Klemmer*</u> *udstyr fast til* <u>*stativ*</u>et (= stativklemme) vha. en stativmuffe).	
39) To typer af **stativmuffer**, som spænder stativklemmen fast (får fat i) til stativet. (Tænk: *Må-få-fat-i rimer på "muffe"*).	

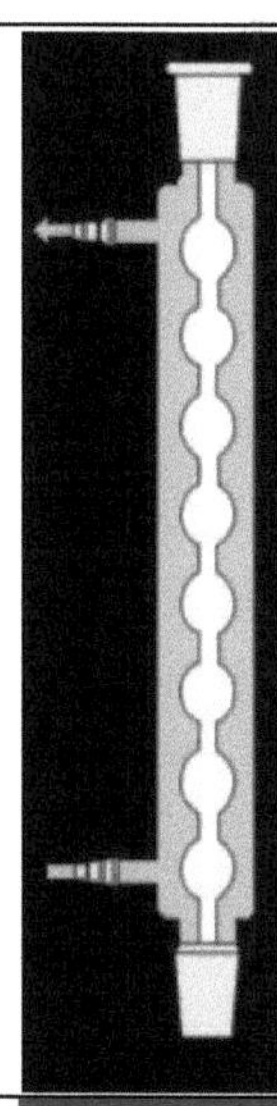

40) **Svalerør** til destillation. Svale betyder afkøle (tænk på du drikker en svalende, kold øl på en varm sommerdag. Skål!). Der løber koldt vand i det ydre rør, som får gassen i det indre rør til at blive til væske, fordi gassen afkøles. (*Svaler gassen i røret, læs: svalerør*).

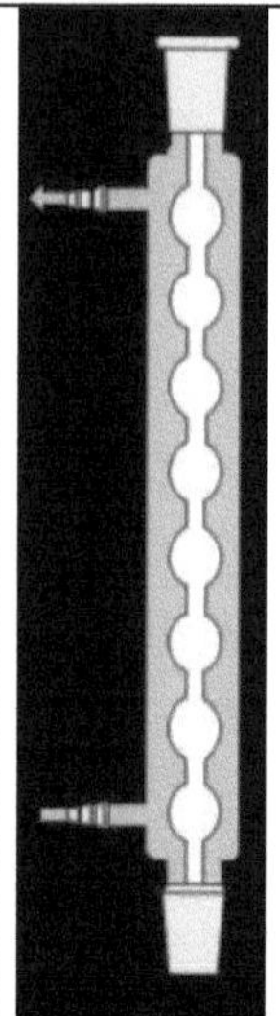

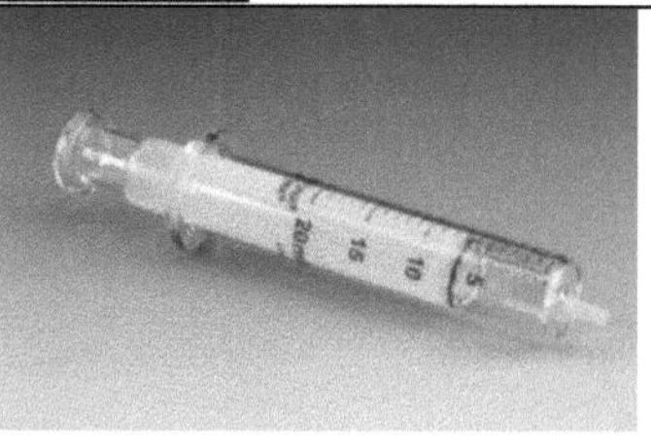

41) **Gassprøjte**. Til opsamling og måling af gasvolumen vha. tallene på siden af sprøjten. (*Det er en sprøjte med gas i – læs: gassprøjte*).

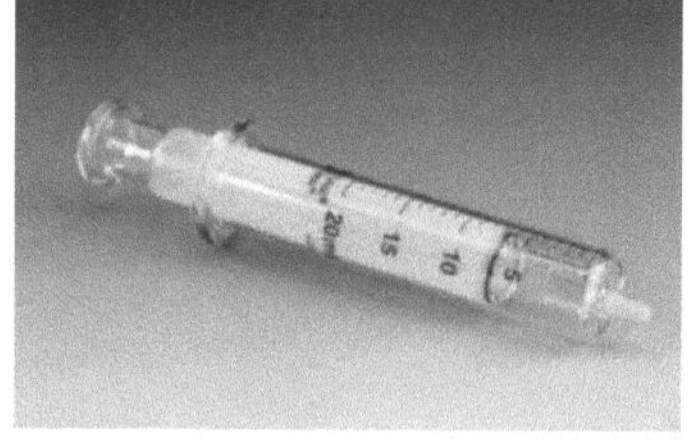

42) **Gærrør**. Til gæringsforsøg med gær. Røret holder ilt ude af kolben. (*Gær* kan gære pga. *røret*, læs: gærrør. Og bulerne i røret ligner lidt gasbobler – og når noget gærer, så bobler det med gasser).

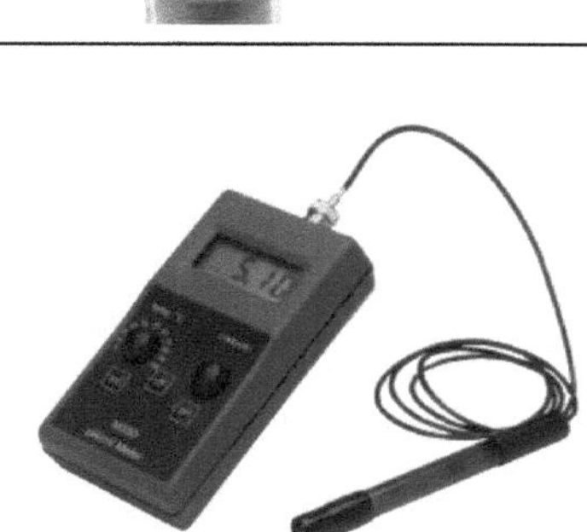

43) **pH-meter**. Er en pH måler. (Et speedometer måler hastighed - så et pH-meter måler pH, idet "meter" kan betyde at måle).

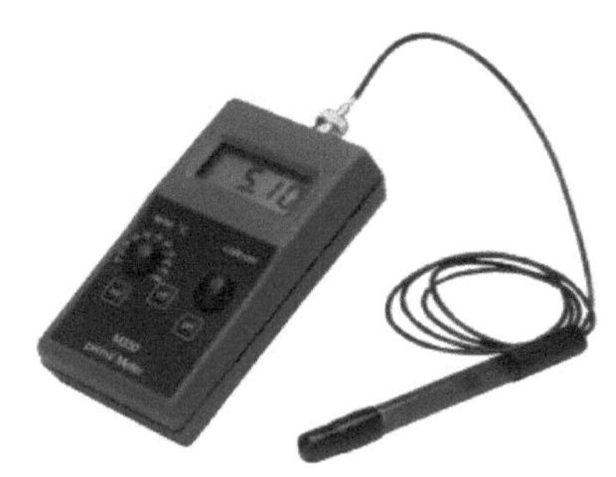

44) Spektrofoto<u>meter</u>. Er et apparat som måler indhold af et bestemt stof i en opløsning vha. lys. (Tænk: Spektrum og foto har noget at gøre med lys (jævnfør fotografiapparat, som laver billeder vha. lys), 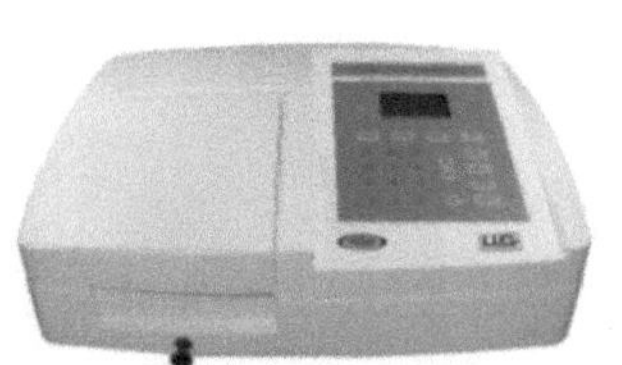	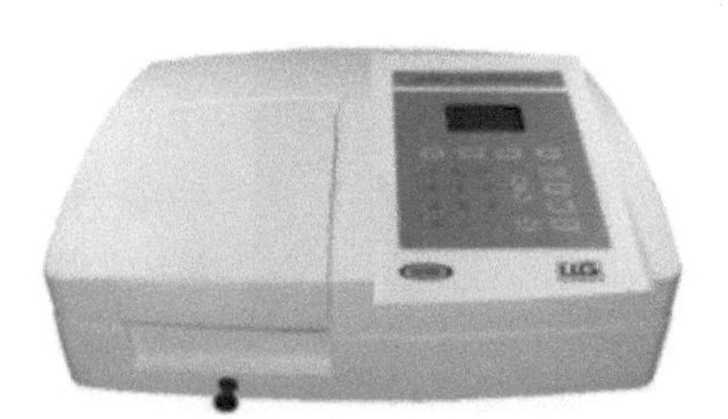
og meter betyder at måle, så et spektrofotometer måler stofindhold vha. lys).	
45) **Gnist<u>tænder</u>.** Når man trykker (tænder) på knappen, kommer der er lille gnist ud af spidsen. (*Tænk: Tænder for gnisten, deraf navnet gnisttænder*). 	
46) **<u>Spatel</u>.** Bruges til at røre rundt i en væske med. (En <u>spa</u>tel en lille <u>spa</u>de. Ligner lidt en lille, let spade – læs: spatel. Det rimer også: "spatel-spade"). 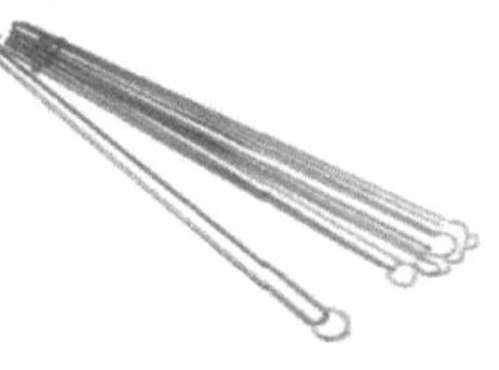 	
 47) **<u>Brøndplade</u>.** Bruges til at lave kemiske reaktioner i de enkelte brønde (fordybninger). (*Det er en <u>plade</u> med fordybninger*	
(<u>brønde</u>) i – deraf navnet "brøndplade").	

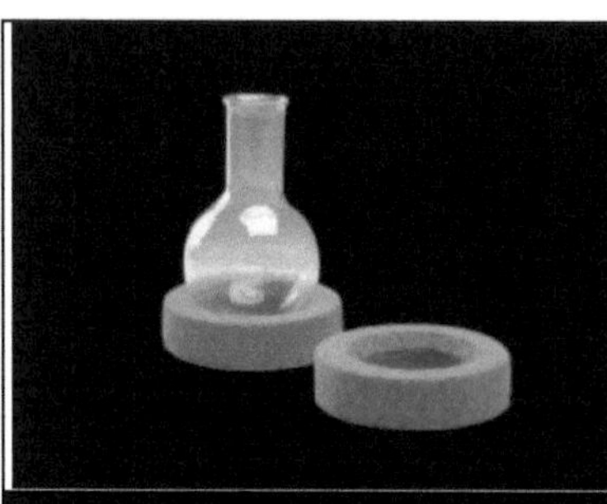

48) **Korkring til rundbundet kolbe.** Bruges til at stille en rundbundet kolbe i, så den ikke vælter. (*En ring af kork – læs: korkring. Godt navn!*).

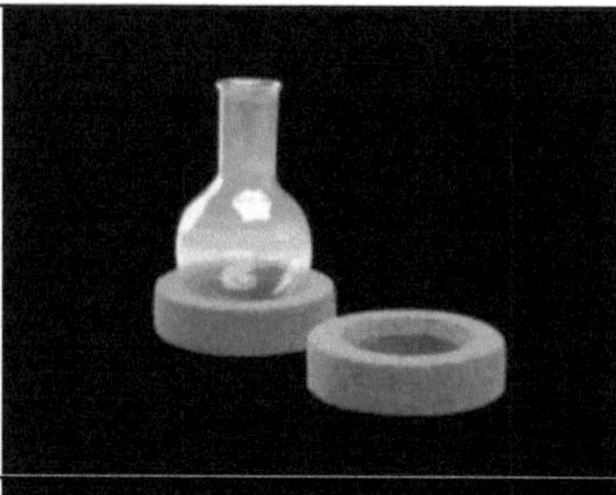

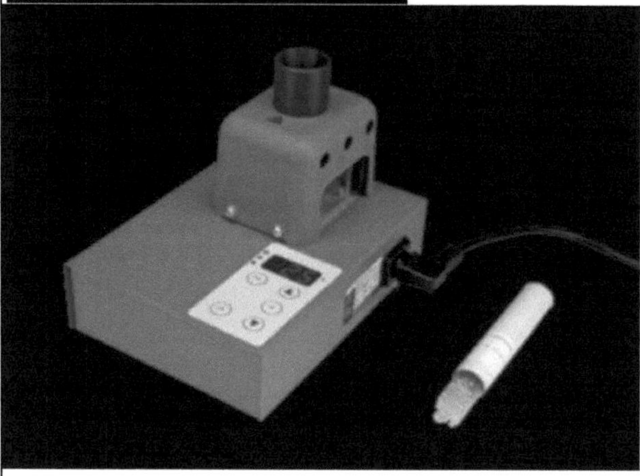

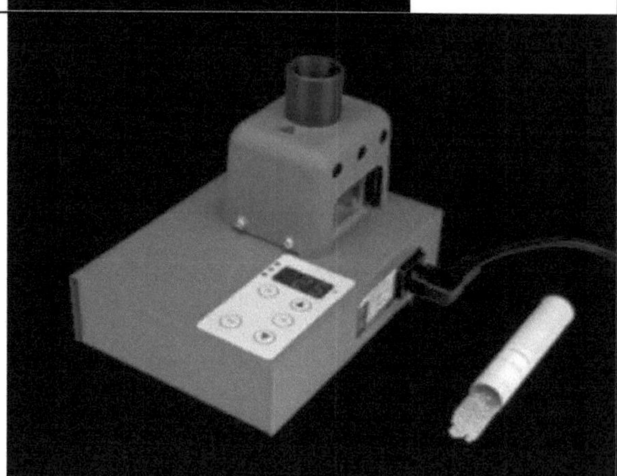

49) **Smeltepunktsapparat.** Bruges til at bestemme smeltepunkt med. (Man kan se på apparatet, at der er et display, som viser temperaturen, og et forstørrelsesglas til at holde øje med ved hvilken temperatur stoffet i apparatet smelter ved. Godt navn!).

50) **UV lampe.** Lampe som udsender UV (ultraviolet) lys. (*Det ligner en lampe. Godt navn!*).

BILAG 3: Visualisering i kemi – fra makro til nanoniveau

I bilaget følger en række opgaver, som omhandler visualisering og makro-/nanoniveauet i kemi. Opgaverne skal hjælpe eleverne til at forstå det kemiske formelsprog bedre. Opgaverne tager udgangspunkt i det glimrende arbejde, som kemilærerne på Egaa gymnasium har beskrevet i LMFK-bladet[105] samt det kursusmaterialer, som Egaa gymnasium kemilærerne leverede til FIP kurset i marts 2017[106]. Bilaget er en omskrivning/bearbejdning af materialet fra Egaa gymnasium.

Efter opgaverne følger løsningsforslag/facitter, som eleverne kan sammenligne deres svar med. Først følger dog en kort forklaring af visualisering og nogle tilhørende begreber.

Hvad er visualisering og hvorfor bruge det?

Visualisering vil sige, at se/synliggøre/klargøre visuelt. Flere repræsentationsformer (dvs. måder at vise noget på) øger forståelsen. Lad os tage stoffet heptan som et eksempel.

MAKRONIVEAU (dvs. det vi kan se med vores øje):

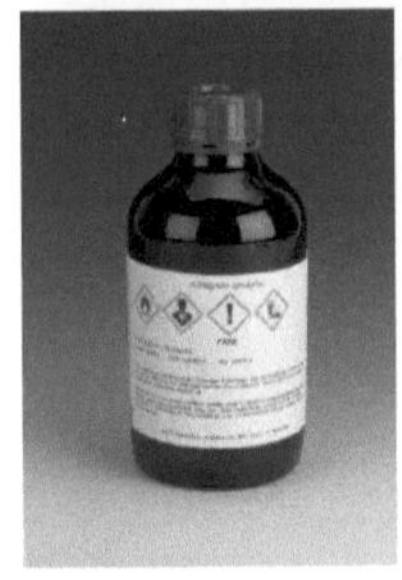

En flaske med flydende heptan. Vi kan se glasflasken og - hvis vi tager låget af og ser ned i flasken - så kan vi se og lugte en klar væske af heptan. Men vi kan ikke se heptanmolekylerne, da de er meget, meget små – ja, de er i nano-meter-størrelse.

NANONIVEAU (dvs. de små kemiske stoffer, som i virkeligheden er i nano-meter-størrelse – som vi jo ikke kan se med vores øje – men er nødt til at repræsentere via kemiens formelsprog):

C_7H_{16} (heltan som molekylformel), 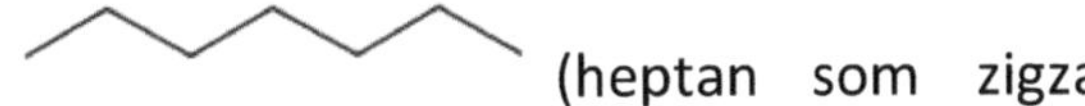 (heptan som zigzagformel),

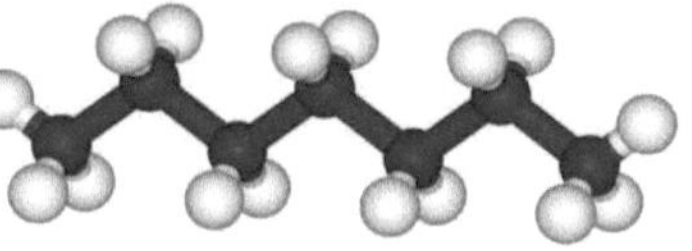 (heptan som tegnet molekylmodel: De hvide atomer er hydrogen (H) og de mørke er carbon (C)).

---

[105] Trine Crovato, Sif Sørensen, Vibeke Axelsen & Heidi Graversen: *Visualisering som middel til øget læring*. LMFK-bladet 4/2015, side 37-42.
[106] Trine Crovato, Sif Sørensen, Vibeke Axelsen & Heidi Graversen: *Visualisering FIP 030317 workshop A – PowerPoint*.

I de følgende opgaver skal man kun tegne nogle få af de ioner og molekyler, som der i virkeligheden findes ved processerne. De kemiske stoffer er jo meget små. De er i nanostørrelse. Så hvis vi bare har en lille dråbe/korn stof, så er der i virkeligheden milliarder og atter milliarder af ioner/molekyler i denne lille portion stof. Det kan vi naturligvis ikke tegne.

1) NANOopgave om afbrænding af kulstof

A) Afstem reaktionen, så den svarer til den nedenstående NANOtegning (proces: afbrænding af carbon).

$$C \quad + \quad O_2 \quad \rightarrow \quad CO_2$$

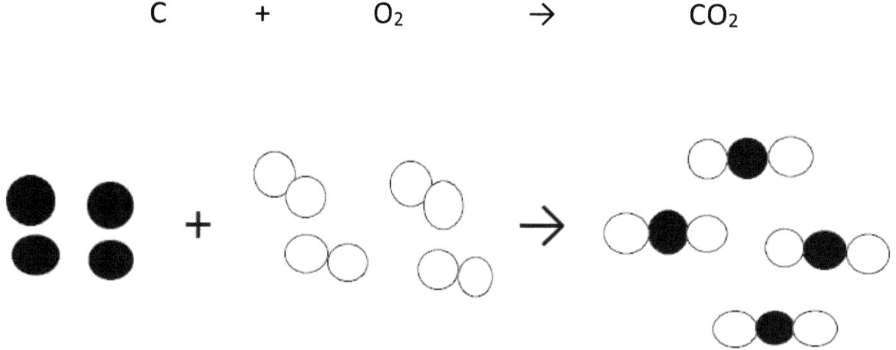

B) Hvor meget kan den afstemte reaktion fra NANOtegningen forkortes ned til og stadig være afstemt korrekt?

2) NANOopgave om dannelse vand ud fra grundstofferne

Afstem reaktionen ($H_2 + O_2 \rightarrow H_2O$) så den svarer til NANOtegningen (sorte kugler er hydrogenatomer og hvide er iltatomer):

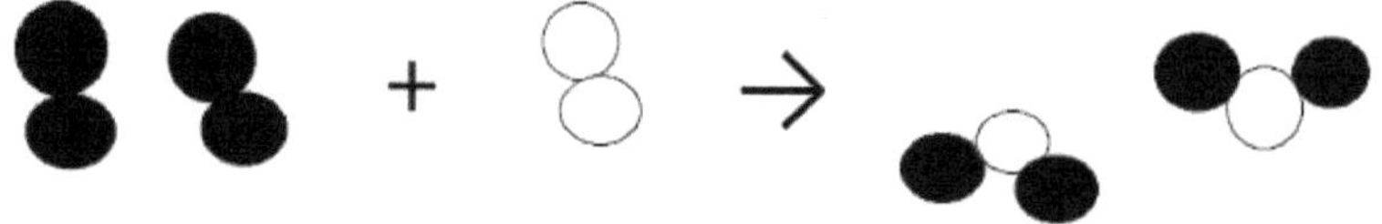

3) NANOopgave om afbrændingen af magnesiummetal

MAKRONIVEAU:

NANONIVEAU:

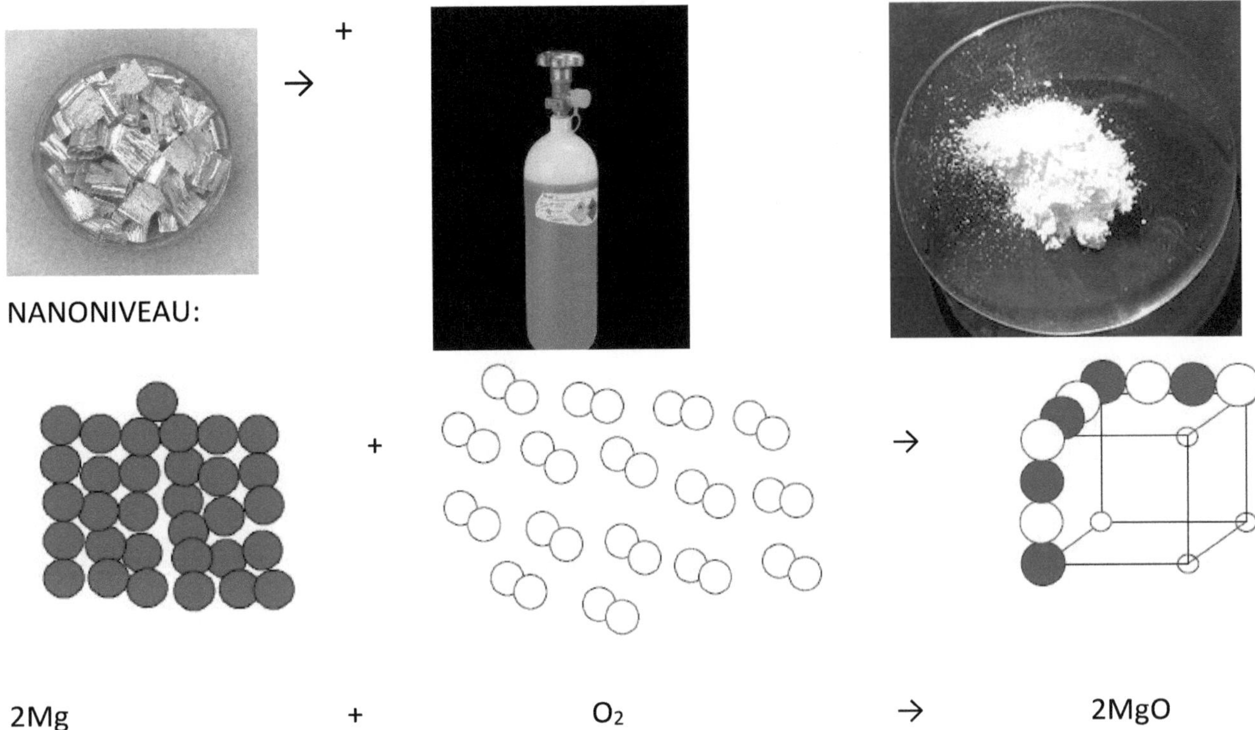

2Mg   +   O$_2$ →   2MgO

A) Hvad viser makroniveautegningen?

B) Tjek om reaktionen er afstemt korrekt for neden i NANOtegningen.

C) På NANOtegningen er der 16 O$_2$ molekyler (tæl efter!). Hvor mange Mg atomer og hvor mange MgO formelenheder skal man bruge i afstemningen, hvis man bruger 16 O$_2$ - OG kan du tælle dette antal Mg og O$_2$ i NANO-tegningen?

D) Hvor mange MgO formelenheder skal man tegne i NANOtegningens iongitter, hvis det skal passe med dit svar i opgave C? Prøv evt. at tegne nogle flere MgO formelenheder i iongitteret.

4) NANOopgave om fremstilling af ammoniak (NH₃) ud fra grundstofferne N₂ (dinitrogen) og H₂ (dihydrogen)

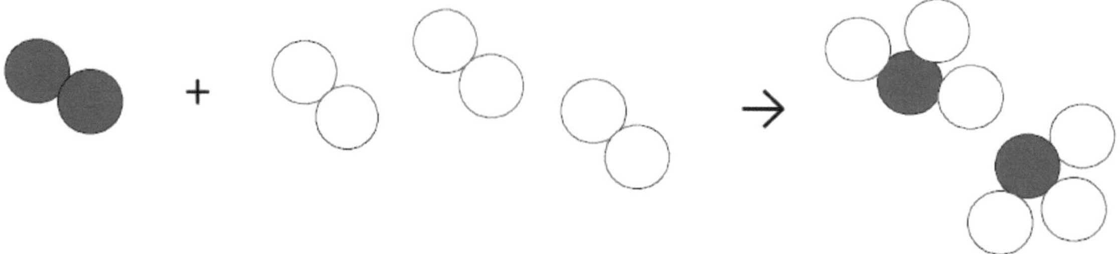

Tjek om reaktionen er afstemt korrekt i NANOtegningen - og opskriv det afstemte reaktionsskema.

5) NANOopgave om opløsning af køkkensalt (natriumchlorid) i vand

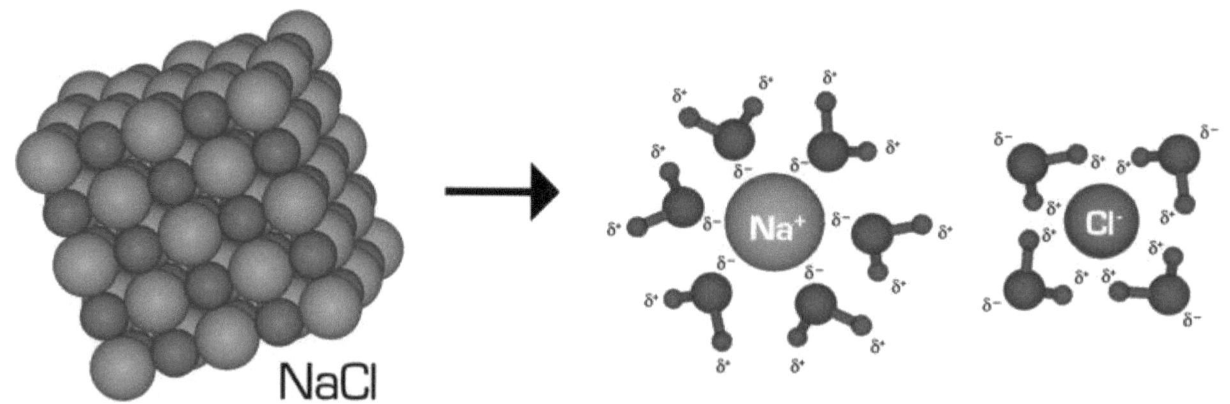

A) Forklar hvad der sker på NANOtegningen[107] – hvor bliver saltet af?

B) Opskriv et reaktionsskema for reaktionen.

---

[107] https://commons.wikimedia.org/wiki/File:NaCl_dissolving.png Den originale tegning er ændret til gråskala.

6) NANOopgave om saltes vandopløselighed

Tegn på en *nanoskala* opløsninger af disse ionforbindelser i vand: Magnesiumchlorid, magnesiumsulfat og natriumphosphat. Brug *"Gengivelse og uddybning af Tabel 8, side 43 fra Basiskemi C bogen"* **som hjælp. Du finder tabellen på side 67 i noterne.** Tegn det kemiske formelsprog i bægerglassene, som repræsenterer *NANOniveauet.*

Magnesiumchlorid	Magnesiumsulfat	Natriumphosphat
Kemisk formel:	Kemisk formel:	Kemisk formel:

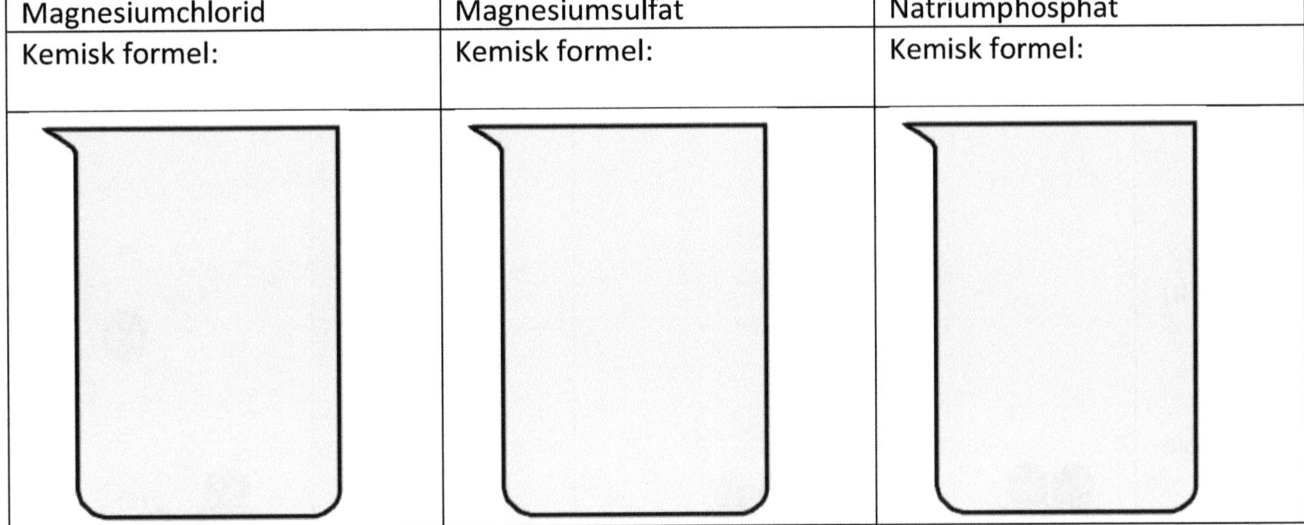

7) NANOopgave om redoxreaktioner – spændingsrækken

Gør tegningen færdig og forklar kemien, hvor en kobbermetalstang kommes ned i en opløsning af sølvnitrat. Opskriv redoxreaktionen og afstem den. Brug din viden om spændingsrækken:

K Ba Ca Na Mg Al Zn Fe Pb H_2 Cu Ag Pt Au

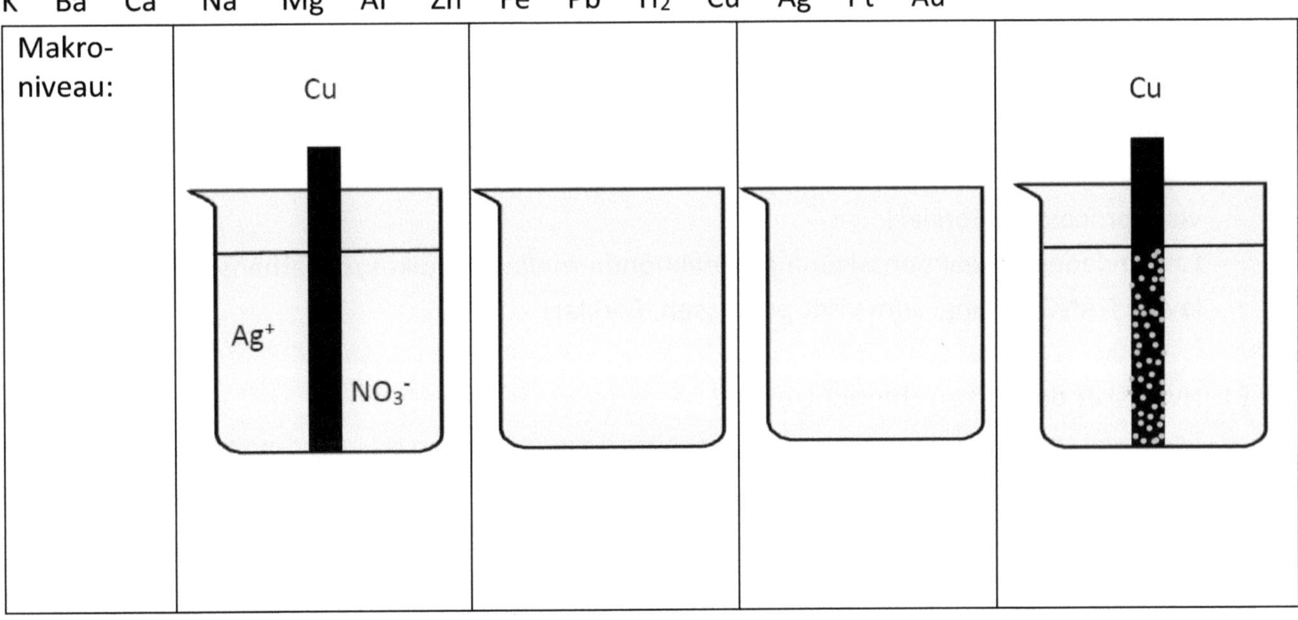

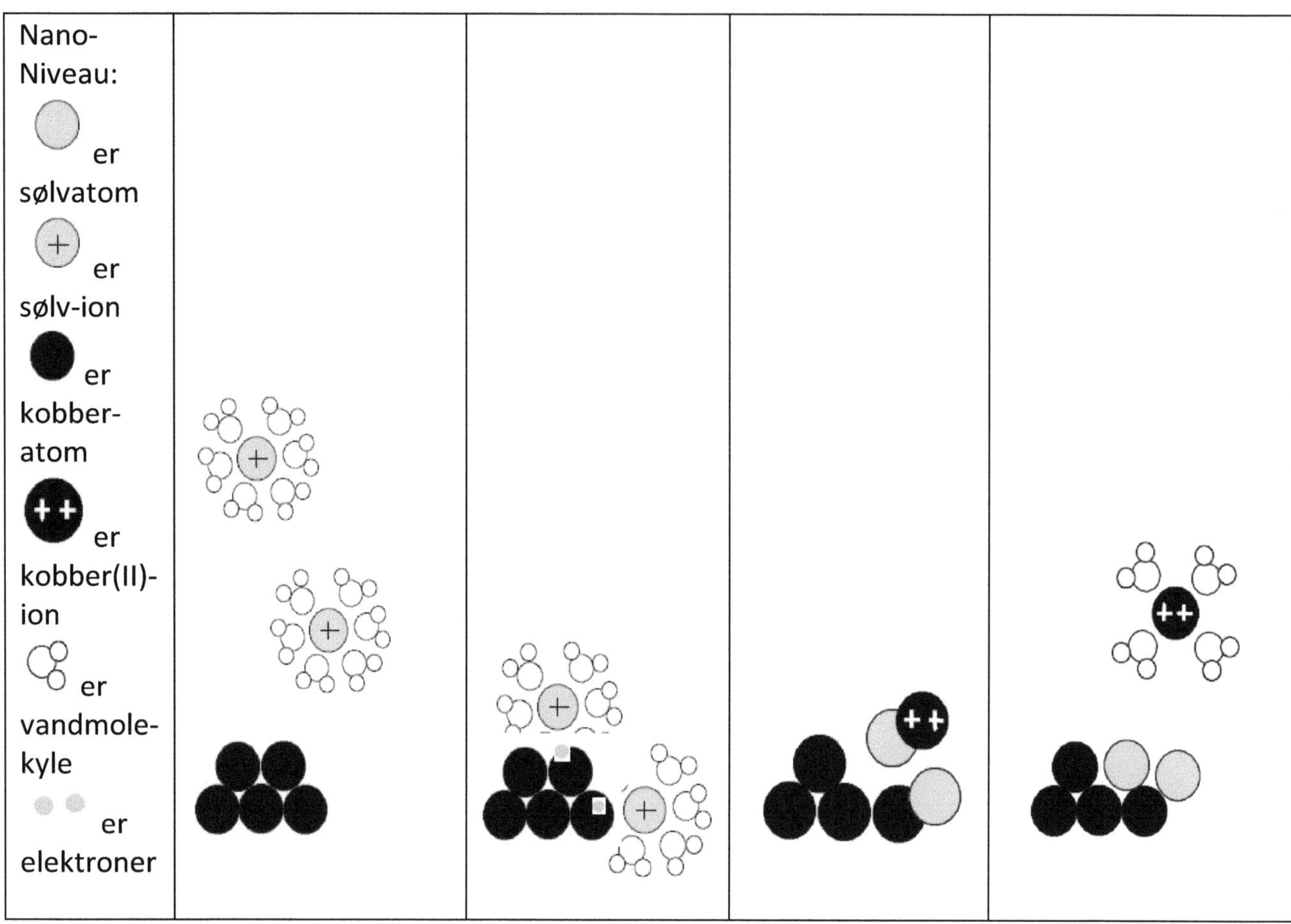

Opgave 7 er inspireret fra en animationsopgave i bogen "Kend Kemien 2, 2. udgave".

8) NANOopgaver i visualisering og hhv. syre-basekemi og chlorid-titrering

A) Hvad er forskellen på stærke syrer og svage syrer?

Lav et reaktionsskema for reaktionen mellem saltsyre og vand, og lav en NANOtegning, som viser processen. Forklar!

Lav ligeledes et reaktionsskema for reaktionen mellem eddikesyre (ethansyre) og vand, og lav en NANOtegning, som viser processen. Forklar!

B) Hvad sker der ved en chloridtitrering?

Lav 2 afstemte reaktionsskemaer (et for titreringsreaktionen og et for indikatorreaktionen), og lav tilhørende NANOtegninger, som viser de forskellige trin. Forklar!

9) NANOopgave om syre-basetitrering

Forestil dig, at du laver en kolorimetrisk titrering af 0,030 L NaOH(aq) af ukendt stofmængdekoncentration med 0,25 M HCl(aq). Phenolphthalein (forkortet "In" for indikator) bruges som indikator. **A.** Skriv reaktionsskemaet og afstem. Forklar reaktionen. **B.** Angiv på nedenstående makrotegning hvor de forskellige stoffer befinder sig i forsøgsopstillingen. **C.** Lav en NANOtegning (brug nedenstående skabelon), som viser titreringsprocessen ved start, halvvejs (halvækvivalenspunktet), og når titreringen er slut (ækvivalenspunktet er nået). Skriv en lille forklaring i skabelonen, hvor der er plads, fx nede under kolberne. **D.** Hvordan kan vi se, at titreringen er slut, hvis vi bruger indikatoren phenolphthalein. Phenolphthalein er farveløs under pH 8,2 og lyserød over pH 10. **E.** Antag at vi skal bruge 15 mL (milliliter) 0,25M HCl(aq) til at titrere de 0,030 L NaOH(aq). Beregn den formelle stofmængdekoncentration af NaOH.

MAKROTEGNING:

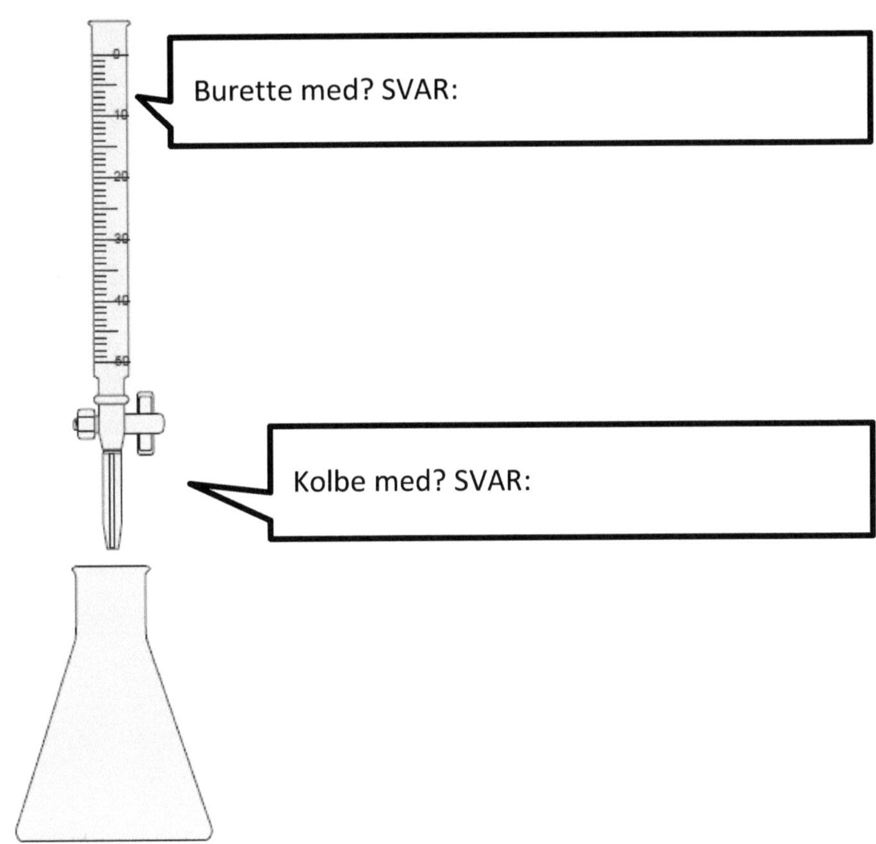

	Start	Halvækvivalenspunkt	Ækvivalenspunkt
NANOtegning	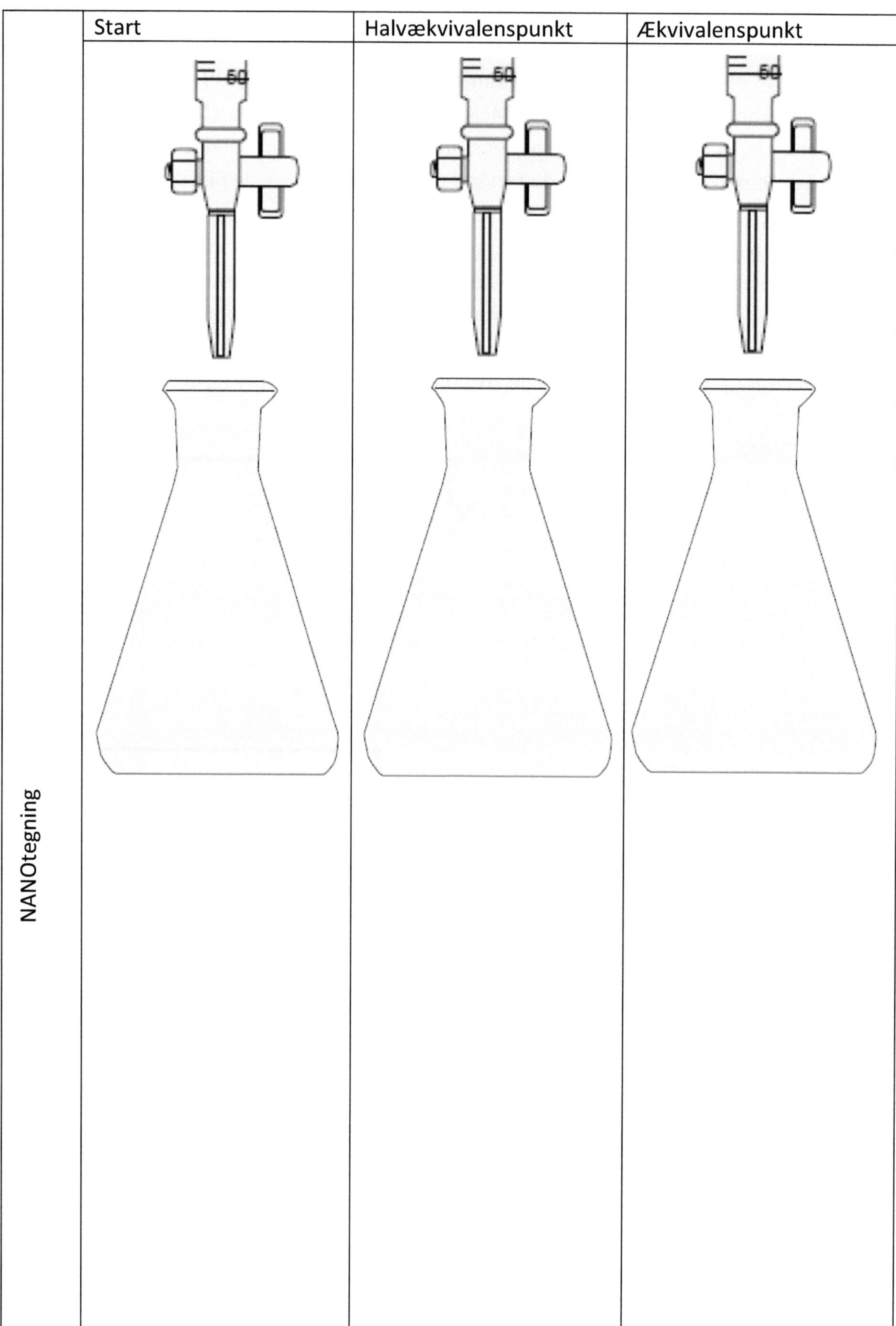		

10) NANOopgave om formel - og aktuel stofmængde-koncentration

Du opløser fast $BaCl_2$ (bariumchlorid) i vand, så du får lavet 0,50 L bariumchlorid med en formel stofmængdekoncentration (c) på 0,400 M. Udfyld skemaet, idet beregninger og reaktioner laves i det midterste felt. **A.** Beregn hvor mange gram $BaCl_2$, du skal afveje for at lave 0,50 L med $c(BaCl_2(aq))$ = 0,400 M. Beregn de aktuelle stofmængdekoncentrationer af bariumioner ($[Ba^{2+}(aq)]$= ?) og chloridioner ($[Cl^-(aq)]$ = ?) i opløsningen. Forklar fremgangsmåden i makrotegningen. **B.** Lav tilhørende NANOtegninger, idet du forklarer forskellen på formel stofmængdekoncentration og aktuel stofmængdekoncentration.

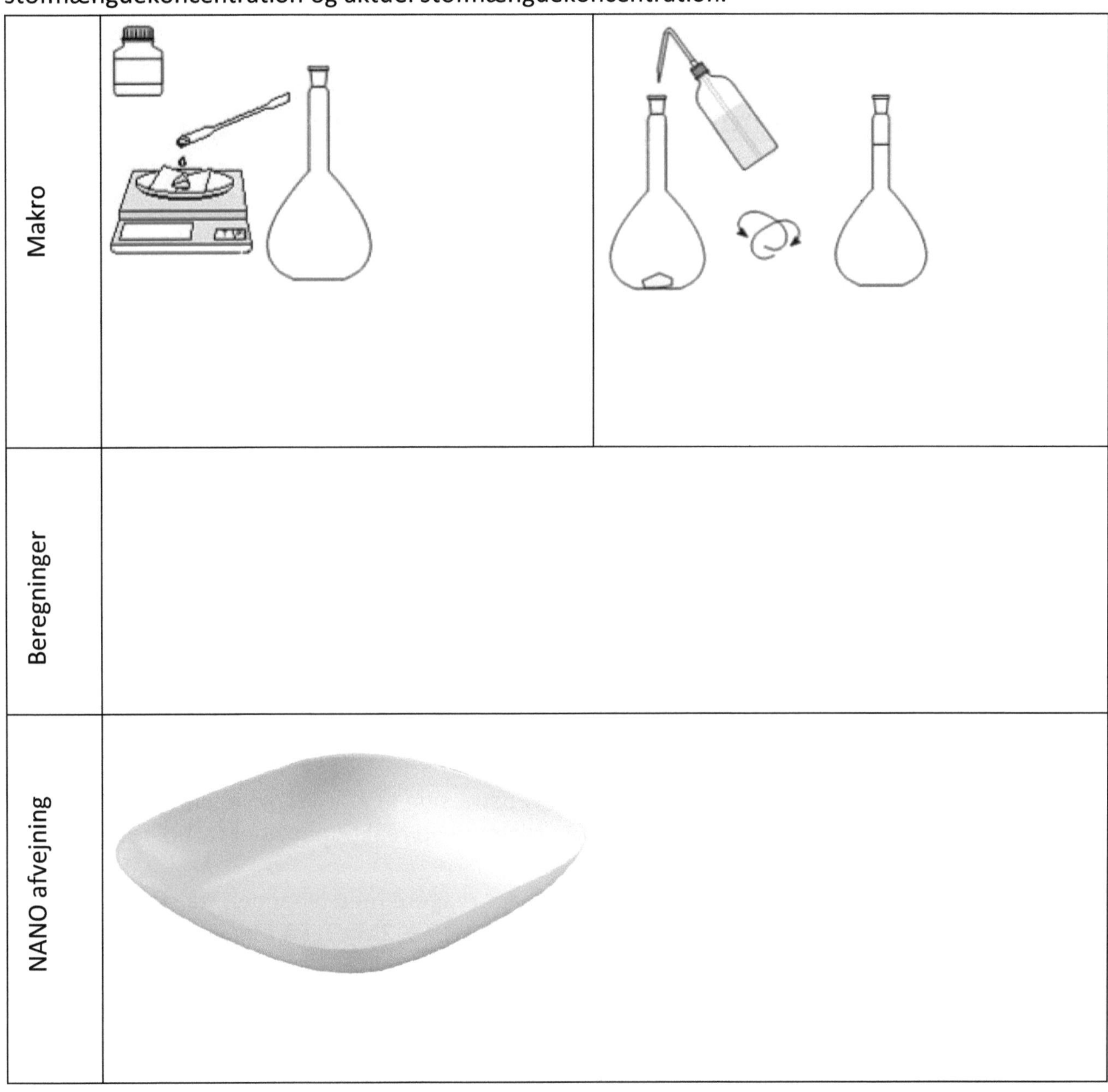

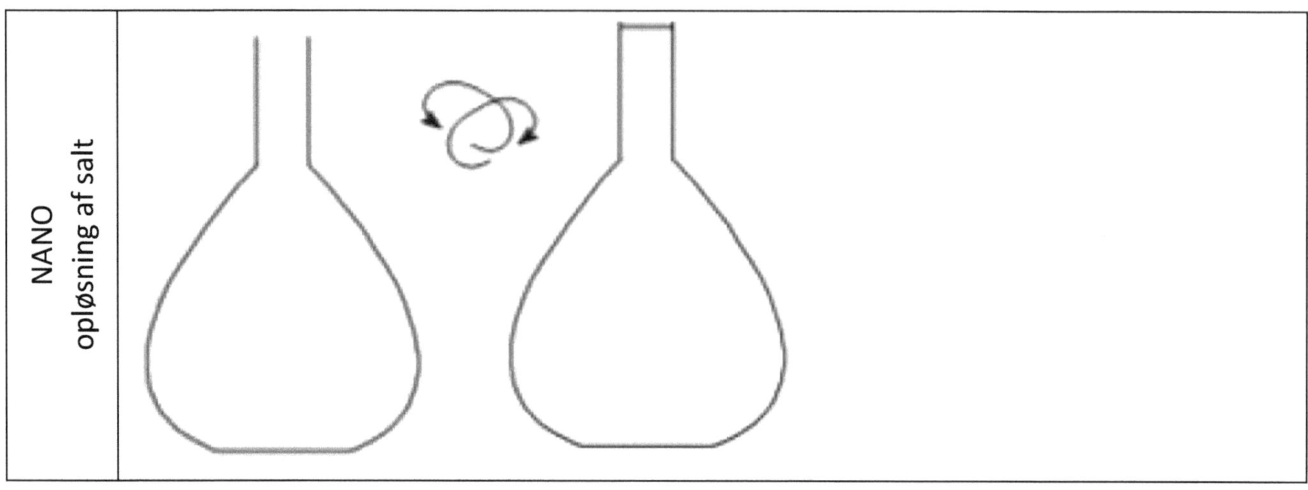

Løsningsforslag til nano-/visualiseringsopgaverne

1) Afbrænding af kulstof

A: $4C + 4O_2 \rightarrow 4CO_2$

Dvs. 4 carbonatomer reagerer med 4 dioxygenmolekyler og danner 4 carbondioxidmolekyler.

B: Reaktionen kan forkortes 4 gange: $C + O_2 \rightarrow CO_2$

Dvs. 1 carbonatom reagerer med 1 dioxygenmolekyle og danner 1 carbondioxidmolekyle.

2) Dannelse vand ud fra grundstofferne

$2H_2 + 1O_2 \rightarrow 2H_2O$

Dvs. 2 dihydrogenmolekyler (sorte) reagerer med 1 dioxygenmolekyle (hvidt) under dannelse af 2 vandmolekyler.

3) Magnesiumafbrænding

A) Makroniveautegningen viser, at klumper af magnesiummetal reagerer med dioxygen fra en trykflaske under dannelse af magnesiumoxidpulver.

B) Reaktionen $2Mg + O_2 \rightarrow 2MgO$ er afstemt korrekt, idet der er to Mg atomer og to O atomer på hver side af reaktionspilen.

C) Vi kan tælle os frem til 16 O_2 molekyler på venstre side af NANOtegningen. Man skal til 16 O_2 molekyler bruge 2 gange 16, dvs. 32 Mg atomer ved reaktionen, idet forholdet er $2Mg + 1O_2 \rightarrow 2MgO$.

D) Når man lader 32 Mg atomer og 16 O_2 molekyler reagere med hinanden, så skal der dannes 32 MgO formelenheder, idet forholdet er $2Mg + 1O_2 \rightarrow 2MgO$. På MgO iongittertegningen er der kun tegnet 5 MgO formelenheder – ikke 32.

4) Fremstilling af ammoniak ud fra N_2 og H_2

Reaktionen er afstem korrekt, da der er 2 N atomer og 6 H atomer på hver side af reaktionspilen.

5) Opløsning af NaCl (køkkensalt) i vand

A) Til venstre ser vi en klump natriumchlorid (NaCl), hvor natrium- og chlorid-ionerne sidder i et iongitter. Vandmolekylerne omringer iongitteret, og nedbryder (opløser) iongitteret, idet vandmolekylernes positive ende vender ind mod de negative chlorid-ioner (Cl^-) og vandmolekylernes minusende vender ind mod de positive natrium-ioner (Na^+). Modsatte ladninger tiltrækker hinanden og på den måde hiver vandet ionerne ud af iongitteret, som så opløses i vandet. Ionerne er altså ikke væk – men iongitteret – som består af utroligt mange ioner – er blevet delt op i enkelte ioner, som er så små, at vi ikke kan se dem længere med vores øjne.

B) $NaCl(s) \rightarrow Na^+(aq) + Cl^-(aq)$.
Dvs. Fast NaCl omdannes til vandopløste natrium-ioner og chlorid-ioner. Fast køkkensalt bliver til saltvand.

6) Saltes vandopløselighed

Magnesiumchlorid	Magnesiumsulfat	Natriumphosphat
Kemisk formel: $MgCl_2(aq)$	Kemisk formel: $MgSO_4(aq)$	Kemisk formel: $Na_3PO_4(aq)$

Forklaring: Magnesiumchlorid ($MgCl_2(aq)$), magnesiumsulfat ($MgSO_4(aq)$) og natriumphosphat ($Na_3PO_4(aq)$) er alle salte, som letopløselige i vand (fordi de giver et "L" i tabel 8 i *Basiskemi C* bogen, når plus- og minus-ionen kombineres). Derfor svømmer saltenes ioner rundt imellem hinanden, omgivet af vandmolekyler (vandmolekylerne er dog ikke er indtegnet – for overskuelighedens skyld). I virkeligheden er der mange flere ioner end der er tegnet på tegningen - bare vi tager en lille smule af hvert stof. Der er tegnet dobbelt så mange magnesium-ioner (Mg^{2+}) som chlorid-ioner (Cl^-), fordi ionforbindelser altid er opbygget elektrisk neutralt, så plus og minus ophæver hinanden – jævnfør formlen $MgCl_2$. Der er tegnet lige mange magnesium-ioner (Mg^{2+}) som sulfat-ioner (SO_4^{2-}), da de har samme ladningsantal 2 – bare med modsat fortegn jævnfør formlen $MgSO_4$. Der er tegnet 3 gange så mange natrium-ioner (Na^+) som phosphat-ioner (PO_4^{3-}), da der skal 3 Na^+ til at opveje ladningen fra 1 PO_4^{3-} jævnfør formlen Na_3PO_4.

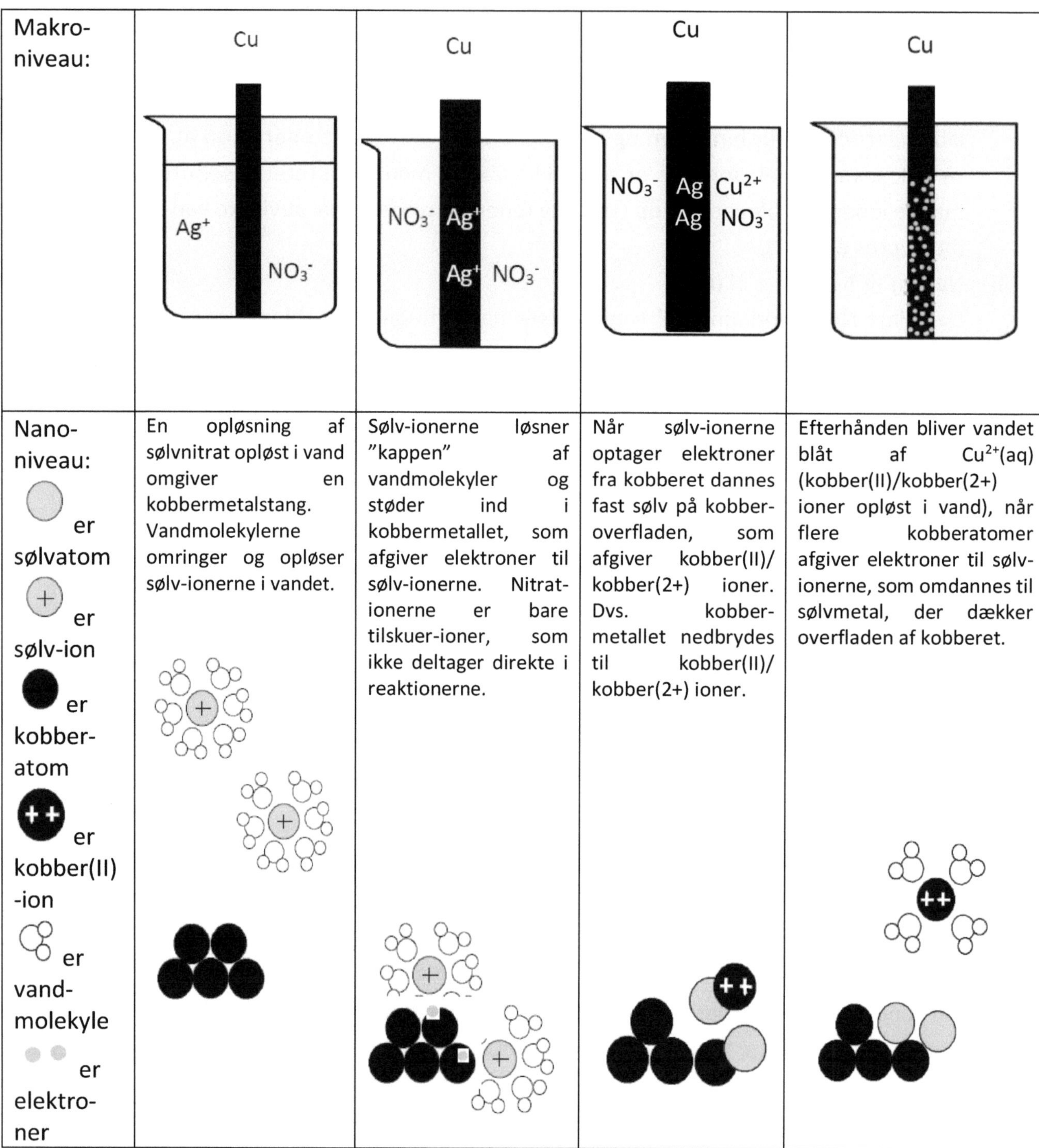

En opløsning af sølvnitrat opløst i vand omgiver en kobbermetalstang. Vandmolekylerne omringer og opløser sølv-ionerne i vandet.	Sølv-ionerne løsner "kappen" af vandmolekyler og støder ind i kobbermetallet, som afgiver elektroner til sølv-ionerne. Nitrat-ionerne er bare tilskuer-ioner, som ikke deltager direkte i reaktionerne.	Når sølv-ionerne optager elektroner fra kobberet dannes fast sølv på kobber-overfladen, som afgiver kobber(II)/kobber(2+) ioner. Dvs. kobber-metallet nedbrydes til kobber(II)/kobber(2+) ioner.	Efterhånden bliver vandet blåt af Cu^{2+}(aq) (kobber(II)/kobber(2+) ioner opløst i vand), når flere kobberatomer afgiver elektroner til sølv-ionerne, som omdannes til sølvmetal, der dækker overfladen af kobberet.

Redoxreaktionen (som ionreaktionsskema):

$2Ag^+(aq) + 2NO_3^-(aq) + Cu(s) \rightarrow 2Ag(s) + Cu^{2+}(aq) + 2NO_3^-(aq)$.

Eller som reaktionsskema med stofformler: $2AgNO_3(aq) + Cu(s) \rightarrow 2Ag(s) + Cu(NO_3)_2(aq)$.

(Sølv står til højre for kobber i spændingsrækken, og sølv-ionerne vil trække elektroner ud af kobberet, som omdannes til vandopløste blå kobber(II)ioner. Sølv-ionerne optager 1 elektron hver og omdannes til fast sølvmetal på overfladen af kobberet. Nitrat-ionerne deltager ikke direkte i reaktionen og er bare tilskuerioner).

8) Syre-basekemi og chloridtitrering

<u>DEL A</u>

<u>MAKRONIVEAU:</u>

Den stærke syre, saltsyre (HCl), omdannes med vand (H_2O) fuldstændigt til oxonium-ioner (H_3O^+) og chlorid-ioner (Cl^-): $HCl(aq) + H_2O(l) \rightarrow H_3O^+(aq) + Cl^-(aq)$.

Før reaktion:

Efter reaktion:

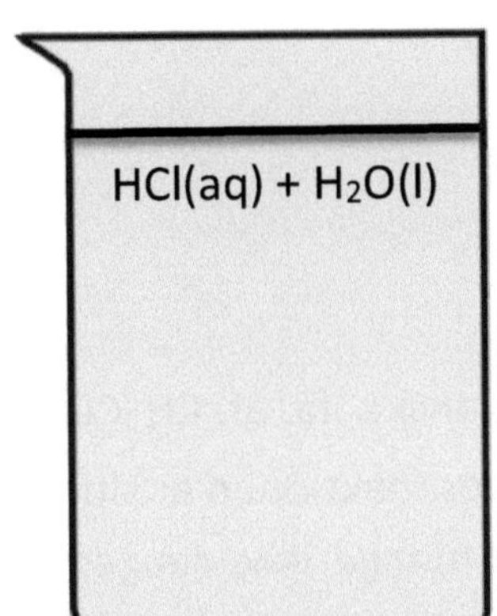

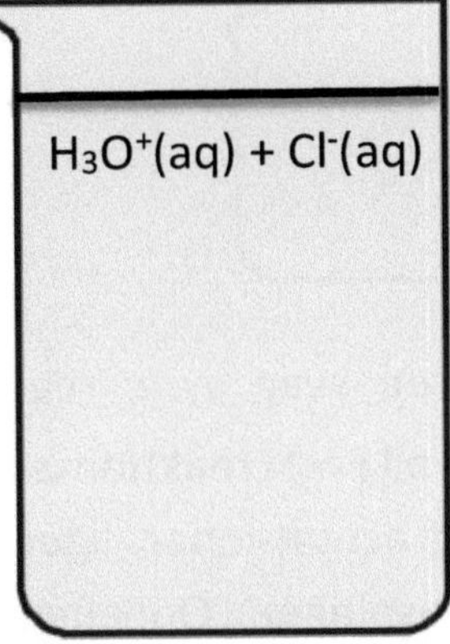

Forklaring: Da saltsyre jo er en stærk syre, omdannes alle HCl molekylerne. Derfor er der enkeltpil ($\rightarrow$) i reaktionsskemaet. Efter reaktionen er slut, er der kun oxonium-ioner, chlorid-ioner og ikke reagerede vandmolekyler tilbage i opløsningen - alle HCl er jo omdannet. Opdelingen i en før reaktion og en efter reaktion er kunstig, da syre-basereaktioner er meget hurtige, og HCl og H_2O vil reagere med hinanden i samme øjeblik, at de sammenblandes.

<u>NANONIVEAU:</u>

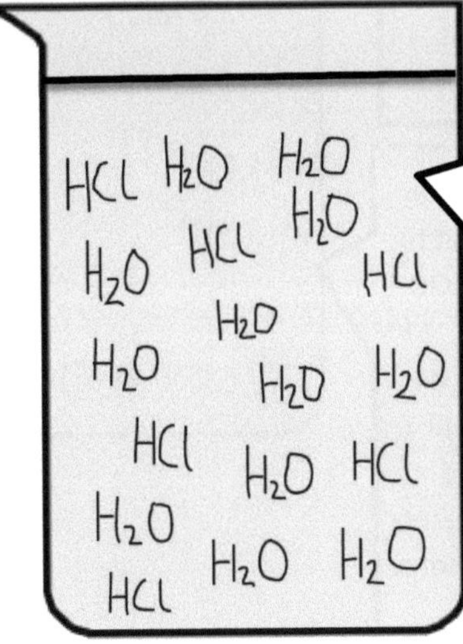

FØR REAKTION: Vi har saltsyremolekyler, som er opløst i vandet. Vi forestiller os, at HCl og H_2O lige er blandet sammen, og endnu ikke har reageret. Vi har tegnet 6 HCl og 12 H_2O molekyler, da der er meget mere vand i opløsningen end HCl.

EFTER REAKTION: Alle 6 HCl molekyler har reageret med 6 vandmolekyler, og er omdannet til 6 oxonium-ioner (H_3O^+) og 6 chlorid-ioner (Cl^-). Der er 6 vandmolekyler til overs, som ikke har reageret, da H_2O og HCl reagerer i et 1 til 1 forhold.

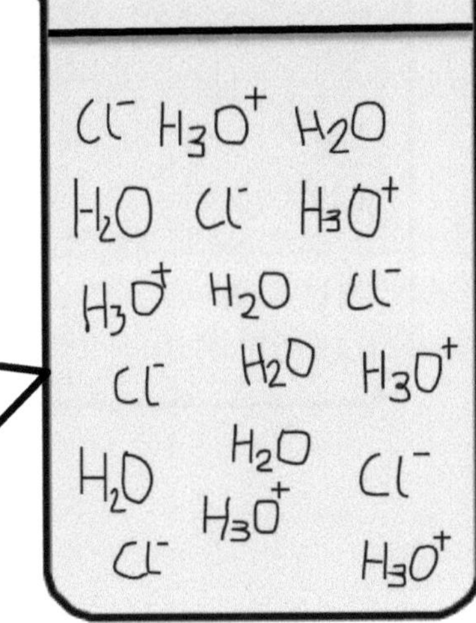

Eddikesyre/ethansyre (CH_3COOH), reagerer kun i meget ringe grad med vand (H_2O), og danner kun ganske få oxonium-ioner (H_3O^+) og acetat-ioner (CH_3COO^-):

$CH_3COOH(aq) + H_2O(l) \rightleftharpoons H_3O^+(aq) + CH_3COO^-(aq)$.

Før reaktion: Efter reaktion:

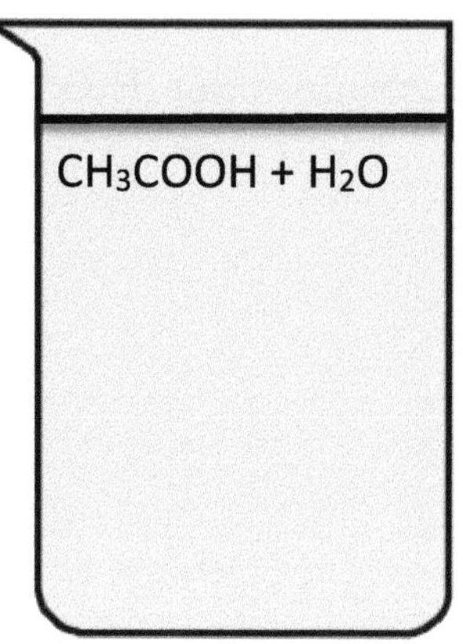

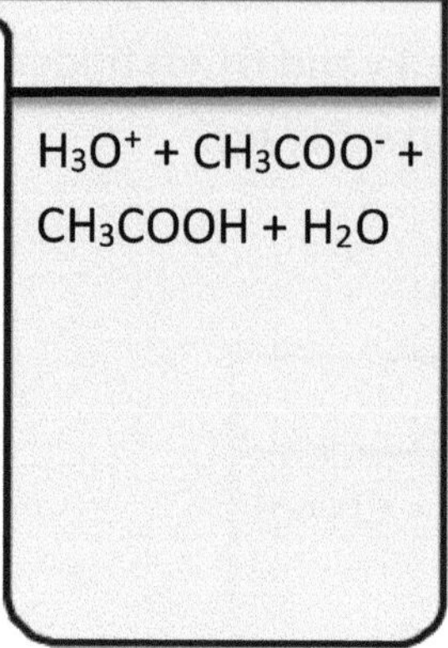

Forklaring: Da eddikesyre/ethansyre jo er en svag syre, regerer kun ganske få af CH_3COOH molekylerne med vand. Derfor er der dobbeltpil ($\rightleftharpoons$) i reaktionsskemaet. Efter reaktionen er slut, er der kun dannet ganske få oxonium-ioner og acetat-ioner, ligesom der er mange ikke reagerede eddikesyre- og vandmolekyler tilbage i opløsningen. Opdelingen i en før reaktion og en efter reaktion er igen kunstig, da syre-basereaktioner er meget hurtige, og CH_3COOH og H_2O vil reagere med hinanden i samme øjeblik, at de sammenblandes.

NANONIVEAU:

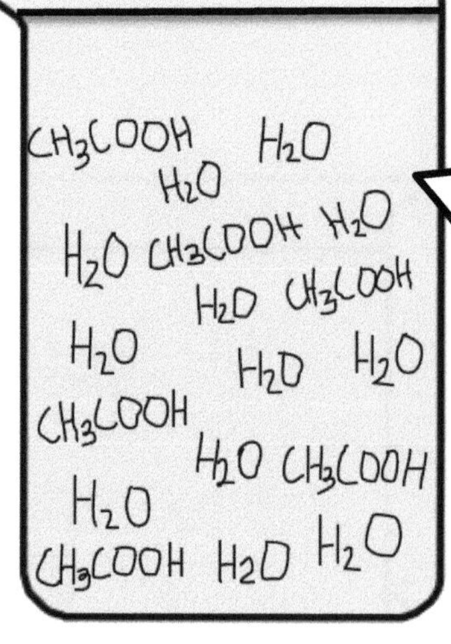

FØR REAKTION: Vi har eddikesyremolekyler, som er opløst i vandet. Vi forestiller os, at CH_3COOH og H_2O lige er blandet sammen, og endnu ikke har reageret. Der er tegnet 6 CH_3COOH og 12 H_2O molekyler, da der er meget mere vand i opløsningen end CH_3COOH.

EFTER REAKTION: Kun 1 CH_3COOH molekyle har reageret med 1 vandmolekyle, og er omdannet til 1 oxonium-ioner (H_3O^+) og 1 acetat-ion (CH_3COO^-). Der er 11 vandmolekyler og 11 eddikesyremolekyler til overs, som ikke har reageret, da CH_3COOH og H_2O reagerer i et 1 til 1 forhold. I virkeligheden er det kun cirka 1 ud af 100 (1%) af eddikesyremolekylerne, som reagerer med vandet - og ikke 1 ud af 6 (cirka 17%) som tegningen noget misvisende viser.

MAKRONIVEAU:

Titreringsreaktionen er $Cl^-(aq) + Ag^+(aq) \rightarrow AgCl(s)$.

Forklaring: De vandopløste chlorid-ionerne ($Cl^-(aq)$), der er i kolben reagerer med sølv-ionerne ($Ag^+(aq)$), som tilsættes fra buretten, og danner fast sølvchlorid ($AgCl(s)$) i kolben.

Indikatorreaktionen er $2Ag^+(aq) + CrO_4^{2-}(aq) \rightarrow Ag_2CrO_4(s)$.

Forklaring: Sølv-ionerne fra buretten reagerer med "indikator-ionerne" (chromationer; CrO_4^{2-}) i kolben, og danner et rød-orange bundfald af sølvchromat ($Ag_2CrO_4(s)$) i kolben. Da vi ikke kan se på titreringsreaktionen, hvornår der ikke udfældes (dannes) mere bundfald af sølvchlorid - dvs. hvornår titreringen af chlorid-indholdet er slut - bliver vi nødt til at have en indikatorreaktion, der viser hvornår alle chlorid-ionerne i kolben er titreret. Sølv-ionerne vil først reagere med chromat-ionerne og danne rød-orange sølvchromat, når alle chlorid-ionerne er udfældet som sølvchlorid. Så rød-orange farve betyder *"titrering er slut!"*.

NB! Tilskuer-ioner er ikke medtaget i reaktionerne for at skabe mere overskuelighed. Tilskuer-ionerne er nitrat ($NO_3^-(aq)$) fra sølvnitraten ($AgNO_3(aq)$ i buretten), kalium-ioner ($K^+(aq)$) fra kaliumchromaten i kolben ($K_2CrO_4(aq)$) samt natrium-ioner ($Na^+(aq)$) fra det opløste salt/natriumchlorid ($NaCl(aq)$) i kolben.

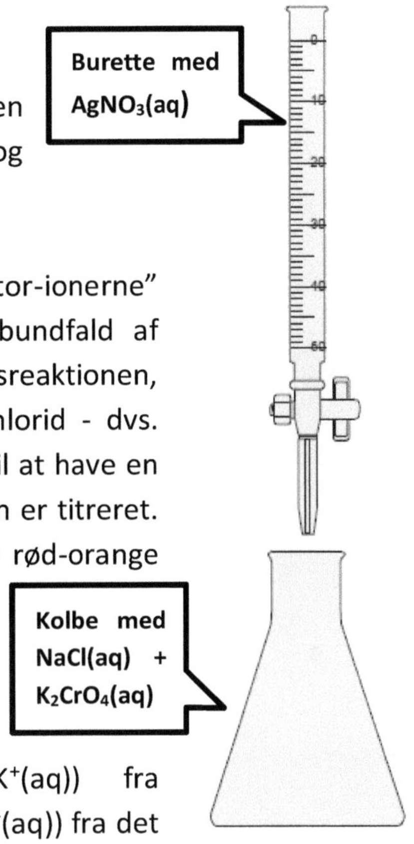

NANONIVEAU: Vises i 4 trin. Vandmolekyler findes overalt i væsken, men er ikke medtaget i NANOtegningen for overskueligheden skyld. Titrering sker altid under omrøring (fx via magnetomrøring), men dette er ikke vist.

Før titrering	I starten af titreringen	Langt henne i titreringen	Titreringen er slut
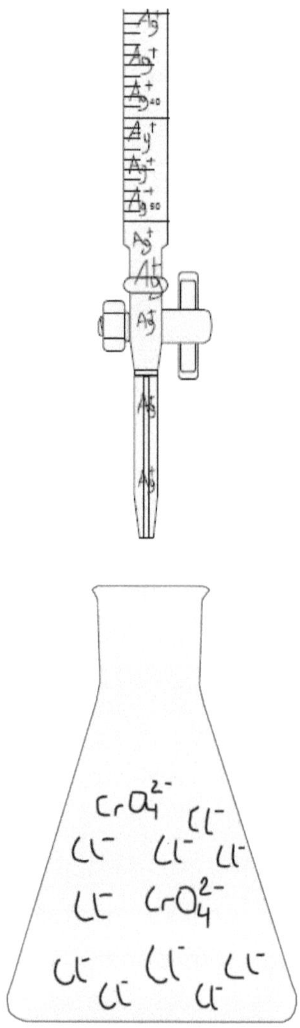	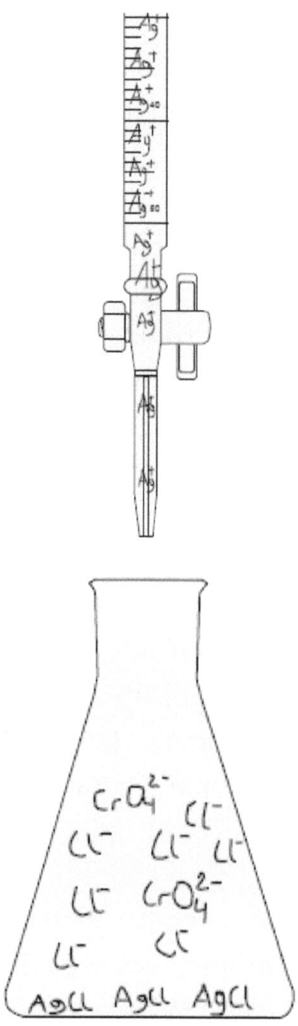	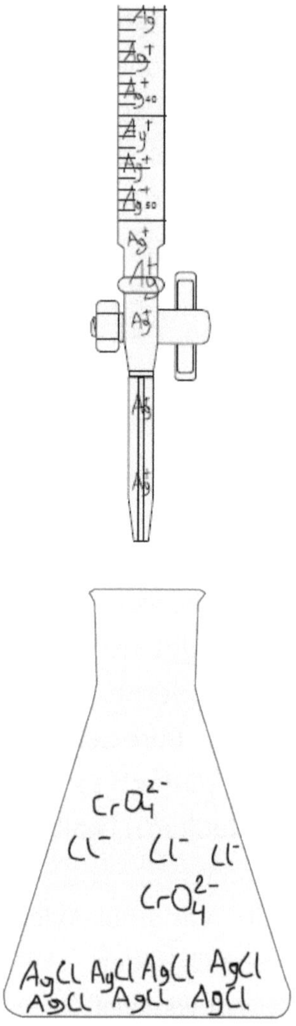	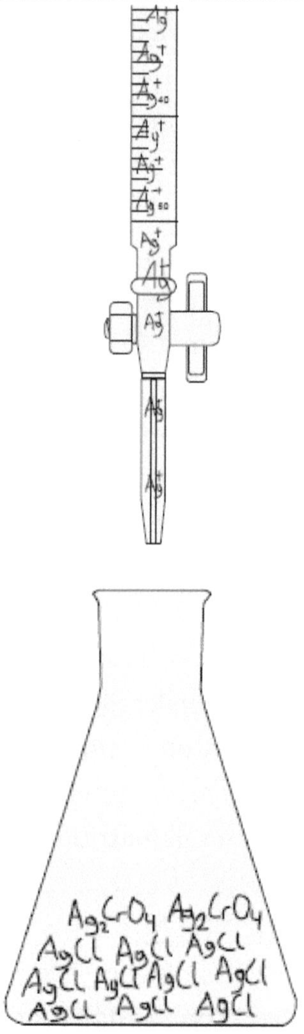
Chlorid- (Cl^-) og chromat-ionerne (CrO_4^{2-}) svømmer rundt i kolben opløst i vand. I buretten ligger sølv-ionerne (Ag^+) klar til at bliver dryppet ned i kolben.	Titreringen er gået i gang. Der er tilsat en del sølv-ioner, som har indfanget et tilsvarende antal chlorid-ioner, der ligger sig på bunden som fast sølvchlorid (AgCl).	Der er tilsat yderligere sølv-ioner, som har indfanget og bundfældet endnu flere chlorid-ioner, som fast sølvchlorid. Chromat-ionerne er stadig uberørte af sølv-ionerne.	Titrering er slut. Alle chlorid-ionerne er bundfældet som sølvchlorid. De sidst tilsatte sølv-ioner, som ikke har flere frie chlorid-ioner at reagere med, har reageret med chromat-ionerne, og danner fast, rødorange sølvchromat (Ag_2CrO_4), der lægger sig over på sølvchloriden.

<u>**9) Syre-basetitrering**</u>

Vi laver en kolorimetrisk titrering af 0,030 L NaOH af ukendt stofmængdekoncentration med 0,25 M HCl. Phenolphthalein (forkortet In) bruges som indikator.

A. Reaktionsskemaet er: HCl(aq) + NaOH(aq) →H$_2$O(l) + NaCl(aq).

Forklaring: Saltsyren er opløst i vand (HCl(aq)) og afgiver sin hydron (H$^+$) til basen hydroxid (OH$^-$(aq)), som findes som opløst natriumhydroxid (NaOH(aq)). Når H$^+$ reagerer med OH$^-$ dannes vand (H$^+$ + OH$^-$ → H$_2$O). Na$^+$(aq) og Cl$^-$(aq) er tilskuerioner, som ikke deltager direkte i reaktionen, men bare er "til overs" som saltvand (NaCl(aq)). Så reaktionen passer med reglen om, at *"syre plus base giver salt plus vand"*.

B. MAKROTEGNING:

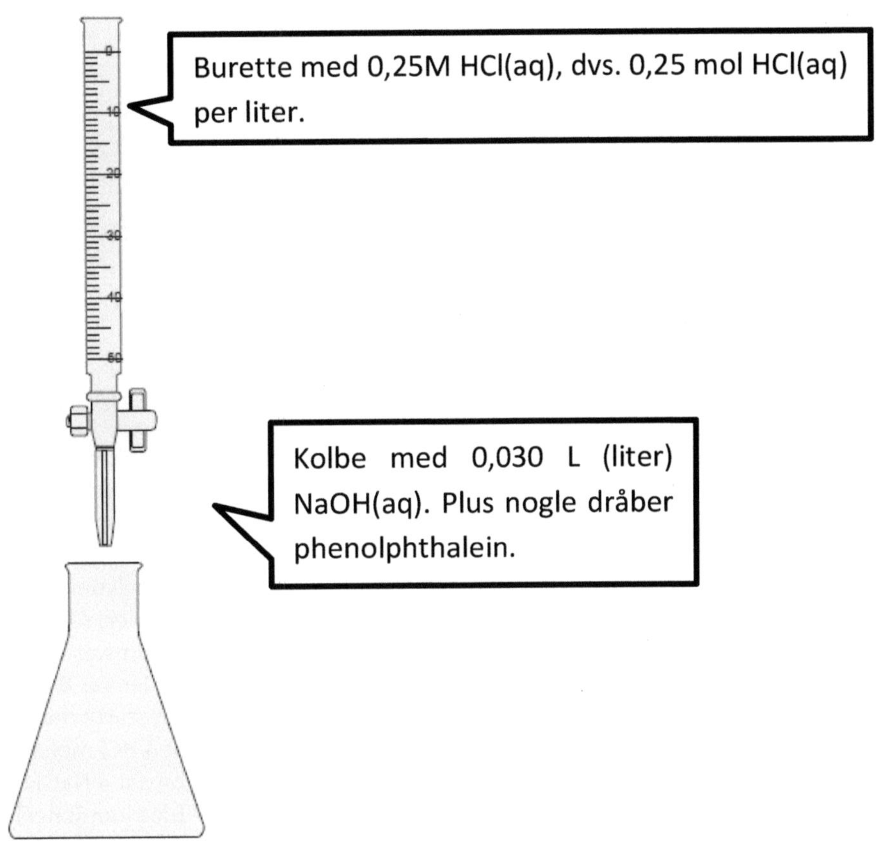

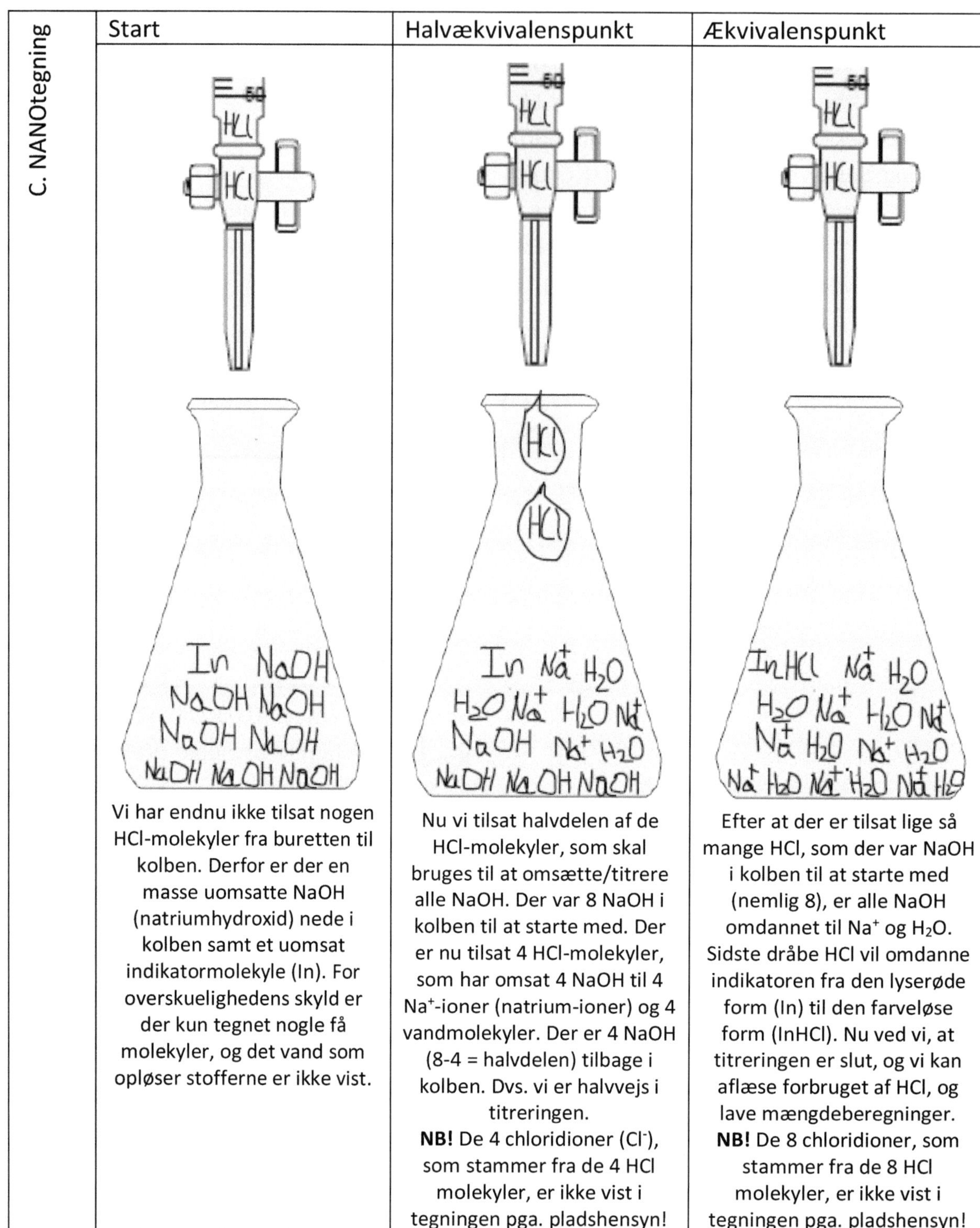

Start	Halvækvivalenspunkt	Ækvivalenspunkt
Vi har endnu ikke tilsat nogen HCl-molekyler fra buretten til kolben. Derfor er der en masse uomsatte NaOH (natriumhydroxid) nede i kolben samt et uomsat indikatormolekyle (In). For overskuelighedens skyld er der kun tegnet nogle få molekyler, og det vand som opløser stofferne er ikke vist.	Nu vi tilsat halvdelen af de HCl-molekyler, som skal bruges til at omsætte/titrere alle NaOH. Der var 8 NaOH i kolben til at starte med. Der er nu tilsat 4 HCl-molekyler, som har omsat 4 NaOH til 4 Na^+-ioner (natrium-ioner) og 4 vandmolekyler. Der er 4 NaOH (8-4 = halvdelen) tilbage i kolben. Dvs. vi er halvvejs i titreringen. **NB!** De 4 chloridioner (Cl^-), som stammer fra de 4 HCl molekyler, er ikke vist i tegningen pga. pladshensyn!	Efter at der er tilsat lige så mange HCl, som der var NaOH i kolben til at starte med (nemlig 8), er alle NaOH omdannet til Na^+ og H_2O. Sidste dråbe HCl vil omdanne indikatoren fra den lyserøde form (In) til den farveløse form (InHCl). Nu ved vi, at titreringen er slut, og vi kan aflæse forbruget af HCl, og lave mængdeberegninger. **NB!** De 8 chloridioner, som stammer fra de 8 HCl molekyler, er ikke vist i tegningen pga. pladshensyn!

D. Vi kan altså se, at titreringen er slut, når indikatoren skifter fra lyserød til farveløs. Phenolphthalein er lyserød (In) i kolben så længe, da er uomdannet natriumhydroxid (NaOH(aq)), som trækker pH op over 10. Men ved ækvivalentpunktet falder pH ned under 10, fordi al NaOH er omdannet til vand plus salt. Den næste dråbe HCl fra buretten vil reagere med phenolphthalein i kolben, som bliver farveløs (InHCl).

E. Stofmængden af tilsat saltsyre ved ækvivalenspunktet: $n(HCl) = V \cdot c = 0{,}015 \text{ L} \cdot 0{,}25M = 0{,}00375$ mol saltsyre. Da HCl og NaOH reagerer i et forhold 1 til 1, vil stofmængden af HCl være lig med stofmængden af NaOH i ækvivalenspunktet. Den formelle stofmængdekoncentration af NaOH(aq) er $c(NaOH(aq)) = \dfrac{n}{V} = \dfrac{0{,}00375 \text{ mol}}{0{,}030 \text{ L}} = \underline{0{,}13M}$.

10) Formel og aktuel stofmængdekoncentration

Makroniveau	Vi afvejer 41,64 gram $BaCl_2$ på vejepapiret og finder en 500 mL målekolbe frem.	Vi kommer de 41,64 g $BaCl_2$ ned i den 500 mL store målekolbe, fylder cirka 450 mL demineraliseret vand i, omryster, og opløser bariumchloriden. Dernæst fylder vi op til stregen med vand, så vi har 500 mL væske i målekolben, og omryster igen for at lave en ensartet opløsning.	Vi fylder de 500 mL 0,400M $BaCl_2$(aq) fra målekolben over på en standflaske.
Beregninger	Den molare masse af bariumchlorid = $M(BaCl_2) = (137{,}3 + 2 \cdot 35{,}45)\frac{g}{mol} = 208{,}2 \frac{g}{mol}$. Stofmængden af bariumchlorid = $n(BaCl_2) = V \cdot c = 0{,}50L \cdot 0{,}400M = 0{,}200$ mol. Massen af afvejet bariumchlorid = $m(BaCl_2) = n \cdot M = 0{,}200$ mol$\cdot 208{,}2 \frac{g}{mol} = \underline{41{,}64 \text{ g}}$. Opløselighedsreaktionen er $BaCl_2(s) \rightarrow Ba^{2+}(aq) + 2Cl^-(aq)$. Dvs. der dannes dobbelt så mange chloridioner som bariumioner. Derfor vil den aktuelle stofmængdekoncentration af chlorid være dobbelt så stor som den aktuelle stofmængdekoncentration af barium. Den aktuelle stofmængdekoncentration af barium = $[Ba^{2+}(aq)]$ = $\underline{0{,}400M}$ og den aktuelle stofmængdekoncentration af chlorid = $[Cl^-(aq)]$ = $\underline{0{,}800M}$. Man kan sige, at den formelle stofmængdekoncentration (lille c) er antal mol stof, før vandet opløser stoffet (**husketips: Før opløsning = Formel koncentration**). Aktuel koncentration ([ ]) er hvor mange mol stof, der er efter vandet har opløst stoffet (**husketips: Aktuel koncentration er hvor meget der i virkeligheden er – der aktuelt findes af mol stof**).		
NANO afvejning		Vi afvejer 41,64 g fast $BaCl_2$ på en vejebåd, der står på en vægt. Det er fast bariumchlorid, som er opbygget af et iongitter, hvor der ligger Ba^{2+} og Cl^- ioner, som tiltrækker hinanden vha. modsatte ladninger (kaldes for ionbindinger). Der er dobbelt så mange bariumioner som chloridioner, da ionforbindelser er elektrisk neutrale, så plus og minus udjævner hinanden.	

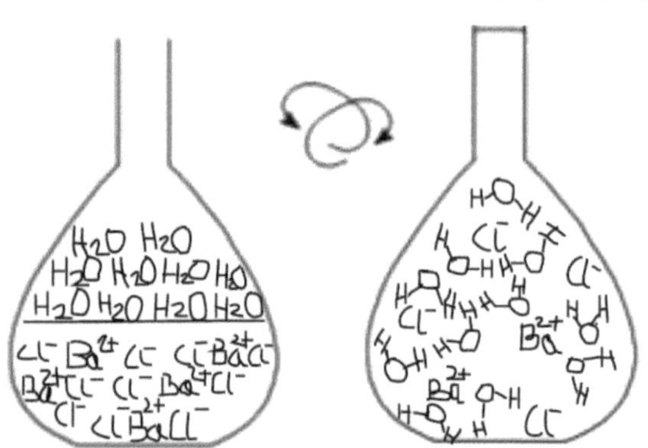

I kolben til venstre er der lige blevet tilsat 41,64 gram fast $BaCl_2$ og hældt vand oven i. $BaCl_2$ iongitteret er endnu ikke opløst af vandmolekylerne. Ved oprystning skabes sammenstød mellem vandmolekylerne og $BaCl_2$ iongitteret. Vandmolekylerne trækker nu barium-ionerne og chlorid-ionerne ud af iongitteret, som nedbrydes og opløses i vandet (se kolben til højre). Vi har nu en 0,400M $BaCl_2$(aq) opløsning.

Kolben til venstre repræsenterer formel stofmængdekoncentration, idet der er 0,400 mol $BaCl_2$ per liter, FØR det opløses af vandet. Kolben til højre repræsenterer aktuel stofmængdekoncentration – altså mol stof EFTER det er opløst i vandet. Der er 0,400 mol Ba^{2+}(aq) per liter og 0,800 mol Cl^-(aq) per liter, og nul mol fast bariumchlorid ($BaCl_2$(s)), da alt $BaCl_2$(s) er gået i opløsning i frie ioner, dvs. den aktuelle koncentration af $BaCl_2$ = [$BaCl_2$] = 0 M (der er ingen $BaCl_2$ krystaller tilbage, EFTER det er gået i opløsning).

NB! At antallet af ioner og vandmolekyler ændres fra venstre til højre kolbe skyldes kun pladsmangel. Der er ikke nogen atomer, som forsvinder i virkeligheden!

BILAG 4: Husketips til romertal

Romertal bruges i kemi fx til at tildele oxidationstal og de bruges også i det periodiske system. Huskemetoden der er brugt i det nedenstående kaldes for **association**. Ved hjælp af associationer sammenkæder vi noget, vi allerede kender (husker), med det vi ikke kender og skal lære (huske).

Romertal I = 1. Det huskes på, at romertal I ligner et 1 tal.

II = 2 og III = 3. Det er ikke svære at huske, da det svarer til at *"lægge 1-tallene sammen"*: II = 1 + 1 = 2 og III = 1+1+1 = 3.

De 3 første romertal svarer til at slå én streg i regnskabet hver gang en person kommer i mål, når man spiller rundbold.

V = 5. Det huskes på, at når du har sejret over romerne, så siger du *"Victory"*, og laver *"high **five**"* med din ene hånd. En hånd har 5 fingre – altså er V = 5 i romertal.

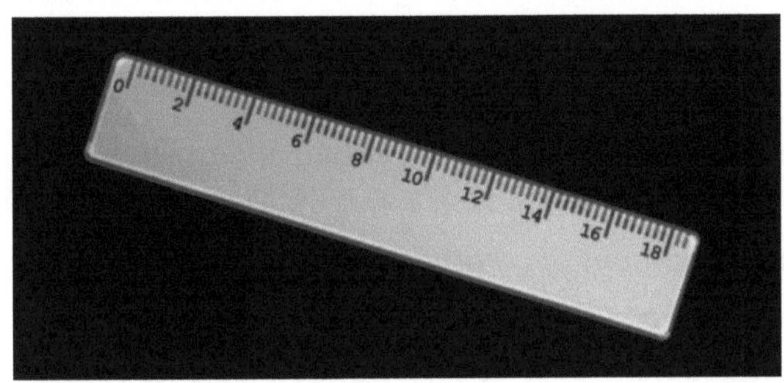

IV er 4, for man fratrækker 1 til venstre for det større V (IV = V minus I = 4). Som det også gælder for <u>linealen</u> bliver tal større til højre, så når I står til højre, som i VI, lægges tallene sammen, dvs. **VI = 5 + 1 = 6**. Man kan også tænke, *"at når tallet står til <u>højre</u> for V, så bliver tallet <u>højere</u>"*, så VI = 6, VII = 7, VIII = 8. Hvis tallet til højre skal lægges til, så må tallet til venstre skulle trækkes fra. Logisk – ikke sandt?

BILAG 5: Engelske citater

"Learning is an acquired skill, and the most effective strategies are often counterintuitive. We are poor judges of when we are learning well and when we`re not. When the going is harder and slower and it doesn`t feel productive, we are drawn to strategies that feel more fruitful, unaware that the gains from these strategies are often temporary. Rereading text and massed practice of a skill or new knowledge are by far the preferred study strategies of learners of all stripes, but they`re also among the least productive. By massed practice we mean the single-minded, rapid-fire repetition of something you`re trying to burn into memory. Cramming for exams is an example. Rereading and massed practice give rise to feeling of fluency that are taken to be signs of mastery, but for true mastery and durability these strategies are largely a waste of time. The finding that rereading textbooks is often labor in vain ought to send a chill up the spines of educators and learners, because it`s the number one strategy of most people – including 80 percent of college students in some surveys. If rereading is largely ineffective, why do students favor it? One reason may be that they`re getting bad study advice. Rising familiarity with text and fluency in reading it can create an illusion of mastery." [108] [Er oversat til dansk på side 7].

"Forget memorization, many commentators argued; education should be about high order skills. Hmmm. If memorization is irrelevant to complex problem solving, don`t tell your neurosurgeon. Pitting the learning of basic knowledge against the development of creative thinking is a false choice. Both need to be cultivated. The stronger one`s knowledge about the subject at hand, the more nuanced one`s creativity can be in addressing a new problem. Just as knowledge amounts to little without the exercise of ingenuity and imagination, creativity absent a sturdy foundation of knowledge builds a shaky house."[109] [Er oversat til dansk på side 8].

"If you practice elaboration, there's no known limit to how much you can learn. Elaboration is the process of giving new material meaning by expressing it in your own words and connecting it with what you already know."[110] [Er oversat til dansk på side 12].

---

[108] Brown, Peter C., Roediger III, Henry L., McDaniel, Mark A.: *Make It Stick: The Science of Successful Learning*. THE BELKNAP PRESS of HARVARD UNIVERSITY PRESS Cambridge, Massachusetts London, England 2014, side 4, 5, 10, 15.

[109] Brown, Peter C., Roediger III, Henry L., Mark A. McDaniel, Mark A.: *Make It Stick: The Science of Successful Learning*. THE BELKNAP PRESS of HARVARD UNIVERSITY PRESS Cambridge, Massachusetts London, England 2014, side 29-30.

[110] Brown, Peter C., Roediger III, Henry L., Mark A. McDaniel, Mark A.: *Make It Stick: The Science of Successful Learning*. THE BELKNAP PRESS of HARVARD UNIVERSITY PRESS Cambridge, Massachusetts London, England 2014, side 5.

Litteraturliste

Aagaard, Emile (3.5.2017): *Du husker bedre når du er bange*
http://www.dr.dk/nyheder/viden/naturvidenskab/du-husker-bedre-naar-du-er-bange

Bugge, Birthe Louise og Haarder, Peter: *SKOLEN PÅ FRIHJUL. Om lærerrollen og det forsvundne elevansvar.* Gyldendal Uddannelse, 2002

Brown, Peter C., Roediger III, Henry L., Mark A. McDaniel, Mark A.: *Make It Stick: The Science of Successful Learning.* THE BELKNAP PRESS of HARVARD UNIVERSITY PRESS Cambridge, Massachusetts London, England 2014

Brøbech, Mads http://www.apprehendo.dk/

Cirillo, Francesco: https://francescocirillo.com/

Crovato, Trine; Sørensen, Sif; Axelsen, Vibeke og Graversen, Heidi: *Visualisering som middel til øget læring.* LMFK-bladet 4/2015 side 36-42

Crovato, Trine; Sørensen, Sif; Axelsen, Vibeke og Graversen (3.3.2017), Heidi: *Visualisering FIP 030317 workshop A – PowerPoint*

Duckworth, Angela (2017). *GNIST (GRIT]. Personlig styrke gennem PASSION og VEDHOLDENHED.* Gyldendal.

Engstrøm, Laura (2.9.2016). *At skrive noter i hånden er bedre for indlæringen.* Gymnasieskolen interviewer Audrey van der Meer, der er hjerneforsker og professor i neuropsykologi
https://gymnasieskolen.dk/skrive-noter-i-haanden-er-bedre-indlaeringen-0

Frederiksen Scientific A/S: Har leveret en række apparatur billeder i bilag 2

Foer, Joshua: *Moonwalk med Einstein. Kunsten at huske alt*, HR.FERDINAND, Kbh., 2011

Hansen, Jan Ivan & Terney, Ole G.: *Lær gymnasiekemi vha. MNEMOTEKNIK. En grundbog for elever & lærere. [Bog nr. 1 printversion 2 i husketeknik-serien].* Forlaget BioNyt, 2017. Udgivet via SAXO Publish. ISBN: 9788740928754

Haugaard, Annette (dec.2011) interviewer søvnforskeren Poul Jennum: *Zzzz! Put nu de børn.*
http://edu.au.dk/fileadmin/edu/Asterisk/60/Asterisk_60_s11.pdf

Higbee, Kenneth L., professor i psykologi: *Your memory, How It Works & How to Improve It*, DA CAPO PRESS LIFELONG BOOKS, 2001.

Hoffmann, Thomas (29.5.2017) gengiver en række forskningsfund fra bl.a. den højt ansete amerikanske professor i psykologi, Henry L. Roediger III.: *Sådan husker du bedst dit pensum – også til eksamen* http://videnskab.dk/kultur-samfund/saadan-husker-du-bedst-dit-pensum-ogsaa-til-eksamen

Hyldgård, Peter & Kristiansen, Nina (18.8.2013) interviewer den norske hukommelsesforsker Pål Johan Karlsen: *Hvorfor kan vi ikke huske det, vi lærte i skolen?*
https://videnskab.dk/sporg-videnskaben/hvorfor-kan-vi-ikke-huske-det-vi-laerte-i-skolen

Khan (3.12.2018): https://www.youtube.com/watch?v=59iQyvp_ESU

Larsen, Sten Folke (24-8-2017): *Hermann Ebbinghaus*
http://denstoredanske.dk/Krop,_psyke_og_sundhed/Psykologi/Psykologer/Hermann_Ebbinghaus

Langvad Nilsson, Jonas (28.10.2013): *Klæbehjerne og memoteknik: Sådan husker Anders Matthesen et helt show* http://www.euroman.dk/artikler/Nyheder/Klabehjerne-og-memoteknik-Sadan-husker-Anders-Matthesen-et-helt-show/

Mygind, Helge, Vesterlund Nielsen, Ole & Axelsen, Vibeke: *Basiskemi C.* HAASE & Søns Forlag. 2010

Nissen, Mark Aarøe: *SUPERHUKOMMELSE,* Gyldendal, 2014

Nørby, Simon. *Udbytterig læring: Om tre faktorer der befordrer langtidshukommelse.* PÆDAGOGISK PSYKOLOGISK TIDSSKRIFT. Bind 51, nr. 5/6 - 2014, side 70-73

Oddbjørn By: *Bedre hukommelse: BEST OF MEMO + meget nyt,* Olden Forlag, 2011

Pauk, Walter. Cornellnote metode (Læs mere her om "Conell noter"): The Cornell Note Taking System – Learning Strategies Center.

PHET ANIMATIONER https://phet.colorado.edu/da/ (Interaktive simuleringer til naturvidenskab og matematik)

Poulsen Clod, Sten: *Tilegnelse af boglige fagkundskaber.* MataConsult Forlag, 2006

Poulsen Clod, Sten: *Undskyld vi tog fejl*
https://m.læringiskolen.dk/uf/100000_109999/107072/0e3797dcff499852f0dc9c706e06528a.pdf

Rasmussen, Tina (24.3.2013) fra Gymnasieskolen, interviewer hjerneforskeren Kjeld Fredsen: *Eleverne skal lære at skabe viden*: https://gymnasieskolen.dk/elever-skal-laere-skabe-viden

Stange, Mie (2.6.2018), journalist ved bladet *Ingeniøren*, formidler svar fra Jakob Balslev Sørensen, professor på Københavns Universitet, Institut for Neurovidenskab: *Spørg Scientariet. Hvordan fungerer hukommelsen?*
https://ing.dk/artikel/spoerg-scientariet-hvordan-fungerer-hukommelsen-212198

Sonne, Guy Hoff Frederik (27.5.2019): *Eksamen på hjernen: Sådan husker du bedst dit pensum*
https://videnskab.dk/krop-sundhed/eksamen-paa-hjernen-saadan-husker-du-bedst-dit-pensum

Terney, Ole: BIONYT Videnskabens Verden, nr. 140/141 (august 2008), *Husketeknik, Mnemoteknik - Kan vi lære at huske "som en elefant"?* BioNyt

University of Waterloo (21.4.2016): *Need to remember something? Better draw it, study finds*
https://www.sciencedaily.com/releases/2016/04/160421133821.htm

University of Waterloo (6.12.2018): *Drawing is better than writing for memory retention*
https://www.sciencedaily.com/releases/2018/12/181206114724.htm

https://www.vucdigital.dk/kemi/ (Undervisningsmateriale til **Kemi C,** som er udviklet af et produktionsfællesskab mellem otte VUC'er)

Watson, Edward & Busch, Bredley. *The Science og Learning. 99 Studies That Every Teacher Needs to Know*. Second Edition. Routledge. 2021

Wikipedia: Leitner systemet https://en.wikipedia.org/wiki/Leitner_system

Wolf, Troels: *Husk Hjernen! Hukommelse Læring Motorik Rusmidler*. Gyldendal, 2012

<u>Udgave af bogen</u>

Dette er 4. udgave af bog nr. 2 i husketeknik-serien (februar 2022):

"NOTER TIL KEMI C / Hjælp til at forstå og HUSKE det meste (rettet udgave)"

Jan Ivan Hansen & Ole G. Terney

Vi har rettet en lang række tastefejl, som desværre havde sneget sig ind i den forrige udgave. Vi har kun lavet få ændringer i selve indholdet.

© 2022 Jan Ivan Hansen & Ole G. Terney

Forlag: BoD – Books on Demand, Hellerup, Danmark
Tryk: BoD – Books on Demand, Norderstedt, Tyskland

ISBN: 9788743034919

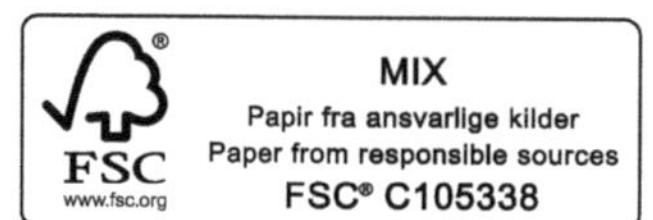